信号通路是什么"鬼"？6

右 哉　小野菊　著

黑龙江科学技术出版社
HEILONGJIANG SCIENCE AND TECHNOLOGY PRESS

图书在版编目（CIP）数据

信号通路是什么"鬼"？. 6 / 右哉, 小野菊著.
哈尔滨：黑龙江科学技术出版社, 2025.5. -- ISBN
978-7-5719-2763-9

Ⅰ. Q343.1-49

中国国家版本馆 CIP 数据核字第 20257GS023 号

信号通路是什么"鬼"？6
XINHAO TONGLU SHI SHENME "GUI"? 6
右哉　小野菊　著

责任编辑	刘　杨
封面设计	林　子　右　哉
出　　版	黑龙江科学技术出版社
	地址：哈尔滨市南岗区公安街 70-2 号　邮编：150007
	电话：（0451）53642106　传真：（0451）53642143
	网址：www.lkcbs.cn
发　　行	全国新华书店
印　　刷	运河（唐山）印务有限公司
开　　本	787 mm×1092 mm　1/16
印　　张	15.75
字　　数	310 千字
版　　次	2025 年 5 月第 1 版
印　　次	2025 年 5 月第 1 次印刷
书　　号	ISBN 978-7-5719-2763-9
定　　价	98.80 元

【版权所有，请勿翻印、转载】

序言

当我开始准备《信号通路是什么"鬼"？6》这本书的时候发现，介绍过的信号通路已经超过50条了。本想介绍简单的信号通路，但实际上在生命科学领域，信号通路隐藏于细胞微观世界，操控众多生理过程，在体内运转的信号通路何止50条呢！

这本信号通路，和之前的信号通路又不太一样，《信号通路是什么"鬼"？》系列的第1、2季介绍了基础的信号通路，第3、4、5季介绍了与细胞死亡相关的信号通路。而现在这本信号通路合集，收集的是与免疫细胞相关的信号通路以及与代谢相关的信号通路。免疫细胞方面，包含了巨噬细胞的极化、巨噬细胞的胞葬、T细胞的分化、B细胞受体信号通路。代谢相关的内容中，又包含了氧化磷酸化、糖酵解等通路，同时还有对应的乳酸化、琥珀酰化、棕榈酰化等蛋白修饰的通路。

我试着将晦涩的专业知识转化为通俗易懂的文字，通过对与各个信号通路相关的文献的解读，沿着这些信号通路展开，把看似高深莫测的信号通路以一种全新的、易于理解的方式呈现给大家。随着研究的深入，我们对信号通路的理解在不断深化，与信号通路相关的知识也在不断地增多和累积，这些知识有望为你们的课题思路添砖加瓦。愿这本书成为读者在细胞信号通路探索之路上的忠实伙伴，希望无论是初涉生命科学科研的新手，还是已经在这个领域深耕多年的专业人士，都能从这本书中获得一些对信号通路新的理解和感悟。感谢你们对《信号通路是什么"鬼"？》系列的支持，希望本书能为你带来新的洞见和启发。

右哉

目录 Contents

第一章 胞葬

给你们讲讲胞葬是什么"鬼" ··· 1

看别人是怎么研究巨噬细胞胞葬的 ····································· 4

这么长的胞葬通路的文章是怎么做出来的 ···························· 9

第二章 T 细胞成熟分化

来给你们讲一讲 T 细胞成熟和分类 ·································· 13

看看这篇 *Nature* 是怎么做 T 细胞耗竭的 ························· 16

第三章 Th1 和 Th2 细胞分化

给你讲讲什么是 Th1/Th2 细胞的分化 ······························ 21

这篇文章讲了个 Th2 细胞抑制肿瘤的故事 ······················· 25

这篇 Th2 细胞相关的文章是怎么一层层推理的 ················ 31

第四章 Th17 细胞分化

看看 Th17 和 Treg 细胞是怎么分化平衡的 ······················· 34

这篇 Th17/Treg 文章标题看着挺不错的 ··························· 37

明明是 20 多分的文章,为什么还是有些遗憾呢 ··············· 42

第五章 巨噬细胞极化

M0 巨噬细胞的 M1/M2 极化是什么 ································ 45

为什么这篇 M1 巨噬细胞极化的文章有那么点奇怪……………………48

看下这篇文章是怎么做巨噬细胞 M2 极化的………………………53

有人问这 20 多分的比起 5 分的文章加分点在哪里…………………57

这篇巨噬细胞极化的文章只发 16.6 分的 *Nature* 子刊有点亏………61

第六章　NETosis 和 N1、N2 极化

这篇综述讲了中性粒细胞的一种死亡方式 NETosis…………………67

这篇文章做的是中性粒细胞的 NETs，但着眼于其影响的肿瘤细胞…71

这篇文章做的是巨噬细胞影响中性粒细胞 NETosis……………………75

看看中性粒细胞对免疫抑制的诱导…………………………………………80

第七章　B 细胞受体信号通路

带你看看什么是 B 细胞受体信号通路………………………………………85

让你看下 BCR 信号通路能做得多复杂………………………………………89

发觉做个信号通路都不是那么简单…………………………………………93

第八章　PPAR 信号通路

来看看什么是 PPAR 信号通路………………………………………………96

看看 PPAR 信号通路和免疫细胞之间的关系………………………………99

看看 PPAR 信号通路和线粒体功能…………………………………………103

看看 PPARα 和自噬相关的脂质代谢…………………………………………108

第九章　OXPHOS、糖酵解、TCA

看看 OXPHOS 信号通路是什么 "鬼" ……………………………………112

看看糖酵解途径对微环境的免疫细胞的影响 ……………………………117

这篇文章讲的是把 TCA 循环做到了临床应用上 …………………………121

这篇 Nature 把 TCA 循环和 cGAS-STING 信号通路做到了一起 ………125

这篇文章把糖酵解和 OXPHOS 做得有来有去 ……………………………129

看完这篇糖酵解/OXPHOS 平衡的文章，我的 CPU 都给干冒烟了 ……134

第十章　乳酸化、琥珀酰化、棕榈酰化

代谢酶的隐藏功能？来看看这篇综述，多少能有点启发 ………………138

这篇文章恨不得把乳酸化、m^6A、TME 一起上 ………………………142

这篇文章看上去做得满满登登的，但实际上 ……………………………147

这篇文章验证了一个乳酰化的正反馈途径 ………………………………151

这篇 Cell 子刊做的是蛋白的琥珀酰化 ……………………………………155

看下 EsxB 蛋白抑制巨噬细胞的炎症反应 ………………………………159

第十一章　胰岛素抵抗

胰岛素抵抗通路的三个主要机制 …………………………………………163

这篇文章从 HIF 信号通路推导到胰岛素抵抗 ……………………………167

梳理下这篇文章，你们能看出它的问题吗 ………………………………173

带着问题第三遍解读这篇文章 ……………………………………………… 177

第十二章　视黄酸信号通路

给你们讲讲什么是视黄酸信号通路 …………………………………… 181

视黄酸信号通路把研究结果上升到临床 ……………………………… 184

看看这篇相分离的文章 …………………………………………………… 188

第十三章　双硫死亡

什么是双硫死亡 …………………………………………………………… 192

这篇双硫死亡的文章是怎么做出来的 ………………………………… 195

再来看篇双硫死亡的文章，看下研究机制是怎么样的 …………… 199

第十四章　DNA 损伤修复

要看这篇 *Nature*，你就得边看边思考，才能学到更多 …………… 202

给你们讲讲 DNA 损伤修复的信号通路 ………………………………… 207

这篇 *Nature* 还是没讲完，比我想象的还要复杂一点 ……………… 211

看看神刊是怎么来讲 DNA 双链断裂后的 DNA 修复机制的 ……… 216

第十五章　SUMO 化

来看看什么是 SUMO 化 …………………………………………………… 220

看看这篇文章是怎么研究 SUMO 化的 ………………………………… 223

这篇讲 SUMO 化的文章的逻辑问题出在哪儿 ………………………… 226

第十六章　唾液酸化

什么是唾液酸化 ··· 230

看看这篇文章是怎么研究唾液酸化的 ································· 234

参考文献 ··· 238

第一章 胞葬

给你们讲讲胞葬是什么"鬼"

在看文献的时候，特别是与免疫相关的文章，会遇到一些专有名词。有的专有名词并不是那么容易懂，比如这样的"Efferocytosis"。

> Nature Metabolism
> Macrophages Use Apoptotic Cell-Derived Methionine and DNMT3A During Efferocytosis to Promote Tissue Resolution

看了一下，首先上面的一个词就觉得眼生。这个词就是Efferocytosis，也就是胞葬……胞葬（Efferocytosis）源自拉丁词"efferre"，意思是"带到坟墓"。于是夏老师就找了篇8.1分的 Current Biology，来看看到底什么是胞葬。

> Current Biology
> Efferocytosis

胞葬，其实就是吞噬细胞吞噬和消化死亡或垂死的细胞的过程，就是将那些细胞的残骸"带到坟墓"里的意思：

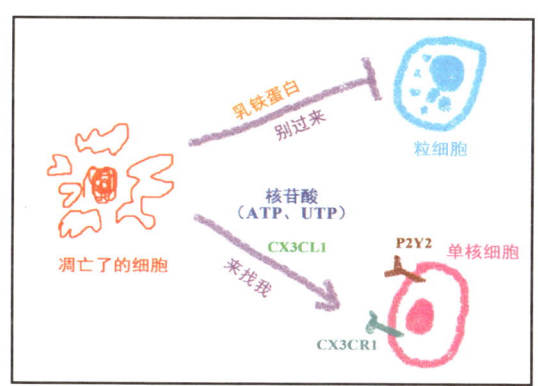

多种形式的细胞死亡（凋亡、自噬、坏死、铁死亡、CICD 和焦亡，其中 CICD 是不依赖于 Caspase 半胱天冬酶的细胞死亡）所产生的表面标记，都会引起胞葬。首先死亡了的细胞会释放出 ATP、UTP 之类的核苷酸和 CX3CL1，这样的"来找我"的信号可以吸引单核细胞靠近。

同时垂死细胞释放乳铁蛋白（Lactoferrin），这样的"别过来"的信号则会阻止粒细胞募集。而垂死细胞膜上的磷脂酰丝氨酸（PtdSer）脂质会被单核细胞上的BAI1、TIM-4或Stabilin 2或通过αvβ3-MFG-E8或MerTK-Gas6桥接组合间接识别，诱发细胞的吞噬。

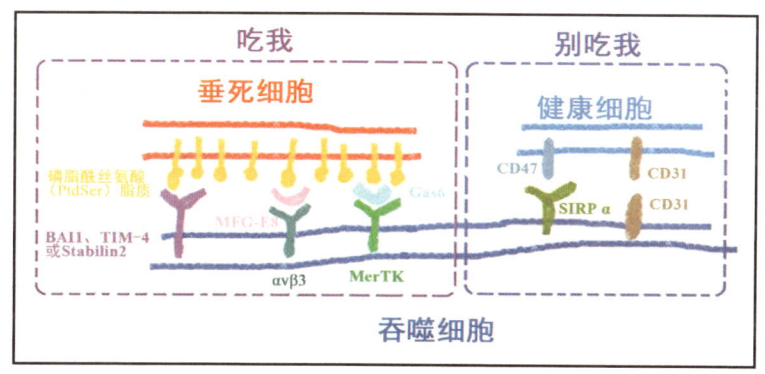

1

信号通路是什么"鬼"？6

而健康细胞表面表达的 CD47 或 CD31 膜蛋白会阻止启动单核细胞的吞噬。

胞葬的吞噬有两种方式，一种是典型的胞葬途径，也就是吞噬后形成胞葬体（Efferosome），其中 GTP 酶 Rab5 和 Rab7 介导早期内体（EE）、晚期内体（LE）和溶酶体（LY）与成熟胞葬体的顺序融合。另一种是通过 LC3 介导的自噬样途径进行成熟。

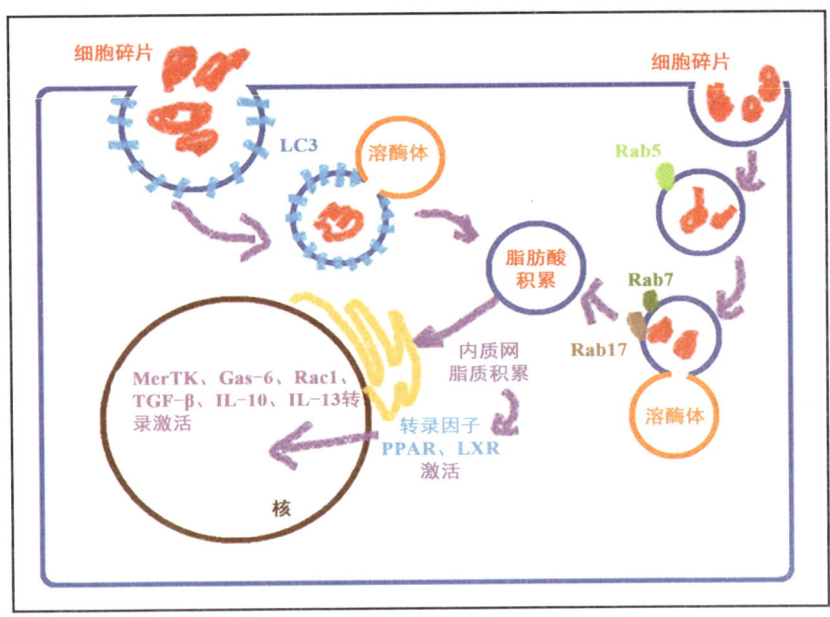

成熟后，细胞碎片消化，大量脂肪酸累积到内质网，激活了 PPAR、LXR 这两个转录因子。通过 PPAR、LXR 激活其激活促进胞葬机制（MerTK，Gas-6，Rac1）和免疫抑制细胞因子（TGF-β，IL-10，IL-13）的转录。

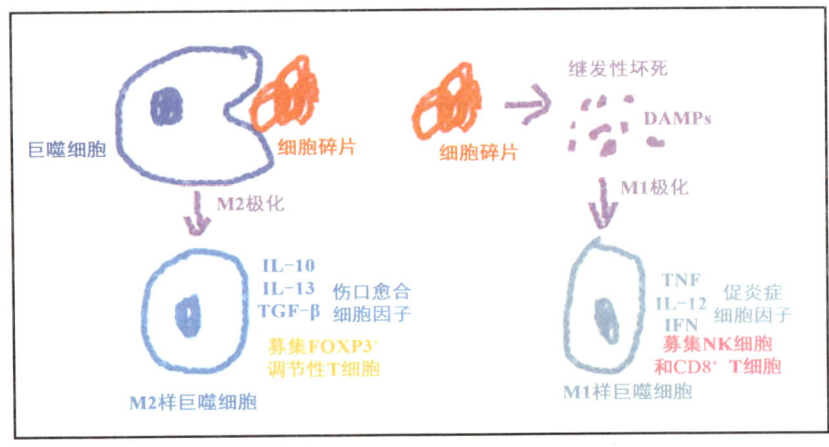

胞葬作用也能影响肿瘤微环境，比如胞葬作用会引发 M2 样巨噬细胞极化，M2 样巨噬细胞释放的伤口愈合细胞因子（例如 IL-10、IL-13、TGF-β）则会诱导 FOXP3$^+$ 的 Treg 细胞的募集（这两者的细胞都是可以产生免疫抑制的）。

而细胞碎片通过继发性坏死产生的 DAMPs（促炎损伤相关分子，坏死性凋亡和焦亡也会产生类似的 DAMPs），则会驱动 M1 样巨噬细胞极化，M1 样巨噬细胞会释放促炎细胞因子（例如 TNF、IFN、IL-12），同时募集细胞毒性细胞（如 $CD8^+$ 的 T 细胞和 NK 细胞）。

胞葬作用差不多就是这样了，下节给你们讲讲与胞葬相关的文章吧。

信号通路是什么"鬼"？6

看别人是怎么研究巨噬细胞胞葬的

上节给你们讲了胞葬（Efferocytosis），按理说就要配一篇文献，找了一下就用这篇 18.9 分的 *Nature Metabolism* 上的文章，来讲讲胞葬的研究吧：

> Nature Metabolism
> Macrophages Use Apoptotic Cell-Derived Methionine and DNMT3A During Efferocytosis to Promote Tissue Resolution

这篇也是与动脉粥样硬化相关的文章，上一节中给你们大致介绍了一下胞葬，胞葬就是由于细胞死亡或凋亡后，巨噬细胞对细胞碎片进行吞噬，引发的巨噬细胞释放伤口愈合细胞因子的过程。从这篇文章标题可以看出，就是凋亡细胞碎片中的蛋氨酸引发激活的 DNMT3A，在胞葬过程中引发下游伤口愈合细胞因子表达的过程。

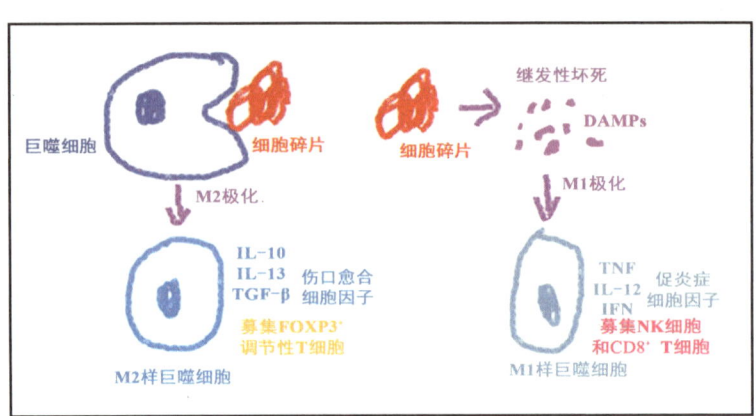

首先他们做了一个骨髓来源巨噬细胞（BMDMs）与凋亡细胞（AC）共同孵育的体外模型，通过检测胞葬引发的促消退因子 *PGE2*（*PGE2* 的合成过程是 *PTGS2* 编码 COX2 将 PGH2 转换为 *PGE2*）和 *TGF-β1*，来确定胞葬。他们用抑制胞葬的方法来检测 *PTGS2* 和 *TGF-β1* 的表达情况，发现胞葬抑制后这两个基因表达明显下降，而 *PGE2* 位于 *TGF-β1* 的上游：

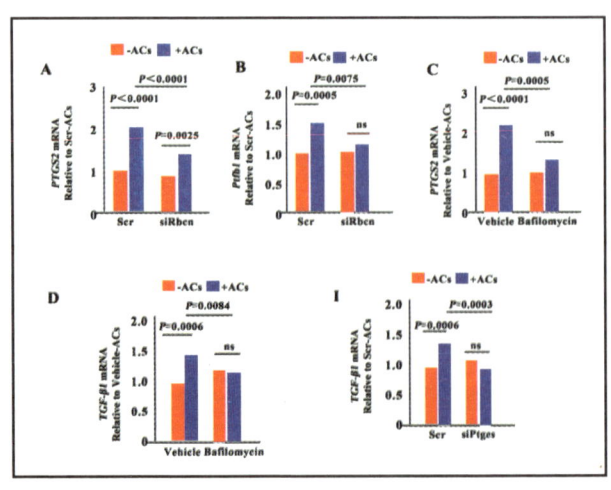

第一章　胞葬

BMDMs 是小鼠骨髓来源的巨噬细胞，AC 是人源的，所以检测鼠源的 *PTGS2* 和 *TGF-β1*，不会受到 AC 中这两个基因表达的影响。那胞葬通过吞噬 AC 是如何引发下游 *PTGS2* 和 *TGF-β1* 表达的呢？他们之前的研究表明 AC 中的氨基酸可能会产生影响：

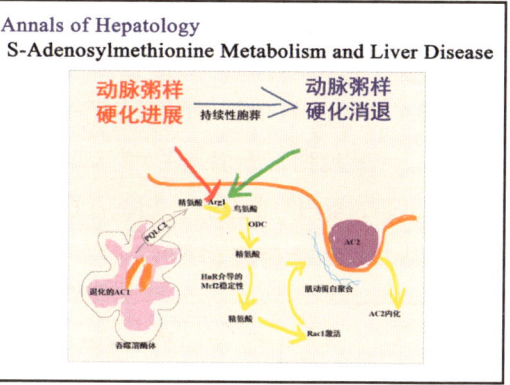

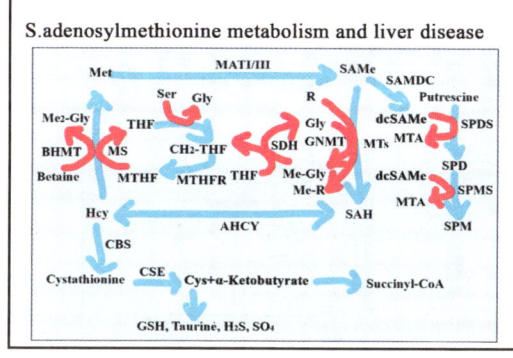

而另一篇文献表示：蛋氨酸衍生的 S-腺苷蛋氨酸（SAM）可以被组蛋白和 DNA 甲基转移酶用于改变基因转录，所以他们对 SAM 产生了兴趣。

就此他们提出假设：SAM 对胞葬后 *PTGS2* 和 *TGF-β1* 的表达产生了影响。他们通过抑制蛋氨酸形成 SAM 过程中的蛋白 MAT2A，确定了 SAM 的形成在胞葬过程中起了较大的作用：

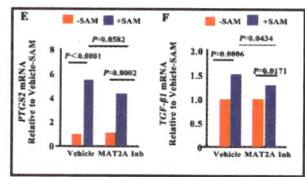

SAM 被 DNA 甲基转移酶 DNMT3A 用于甲基化基因调控区域，这个是否会影响 *PTGS2* 和 *TGF-β1* 的表达呢？他们在加入 AC 的条件下，敲除 DNMT3A，*PTGS2* 和 *TGF-β1* 的表达受到了抑制，也就是没有激活胞葬下游的细胞因子。而在敲除 DNMT3A 后，加入 SAM，恢复了部分 *PTGS2* 和 *TGF-β1* 的表达。

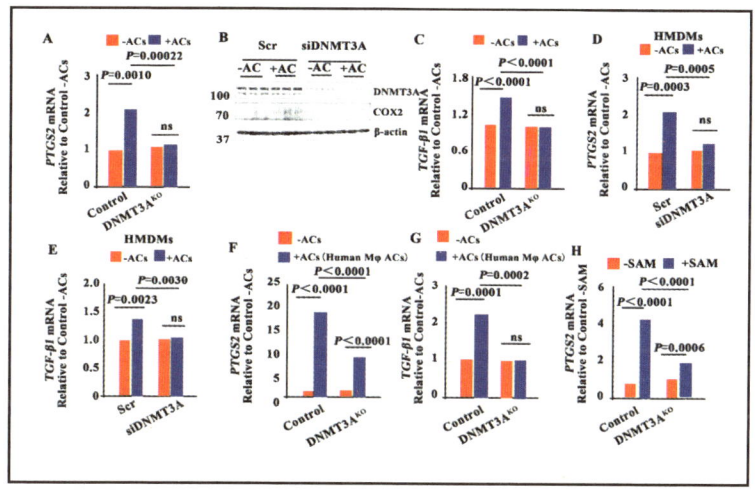

信号通路是什么"鬼"？6

也就是说 DNMT3A 在胞葬激活下游细胞因子的环节中起到了关键作用。那现在这个链条就变成：蛋氨酸➡ SAM ➡ DNMT3A ➡ ? ➡ *PTGS2* ➡ COX2 ➡ *PGE2* ➡ *TGF-β1*。但在 DNMT3A ➡ ? ➡ *PTGS2* 中间还少了一环，DNMT3A 增加 DNA 甲基化，所以应该是抑制表达的，于是他们首先引入了 *PTGS2* ➡ COX2（这里 *PTGS2* 是基因，COX2 是 *PTGS2* 编码翻译出来的蛋白）上游的 p-ERK（这个也就是 MAPK 信号通路中关键的 MAPK 之一），然后联系了 ERK 上游的 *DUSP4*。

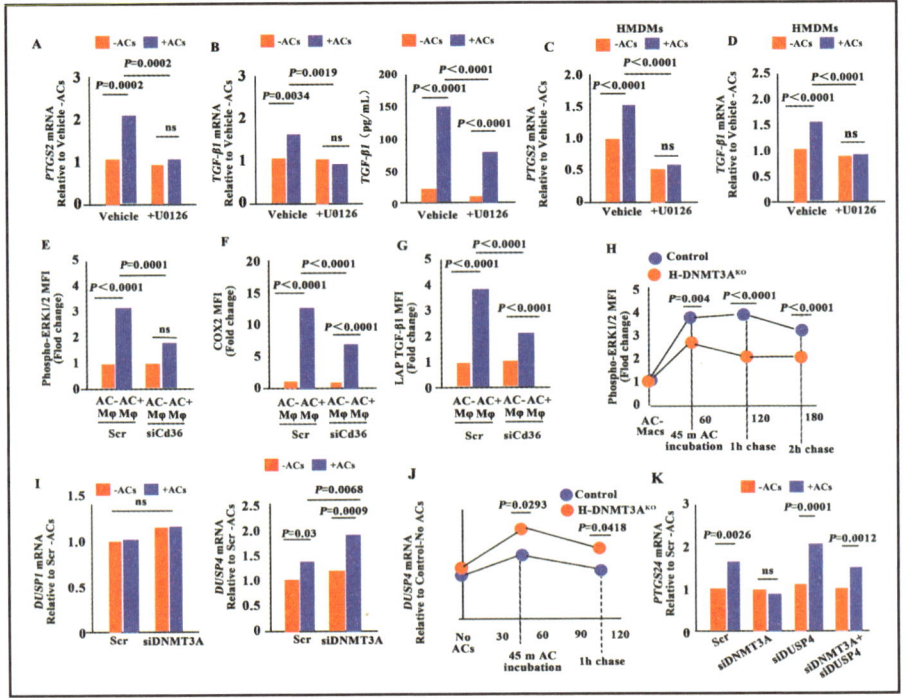

通过敲减 DNMT3A 的验证，他们确定了 *DUSP4* 受到了 DNMT3A 的调控，而鉴于 *DUSP4* 和 ERK 在这条通路中的作用，整个通路就变成了：

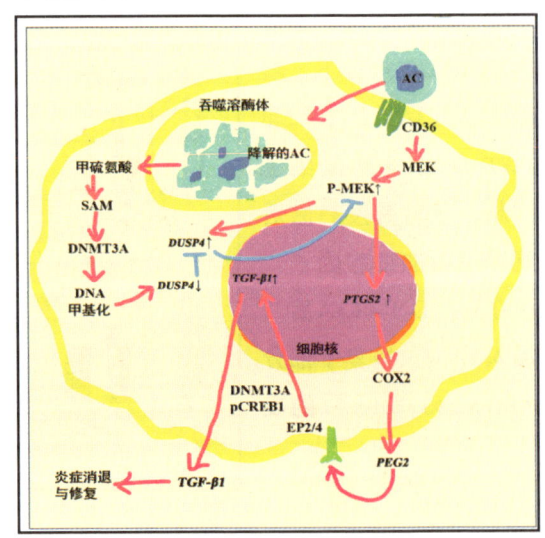

第一章　胞葬

蛋氨酸→SAM→DNMT3A⊣DUSP4⊣p-ERK→*PTGS2*→COX2→*PGE2*→*TGF-β1*，在这里DNMT3A位于通路的中间，于是他们分析出体内敲除DNMT3A会抑制胞葬引起的消退作用。

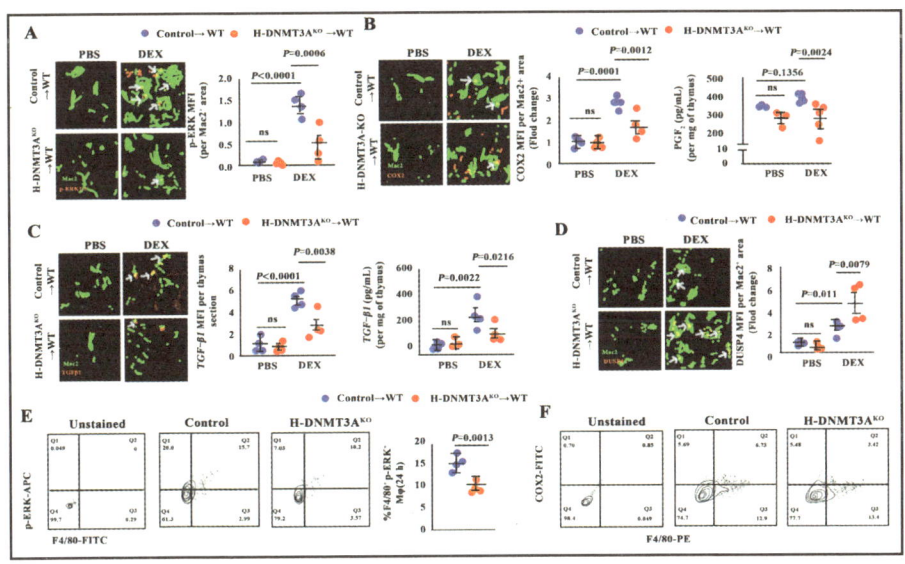

而体内实验是基于动脉粥样硬化的模型完成的，敲除了DNMT3A引起的抑制胞葬，可以通过加入*TGF-β1*来恢复：

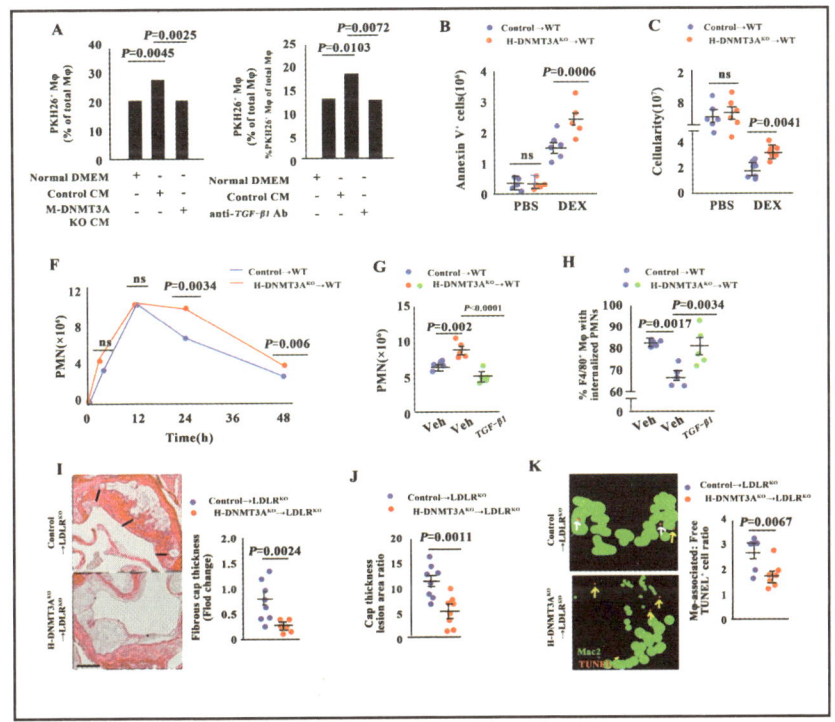

信号通路是什么"鬼"？6

　　这篇文章拉的线特别长，可以说是产生了一个较长链的假设，但是能不能论证就是这条通路起的作用呢？也未必，因为中间的环节太多了，论证并不是特别仔细。仅仅通过基因的表达或者敲减，其实很难让整个论证过程特别严谨和周延，会存在一定的逻辑漏洞。

第一章　胞葬

这么长的胞葬通路的文章是怎么做出来的

上节我们讲了这篇 18.9 分的胞葬文章，其实这篇文章归根结底是在研究一个通路形成的可能性。我们这节就再梳理一下他们做了什么。

> Nature Metabolism
> Macrophages Use Apoptotic Cell-Derived Methionine and DNMT3A During Efferocytosis to Promote Tissue Resolution

这篇文章起始的研究目的很明确，要确定凋亡的细胞（AC）被巨噬细胞吞噬后是如何形成 TGF-β1 和 PGE2 的。

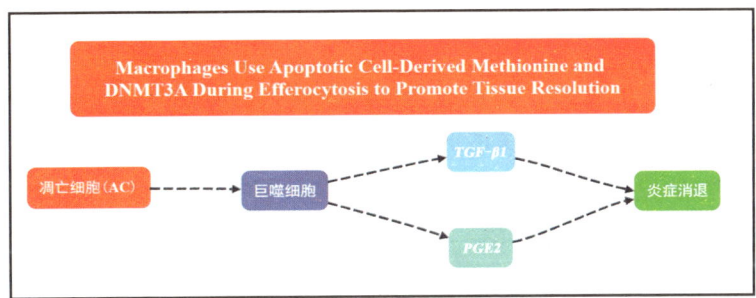

他们首先觉得 AC 中可能存在某些关键的因素激活了 PGE2 和 TGF-β1 的表达。通过文献和之前的研究，他们假设 SAM（可以和与 DNA 甲基化相关的蛋氨酸形成关键酶）参与了这个通路。同时，通过 PTGS2 合成的 PGE2 可能位于 TGF-β1 的上游：

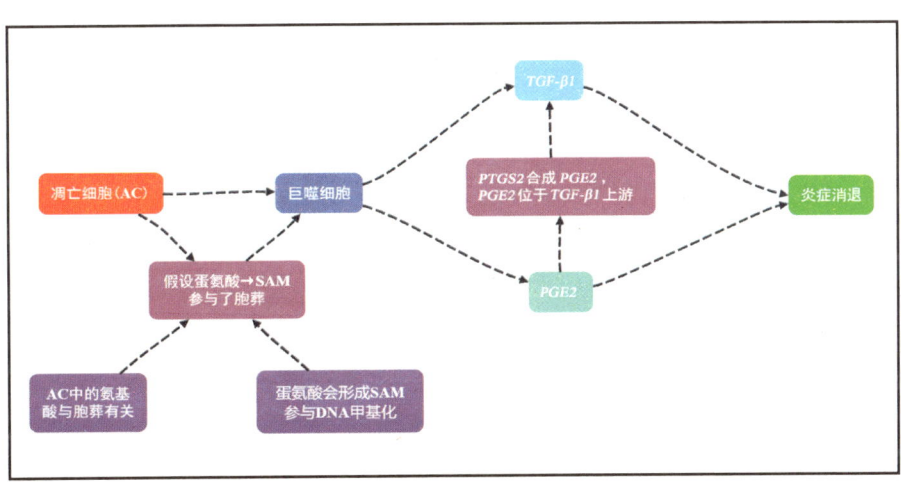

9

信号通路是什么"鬼"？6

他们通过柯霍氏法则验证了这个过程。也就是在 AC 与巨噬细胞共同孵育的前提下，抑制蛋氨酸转换成 SAM 过程中的关键酶 MAT2A 后，会影响 *PTGS2* 和 *TGF-β1* 的表达。同时，*PTGS2* 能影响 *TGF-β1* 的表达。

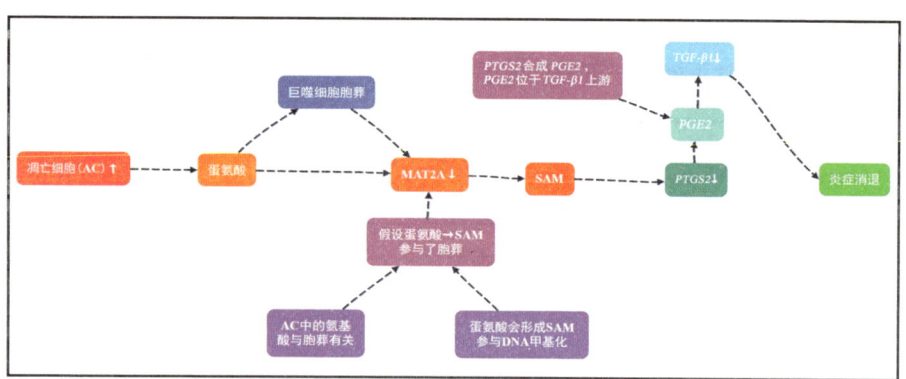

既然 SAM，*PTGS2* 和 *TGF-β1* 的表达有这样的共变关系，那么之前与 DNA 甲基化相关的这个假设就成为可能。于是他们继续假设 DNMT3A 这个 DNA 甲基化转移酶也参与了这条通路：

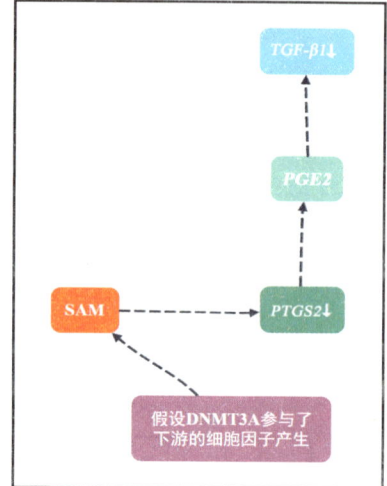

通过对 DNMT3A 的敲减，发现了下游 *PTGS2* 和 *TGF-β1* 的表达的共变（其实共变性也是归纳法的米勒五法之一），通过这个，他们假设 DNA 的甲基化参与了整个胞葬通路：

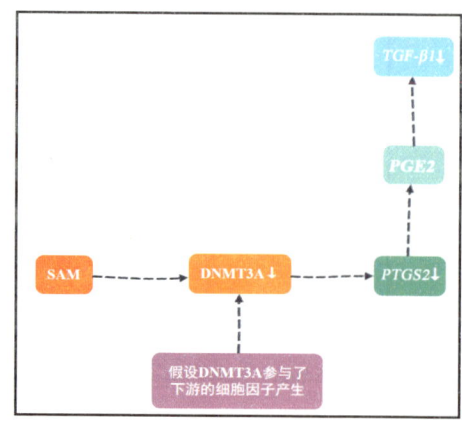

那 DNMT3A → *PTGS2* 之间就少了一个环节，由于 DNMT3A 是甲基化转移酶，一般的 DNA 甲基化会抑制基因转录表达，所以 DNMT3A 应该会有一个抑制的下游基因，而这个下游基因最优的可能，也是能抑制 *PTGS2* 表达的基因。MAPK 信号通路中的 ERK 的磷酸化（这个信号通路算是十分常见的信号通路了，特别是 ERK 作为 MAPK 来说，这个在之前的几册里也提到过），可以激活 *PTGS2* 基因翻译的蛋白 COX2。而 *DUSP4* 是负调控 ERK 磷酸化的酶之一，于是他们就把 DNMT3A 抑制的下游基因锁定在了 *DUSP4* 上（说实话，这里有碰运气的成分）：

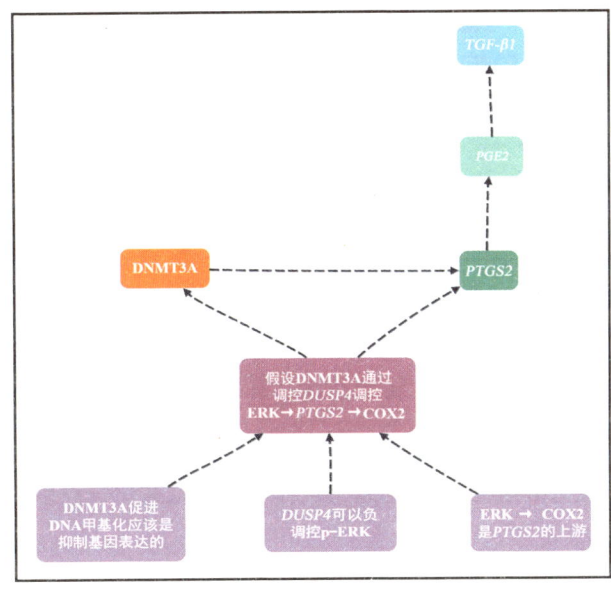

然后他们通过一系列的抑制和过表达共变，算是验证了这个假设：

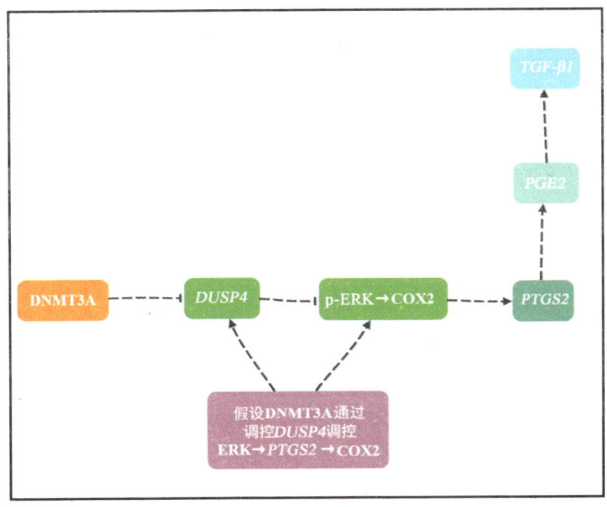

信号通路是什么"鬼"？6

为啥说算是呢？因为 DNMT3A 本身就是一个比较广谱的 DNA 甲基转移酶，要是只作用在这么一个环节上，真的是烧了高香。所以这一步的论证是极其不严谨的，存在着大量的肯定后件的逻辑谬误。

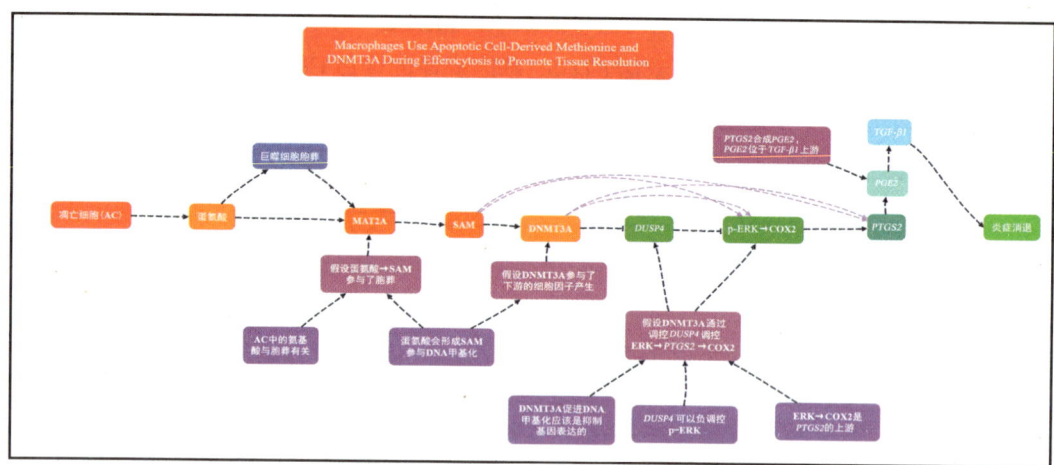

这里他们没有 DNMT3A 对下游基因甲基化具体位置的验证，没有 *DUSP4* 甲基化位点突变的验证，没有 *DUSP4* 抑制 ERK 磷酸化位点的突变验证。单凭粗糙的共变法分析，其实还是不能解释整个通路上的问题，也不能排除其他作用的可能性。这个可能就是这样的文献中存在的逻辑漏洞，如果想要避免，就需要摒弃过表达或者敲减的表型验证，而是把验证节点聚焦到外延更小的范围内。比如将互作位点、磷酸化位点引入验证，这样才能更严谨地把整个通路贯通。

第二章 T细胞成熟分化

来给你们讲一讲T细胞成熟和分类

大家如果熟悉T细胞的话，应该知道T细胞分化后，会有类似Th1、Th2、Th17和Treg细胞，这些T细胞的亚群其实也只是辅助T细胞中的一部分，也就是Th细胞，是$CD4^+$ T细胞。而真正的T细胞分化还是比较复杂的，夏老师看到了67.7分的 *Nature Reviews Immunology* 上的一张Post，T细胞的分类亚群其实还是很多的，但这张Post上有些T细胞亚群并不算特别常见：

> **Nature Reviews Immunology**
> **T Cells: the Usual Subsets**
> T cells have important roles in immune responses and function by directly secreting soluble mediators or through cell contact-dependent mechanisms. Many T cell subsets have been characterized. Although effector T cells were originally considered to be terminally differentiated, a growing body of evidence has challenged this view and suggested that the phenotype of effector T cells is not completely fixed but is more flexible or plastic. T cells can have 'mixed' phenotypes (that is, have characteristics usually associated with more than one T cell subset) and can interconvert from one subset phenotype to another, although instructive signalling can lead to long-term fixation of cytokine memory. T cell plasticity can be important for adaptation of immune responses in different microenvironments and might be particularly relevant for host defence against pathogens that colonize different tissues. Distinct T cell subsets, or differentiation states, can be identified based on the cell surface markers expressed and/or the effector molecules produced by a particular T cell population. This Poster summarizes our current understanding of the surface markers, transcriptional regulators, effector molecules and functions of the different T cell subsets that participate in immune responses. Further knowledge of how these T cell subsets are regulated and cooperate with each other will provide us with better tools to treat immune-related diseases.

那我就挑一些重点的给你们讲讲吧。T细胞的起源都是骨髓中的造血干细胞，T细胞的祖细胞从中产生，这些细胞迁移到胸腺以进一步成熟。这些T细胞的祖细胞，表面都有CD3和TCR，大多数（约85%）的TCR都是αβ链，一小部分是γδ链：

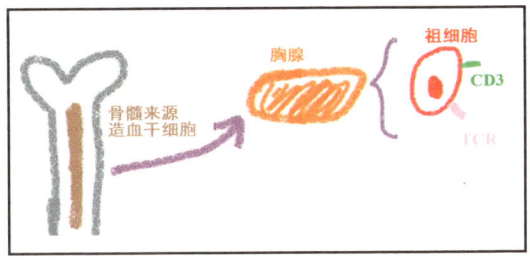

在胸腺里，T细胞的祖细胞表面都表达CD3，但都没有CD4和CD8分子，因此这个时候的T细胞是双阴性（DN）细胞。DN细胞有四个阶段，也就是DN1→DN2→DN3→DN4：

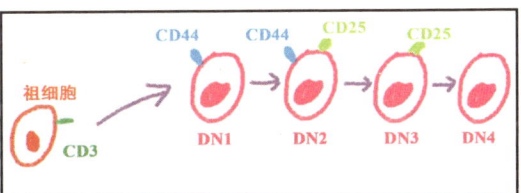

信号通路是什么"鬼"？6

这四个阶段，T 细胞表面的 CD44 和 CD25 的表达不同。到 DN3 阶段，发生 TCR 的 β 链重排，否则会导致 T 细胞的凋亡。通过 DN4 期，TCR 的 α 链基因重排完成，这个时候 TCR 复合体就组装完成了。

然后就形成了双阳性（DP）细胞，也就是 $CD4^+CD8^+$ 的 T 细胞。接着在胸腺皮质，T 细胞 TCR 选择与 MHC 分子递呈的抗原产生相互作用，亲和力高的 DP 细胞存活下来，这个就是正向选择。接着，在胸腺髓质中，T 细胞的 TCR 与自身抗原具有高亲和力或强相互作用的细胞，会接收到细胞凋亡信号，这个过程就是负向选择。

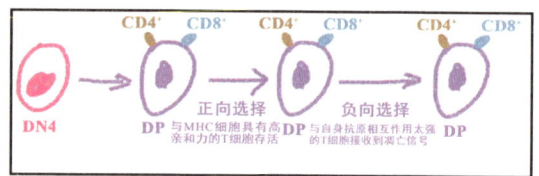

可以理解为，正向选择是筛选出有用的 T 细胞，负向选择是把会攻击自身抗原的 T 细胞剔除。

经过了正负向选择，DP 细胞就会形成成熟的 T 细胞，最常见的就是 $CD4^+$ 的辅助性 T 细胞（包含了 Th 细胞和免疫抑制的 Treg）和 $CD8^+$ 的细胞毒性 T 细胞。其他还有，感染后持续存在的抗原特异性的记忆 T 细胞（要再分就又能分成中央记忆 T 细胞、效应记忆 T 细胞等），记忆 T 细胞上可以有 CD4，也可以有 CD8，但最常见的是 CD44 或者 CD45RO。此外还有 γδTCR 链的 γδT 细胞等（其实看了下还有很多，但主流的就这几个了）。

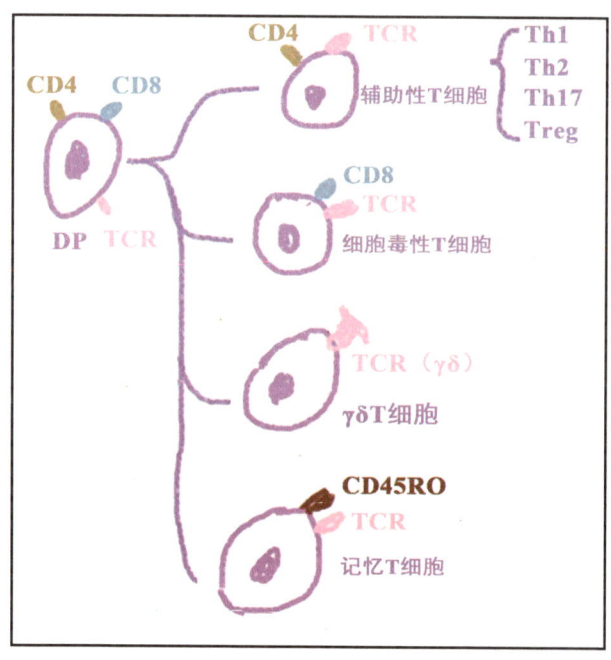

第二章 T 细胞成熟分化

准备产生免疫反应的 T 细胞完全激活需要两个信号，一个是 MHC 分子递呈来的抗原信号，这个信号会被 TCR 和 CD4 或 CD8 识别结合，比如 Th 细胞会通过 TCR 和 CD4，结合抗原递呈细胞（APC）的 MHC-II 类分子递呈的抗原。另一个信号是共刺激信号，比如 Th 细胞上的 CD28 会结合 APC 上的 CD80/CD86，激活共刺激信号，然后 Th 细胞进行分化……

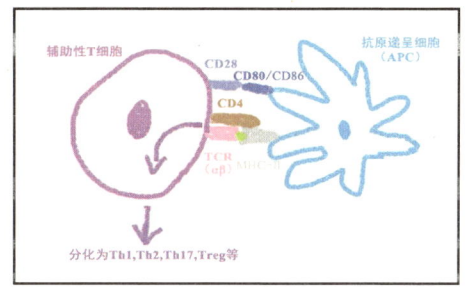

如果这两个信号只有一个激活，那么 T 细胞要么是无效激活，不会具备功能，要么激活 T 细胞凋亡。$CD8^+$ 的细胞毒性 T 细胞（其实和 Th 一样，Tc 也有不同的分化，比如 Tc1、Tc2、Tc9、Tc17、Tc22 等），除了需要 MHC-I 类分子递呈抗原激活，以及共激活信号之外，还需要辅助 T 细胞分泌的细胞因子才能激活（防止意外激活）。

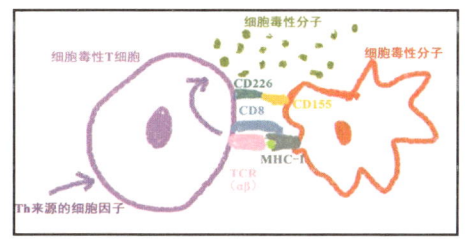

Tc 细胞激活后，会分泌穿孔素、颗粒酶之类的细胞毒性分子，杀死目标细胞。T 细胞中的抑制机制或"Check Point"（比如 CTLA4 或者 PD1 等）可防止不受控制的 T 细胞活化。好了，T 细胞大致就给你们讲到这里吧。

信号通路是什么"鬼"？6

看看这篇 Nature 是怎么做 T 细胞耗竭的

上节给你们介绍了 T 细胞的分化，这次夏老师就找了一篇耗竭 T 细胞相关的文章，顺便讲讲 T 细胞耗竭。这篇文章发表在 50.5 分的 Nature 主刊上，这篇文章挺有意思，2 型细胞因子 Fc-IL-4 使耗竭的 $CD8^+$ T 细胞恢复活力：

> Nature
> The Type 2 Cytokine Fc-IL-4 rRevitalizes Exhausted $CD8^+$ T Cells Against Cancer

首先要讲讲 T 细胞的耗竭。大家都知道幼稚 T 细胞会在 TCR 信号通路激活后（TCR 信号通路包含 αβ 等不同的亚基的重排以及正向选择、负向选择等，而 TCR 信号通路的激活也是 T 细胞激活的关键），形成效应 T 细胞。而 T 细胞"耗竭"的意思，简单来说就是指效应 T 细胞分泌细胞因子的能力降低，且细胞表面抑制性受体表达增加。从祖耗竭 T 细胞开始，$CD8^+$ T 细胞表面可共表达 LAG-3、CD244、CD160、TIM-3、CTLA-4 和许多其他抑制性受体，同时细胞的扩增能力明显下降，$CD8^+$ T 细胞对其的帮助也减弱，最终导致细胞死亡：

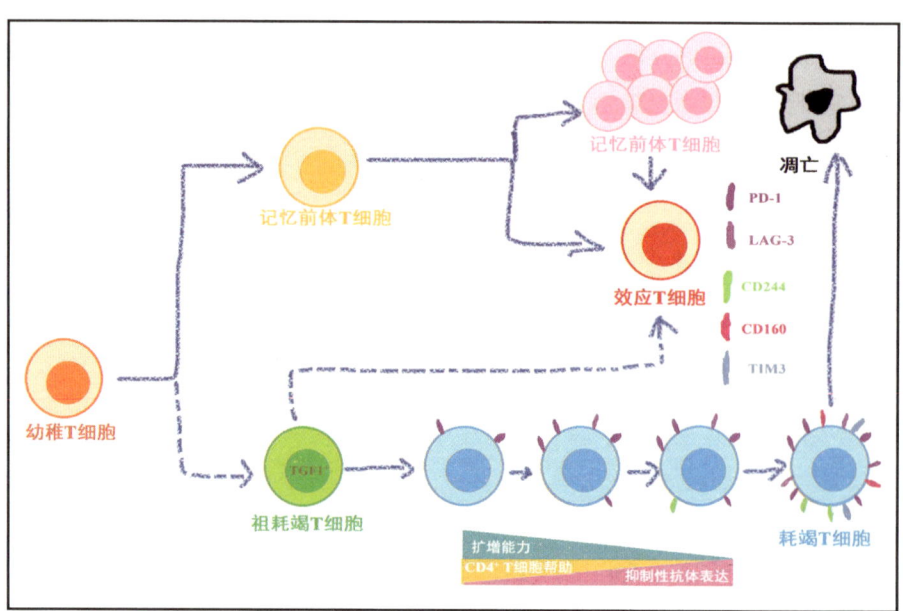

这篇文章首先分析了 Fc-IL-4 对微环境中 T 细胞的作用，IL-4 是一种 2 型免疫的细胞因子。T 细胞通过不同类型的免疫，产生不同亚型的 $CD4^+$ 或 $CD8^+$ T 细胞，1 型免疫是防御细胞内病毒、细菌的炎症和自身免疫，2 型免疫是防御蠕虫和毒素的，3 型则防御细胞

第二章 T细胞成熟分化

外的细菌和病毒等。一般来说，ICB（免疫检查点阻断）和ACT（过继性T细胞转移，如CAR-T）疗法，主要依靠诱导1型免疫来消除癌细胞：

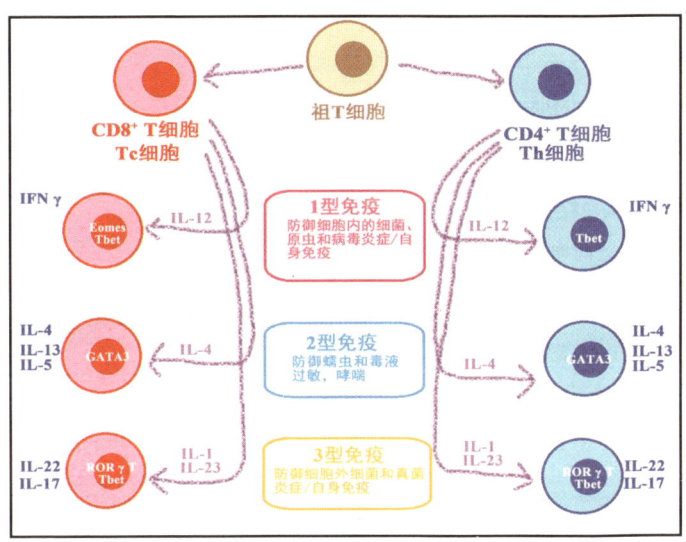

由于之前的研究发现，IL-4可以延长T和B淋巴细胞的存活。于是他们就做了一种小鼠IL-4与IgG2a Fc结合的IL-4，维持IL-4的稳定性，增强其半衰期。通过单细胞测序，他们发现Fc-IL-4可以诱导TME（肿瘤微环境）中的功能性$CD8^+$ T_e细胞（终末耗竭T细胞，这种$CD8^+$ T_e细胞是TCF^- $TIM3^+$的），这种耗竭的T细胞在增殖和存活能力上都比较差，但是细胞毒性要比祖耗竭T细胞来得强，还是有杀伤肿瘤细胞能力的：

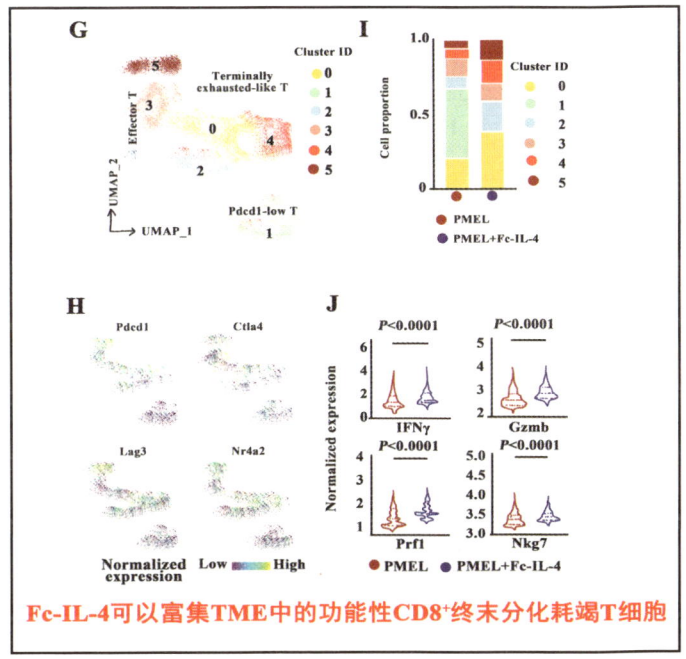

17

信号通路是什么"鬼"？6

他们发现Fc-IL-4诱导后，CD8$^+$ T$_e$细胞产生的颗粒酶B以及IFNγ都有所提高。那既然Fc-IL-4影响了IFNγ的产生，也就是说很可能会对1型免疫产生影响。于是他们假设Fc-IL-4作为2型细胞因子，是否可以增强以1型免疫为中心的ACT和ICB疗法对实体瘤的抗肿瘤疗效（这就是假设的迭代，通过已经获得的结果，提出新的假设，以此推进课题的发展）。结果发现，在许多同基因模型中，Fc-IL-4都能增强ACT和ICB免疫疗法的肿瘤清除和持久保护：

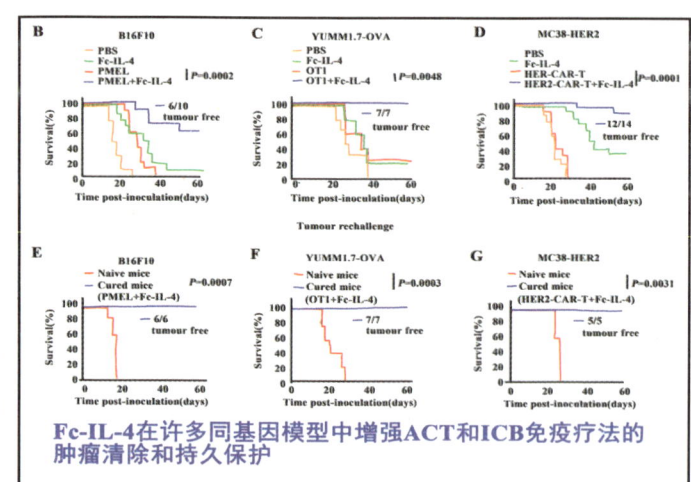

Fc-IL-4在许多同基因模型中增强ACT和ICB免疫疗法的肿瘤清除和持久保护

为了确定Fc-IL-4具体作用的细胞，他们分别选择性地耗尽了CD8$^+$ T细胞、CD4$^+$ T细胞、NK细胞或中性粒细胞，结果发现耗尽CD8$^+$ T细胞会影响Fc-IL-4联合ACT的疗效（这也就是柯霍氏法则的验证，通过清除关键因素来确定是否通过该因素影响了下游的表型产生）。他们接着使用TCF7启动子（祖耗竭T细胞相关启动子）表达DTR（白喉毒素受体），用DT（白喉毒素）诱导清除祖耗竭T细胞。在Fc-IL-4处理后，显著增加了肿瘤内浸润的CD8$^+$ T$_e$细胞的数量，也就是说Fc-IL-4是直接作用于CD8$^+$ T$_e$细胞的。那既然如此，CD8$^+$ T$_e$细胞上是否表达有IL-4受体呢？他们进一步分析发现CD8$^+$ T$_e$细胞上的确有IL-4Rα，而他们使用CRISPR敲除了细胞中的IL-4Rα后，Fc-IL-4的功能也丧失了：

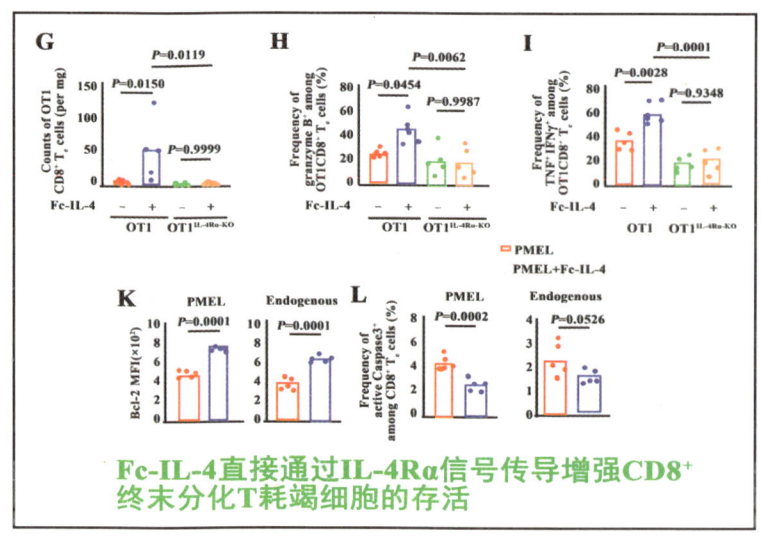

Fc-IL-4直接通过IL-4Rα信号传导增强CD8$^+$终末分化T耗竭细胞的存活

那么 Fc-IL-4 对 $CD8^+$ T_e 细胞具体产生了什么样的作用呢？由于之前有报道，IL-4 能激活 B 细胞糖酵解，于是他们就考虑 Fc-IL-4 是否也能激活 $CD8^+$ T_e 细胞的糖酵解。通过 SeaHorse 实验（这个在《信号通路是什么"鬼"？》系列中的铜死亡那几章中也介绍过，就是分析 OCR 细胞耗氧率和 ECAR 细胞外酸化率的实验，不清楚的话可以回去翻翻）发现，Fc-IL-4 对氧化磷酸化水平并没有多大影响，但可以使 $CD8^+$ T_e 细胞明显偏向糖酵解的代谢重编程：

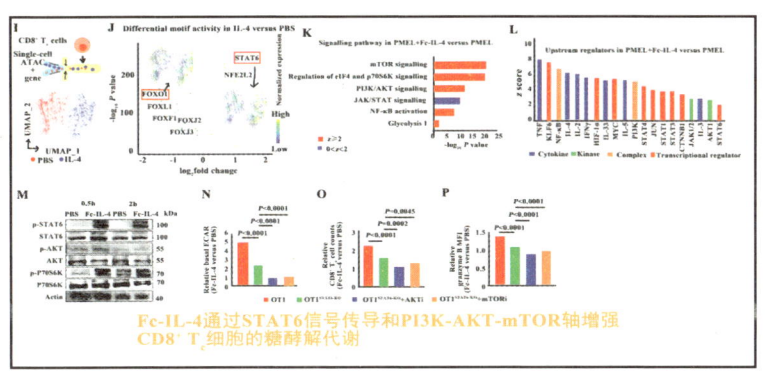

Fc-IL-4通过STAT6信号传导和PI3K-AKT-mTOR轴增强 $CD8^+$ T_e 细胞的糖酵解代谢

通过转录组分析，他们发现 Fc-IL-4 治疗的小鼠中，在糖酵解显著上调之外，mTOR 信号通路、PI3K-AKT 信号通路、JAK-STAT 信号通路以及 NF-κB 信号通路都有着明显的激活（PI3K-AKT 信号通路、JAK-STAT 信号通路都是常见的信号通路，都会受到 IL-4/IL-4R 激活，而 mTOR 信号通路和 NF-κB 信号通路则与 PI3K-AKT 信号通路密切相关）。他们通过分别敲除 STAT6 和抑制 AKT 分析发现，Fc-IL-4 通过 STAT6 信号传导和 PI3K-AKT-mTOR 轴，增强了 $CD8^+$ T_e 细胞的糖酵解代谢。

为了确定 STAT6 信号传导和 PI3K-AKT-mTOR 轴激活后，是通过什么关键酶激活了糖酵解，他们又分析了一下单细胞测序的数据，然后发现 LDHA 受到 IL-4 刺激后表达升高。接着他们通过敲除 LDHA 或使用 LDHA 的抑制剂分析了 Fc-IL-4 对于 $CD8^+$ T_e 细胞的影响，结果发现 Fc-IL-4 与 ACT 的联合治疗，在控制肿瘤生长方面的功效显著降低（这里简单的敲除和抑制，其实并不算特别严谨，会产生肯定后件的逻辑谬误）：

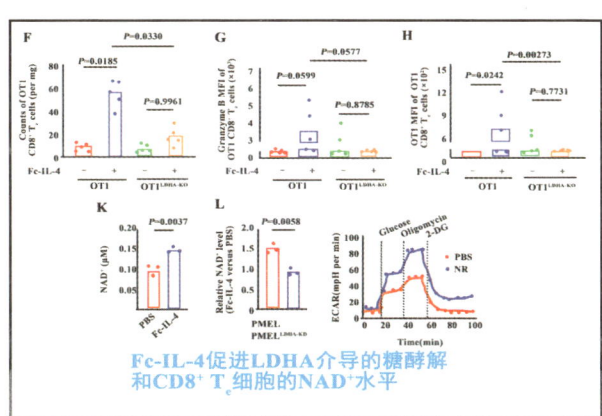

Fc-IL-4促进LDHA介导的糖酵解和 $CD8^+$ T_e 细胞的 NAD^+ 水平

信号通路是什么"鬼"？6

最后就形成了这样一个示意图，也就是 Fc-IL-4 通过 IL-4Rα 分别激活了 JAK-STAT 信号通路和 PI3K-AKT-mTOR 轴，通过激活 LDHA 的表达，促进了 $CD8^+$ T_e 细胞的糖酵解，通过糖酵解的增加，活化了终末耗竭的 $CD8^+$ T 细胞，促进了 ACT 和 ICB 治疗的效果：

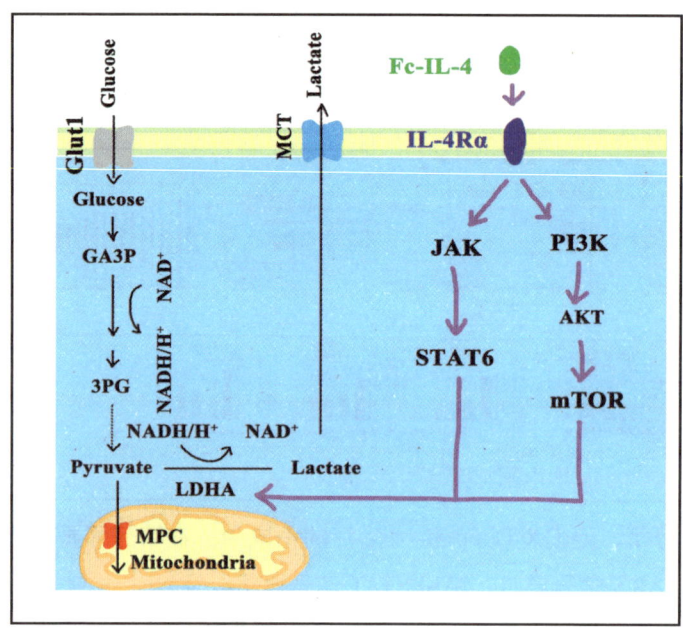

这篇文章从论文的推进，到机制的验证，工作量不是一般的大。除了最后，使用了 STAT6 的敲除以及 LDHA 的敲除和抑制剂，会存在一定的逻辑缺陷。但在 T 细胞耗竭的研究中，可以说是比较优秀的了。好了，就讲到这里吧，有兴趣的话可以看看原文，祝你们心明眼亮。

第三章 Th1 和 Th2 细胞分化

给你讲讲什么是 Th1/Th2 细胞的分化

在上一章中,我们讲了 T 细胞的分化,也讲了 T 细胞受体信号通路,那 T 细胞受体信号通路激活后,其实就涉及 Th1 和 Th2 细胞分化的信号通路了:

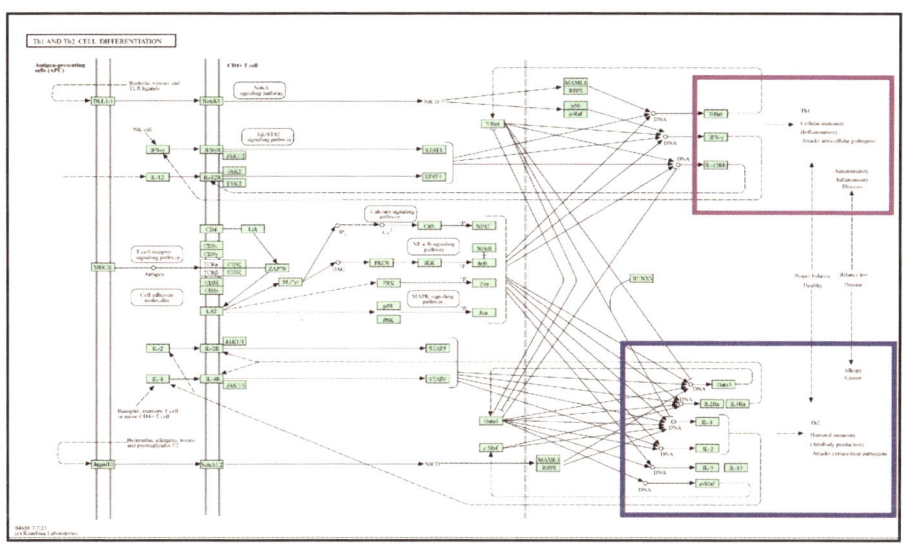

这个信号通路相对来说比较简单,就是通过不同的细胞因子刺激,幼稚的 CD4$^+$ T 细胞会分化成 Th1 辅助细胞(T helper cell 1)和 Th2 辅助细胞(T helper cell 2)。Th1 细胞会产生 IFNγ、GM-CSF(粒细胞巨噬细胞集落刺激因子)、IL-2 以及 TNF-β。

细胞内细菌、真菌和病毒的感染,导致抗原增加,抗原被 DC 细胞(树突状细胞)吞噬后,通过 MHC-II 类分子递呈到 DC 细胞表面。DC 细胞就是所谓的 APC(抗原递呈细胞):

递呈的抗原通过 TCR(T 细胞受体)激活 TCR 途径:

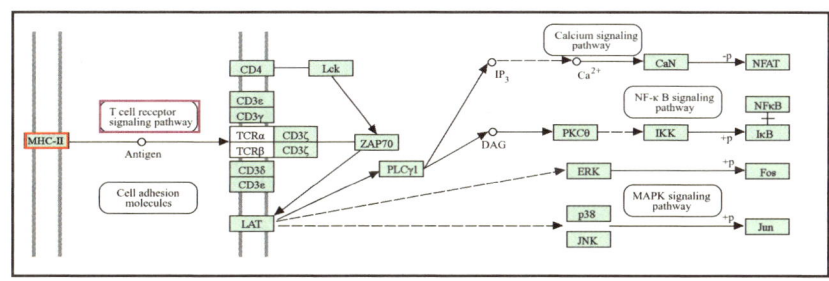

信号通路是什么"鬼"？6

这个时候 DC 细胞是和 CD4+ 的幼稚 T 细胞相互黏附的，通过 DC 细胞释放的 IL-12、IL-18 以及 NK 细胞、Th1 细胞释放的 IFNγ，激活 CD4+ 的幼稚 T 细胞内的 STAT1、STAT4 以及 T-bet。通过 JAK/STAT 途径，激活 IL-12Rb、T-bet 以及 IFNγ 的表达，以此促进 Th1 辅助细胞的分化：

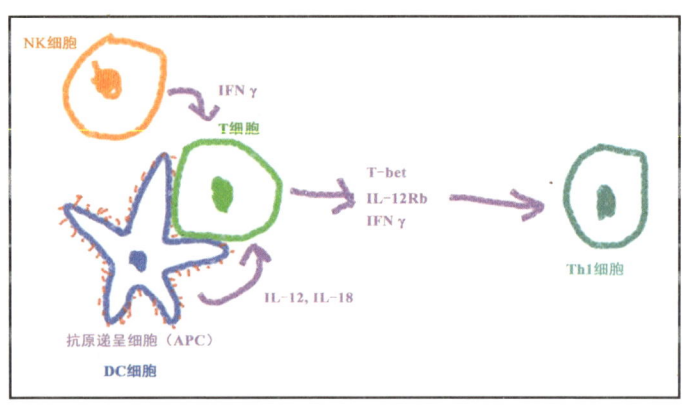

在信号通路图上可以看到，NK 细胞、Th1 细胞本身释放的 IFN 以及 IL-12，能通过 JAK/STAT 途径激活 Th1 细胞分化：

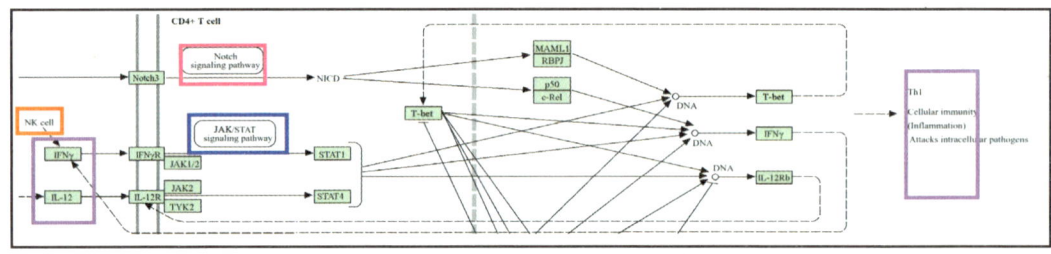

而 Th2 细胞的分化，是针对细胞外微生物产生的免疫反应（比如蠕虫的抗原），在 DC 细胞抗原递呈后，则需要成熟的 Th2 细胞的 IL-2 以及嗜碱性粒细胞或记忆 T 细胞释放的 IL-4，激活 CD4+ 的幼稚 T 细胞中的 c-Maf 以及 GATA3、STAT5、STAT6，以促进 Th2 辅助细胞分化：

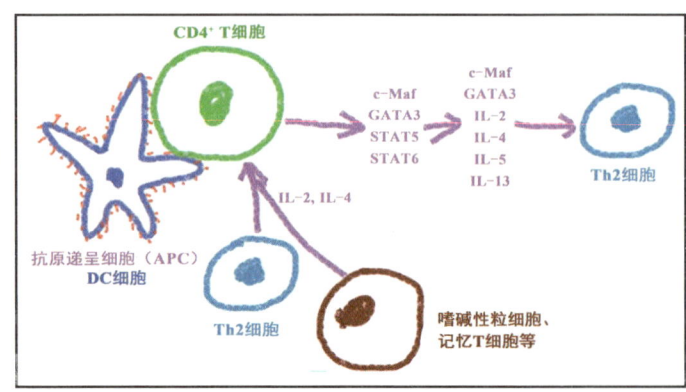

第三章　Th1 和 Th2 细胞分化

虽然同样是激活 JAK-STAT 信号通路，但实际上 Th2 细胞分化激活的是 STAT5 和 STAT6，而 Th1 细胞分化激活的是 STAT1 和 STAT4。同时，转录因子 c-Maf 和 GATA3 在 Th2 细胞分化的过程中更为重要：

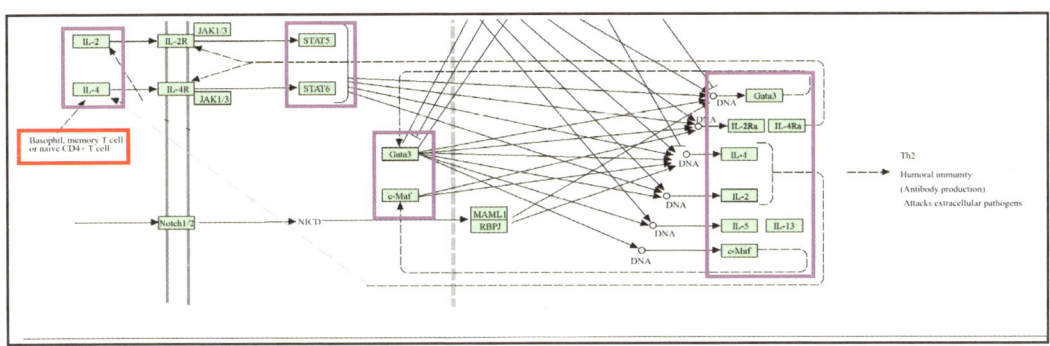

Th2 细胞分泌的 IL-4 能抑制 Th1 细胞的分化，同样 Th1 细胞分泌的 IFNγ 也可以抑制 Th2 细胞的分化。这篇 21 分的 *Blood* 上的文章就解释了这一点。

> **Blood**
> **CD4 T Cells: Fates, Functions, and Faults**

当然 $CD4^+$ 的 T 细胞不只是分化出 Th1 和 Th2 细胞，还可以通过 TGF-β⁺IL-2 分化成 Treg 细胞，或者通过 TGF-β⁺IL-6，IL-21，IL-23 分化出 Th17 细胞：

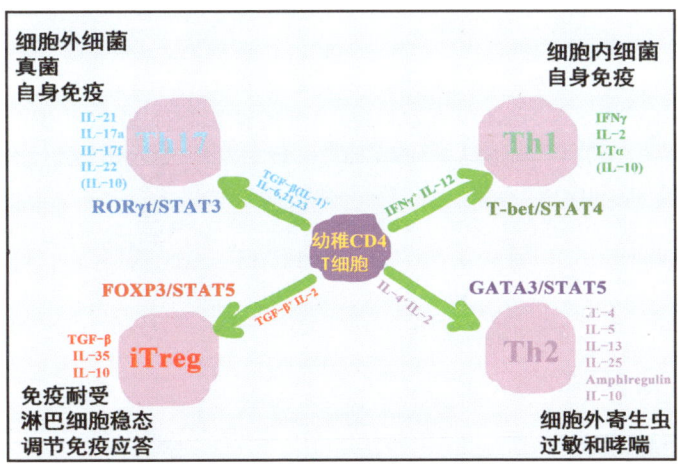

而在 Th1 和 Th2 的分化过程中，其实是存在着互相抑制的。不光是 IL-4 与 IFNγ 相互抑制，Th2 细胞分化激活后产生的 STAT5 能抑制 T-bet 的表达，GATA3 则能抑制 STAT4，Th1 细胞分化过程中激活的 T-bet 能抑制 GATA3。

信号通路是什么"鬼"? 6

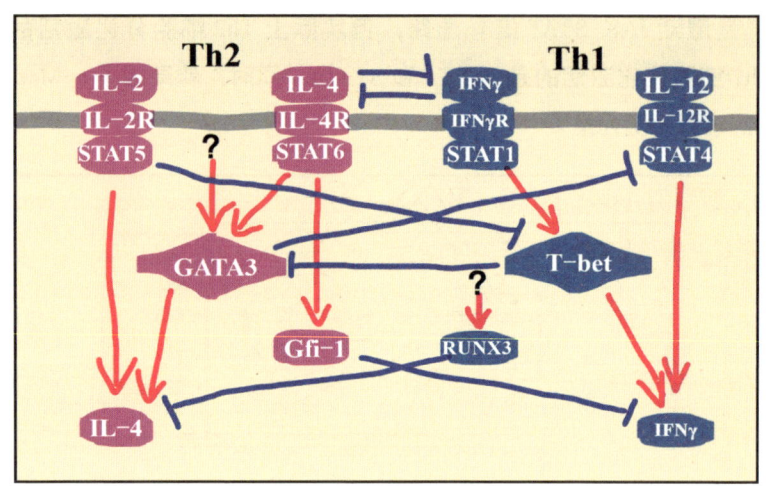

所以 Th1 和 Th2 的分化处于一种微妙的平衡中,当这种平衡被打破后,就可能导致疾病的产生……

第三章　Th1 和 Th2 细胞分化

这篇文章讲了个 Th2 细胞抑制肿瘤的故事

上一节中，给你们介绍了 Th1 和 Th2 细胞的分化，就搭配一篇和 Th2 细胞相关的文章吧，这篇是发表在 12.6 分的 *Journal of Experimental Medicine* 上的文章：

> **Journal of Experimental Medicine**
> **CD4⁺ T helper 2 Cells Suppress Breast Cancer by Inducing Terminal Differentiation**

这篇文章讲的是 CD4⁺ T 辅助细胞（Th2）通过诱导癌细胞的终末分化直接阻断自发性乳腺癌发生，Th2 细胞会通过激活体液免疫反应影响肿瘤。这里他们使用了胸腺基质淋巴细胞生成素（Tslp）来对 CD4⁺ T 细胞进行诱导，形成 Th2 细胞（可以参考这篇文章）：

> **Science Signaling**
> **TSLP Signaling in CD4⁺ T Cells Programs a Pathogenic T Helper 2 Cell State**

首先他们用过表达 Tslp 的原发乳腺癌的 PyMt 小鼠，与普通的原发乳腺癌的 PyMt 小鼠比较。发现过表达 Tslp 后，小鼠的乳腺癌形成延缓，并且肿瘤体积减小：

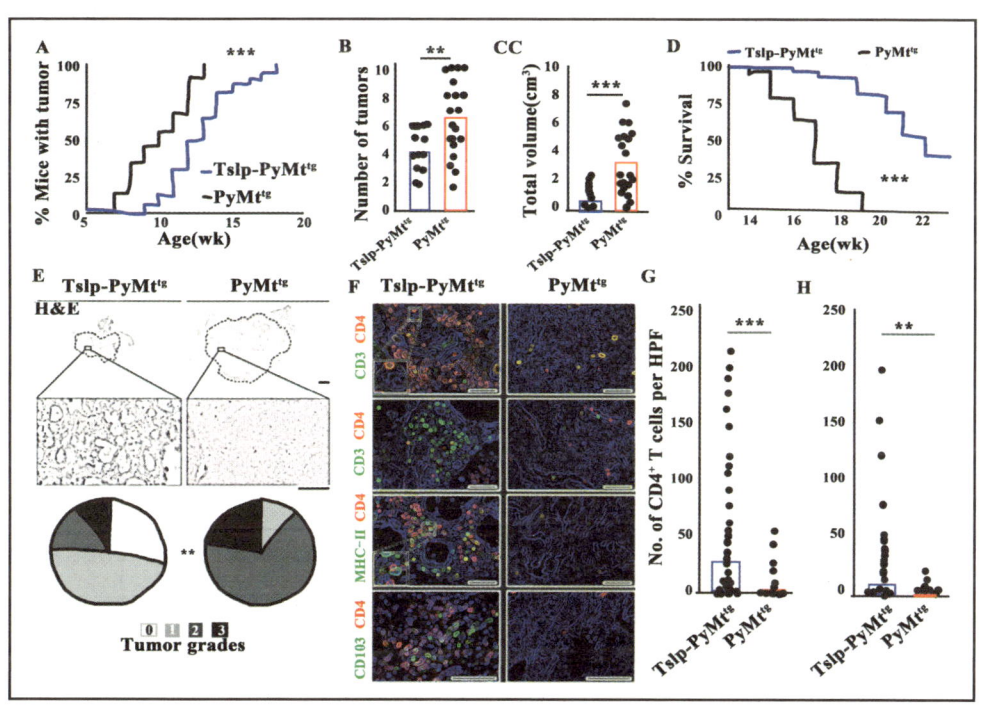

25

信号通路是什么"鬼"？6

为了确定是 CD4+ T 细胞的免疫产生的影响，他们在过表达 Tslp 以及原发乳腺癌的 PyMt 的小鼠上，加码了 Rag 的敲除（抑制 T 细胞、B 细胞形成），然后转移入野生小鼠的幼稚 CD4+ 或 CD8+ T 细胞。只有过表达 Tslp 后转入幼稚 CD4+ T 细胞的 PyMt 小鼠肿瘤发育明显减缓了：

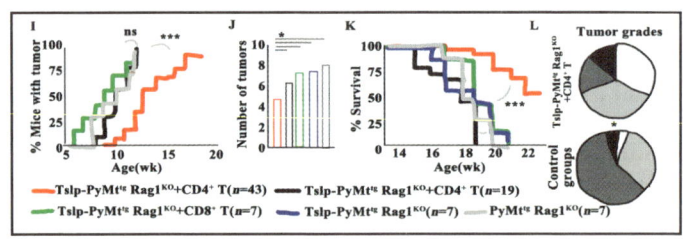

那 CD4+ T 细胞是如何抑制乳腺癌发展的呢？他们评估了 Tslp 诱导后肿瘤细胞的凋亡以及其他表型，发现 EMT 的标志物表达有明显的变化：

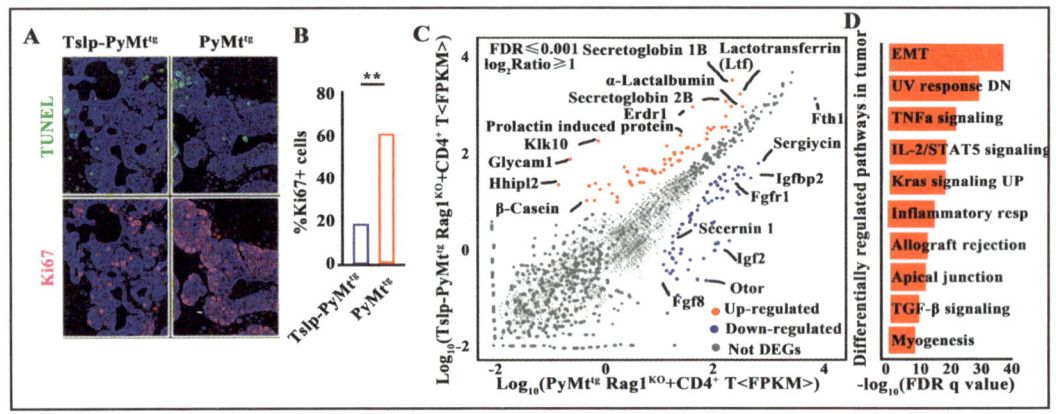

同时，在差异表达基因中，Csn2（β-酪蛋白）、Ltf（乳转铁蛋白）、α-乳清蛋白等与乳腺分化相关的基因在诱导 Th2 细胞的肿瘤中上调。也就是说，Th2 细胞可能会影响乳腺癌细胞的终末分化。

然后他们开发了一种乳腺球/T 细胞培养系统，差不多就是分选过表达 Tslp 以及 PyMt 的小鼠，然后刺激小鼠乳腺上皮细胞系 HC11 形成乳腺球。

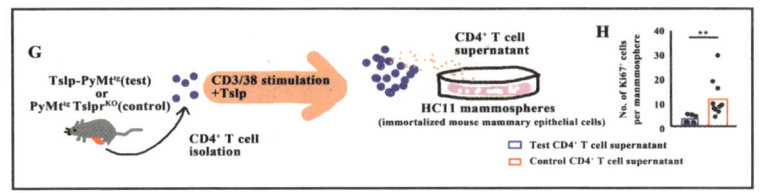

第三章　Th1 和 Th2 细胞分化

过表达 Tslp 的 CD4$^+$ T 细胞能抑制乳腺球的产生，并且抑制乳腺上皮细胞增殖：

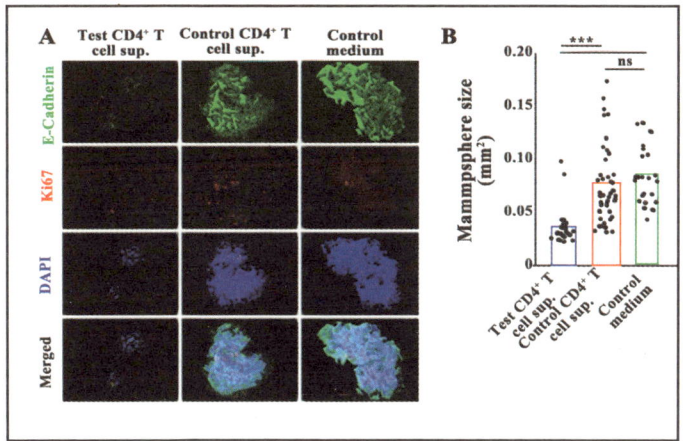

而在过表达 Tslp 的 CD4$^+$ T 细胞中，IL-13、IL-3、IL-4、IL-5、IL-10 和 CSF2 的表达明显增加（上一节讲过了，除了 CSF，都是 Th2 相关的细胞因子）：

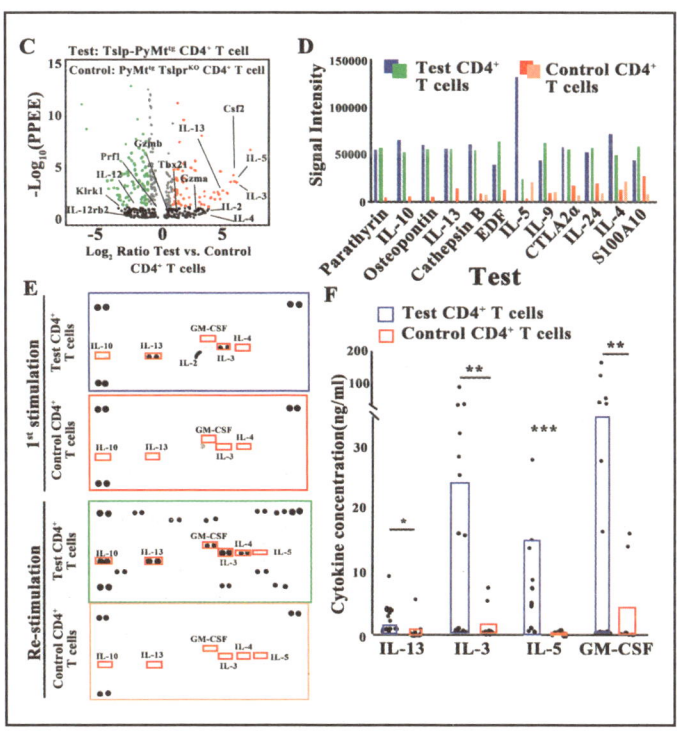

信号通路是什么"鬼"？6

当在过表达 Tslp 的 CD4[+] T 细胞中敲除了 IL-4R 后（激活诱导 Th2 分化的，还记得吧），CD4[+] T 细胞对肿瘤的抑制明显下降了：

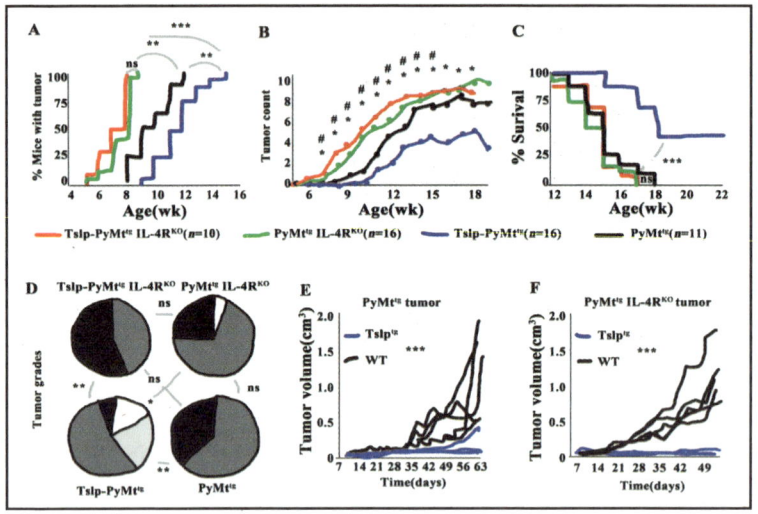

Tslp 诱导 CD4[+] T 细胞的 Th2 细胞分化，但完全敲除了 Tslpr（Tslp 的受体）后，CD4[+] T 细胞则无法抑制乳腺癌了：

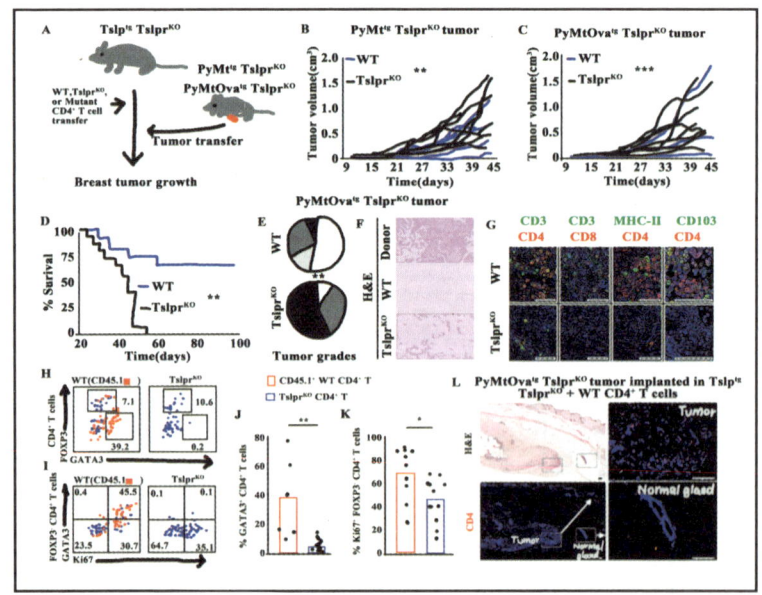

确定了 Tslp → Th2 细胞后，接着要确定是否是 Th2 细胞分泌的细胞因子对乳腺癌终末分化产生了影响，于是他们分别敲除了 IL-4（Th2 细胞分泌）、IFNγ（Th1 细胞分泌）及 TNF，发现敲除了 IL-4 后，CD4[+] T 细胞对肿瘤的抑制消失，其他影响不大：

第三章 Th1 和 Th2 细胞分化

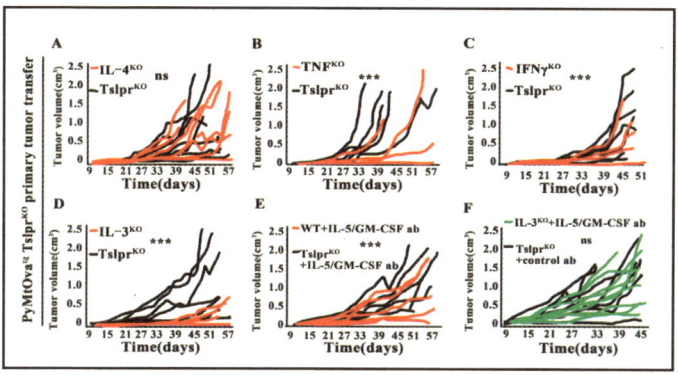

使用 Calcipotriol（卡泊三醇）可刺激小鼠表皮角质形成细胞产生 Tslp，于是他们使用 Calcipotriol 瞬时诱导 Tslp 表达，结果发现，瞬时局部表达 Tslp 后，也能促进 $CD4^+$ T 细胞分化（GATA3 表达，也就是 Th2 细胞分化的关键）并抑制肿瘤：

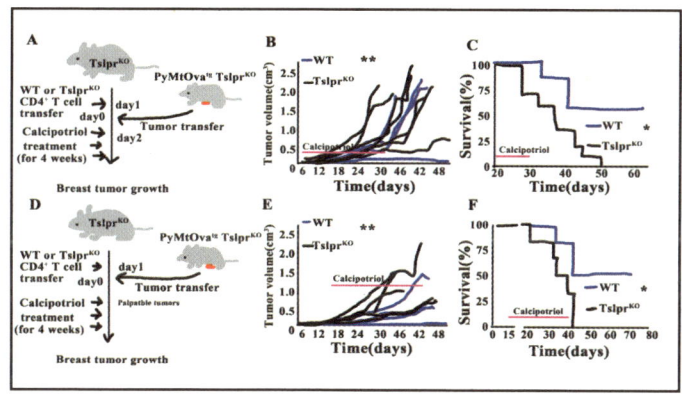

在原发乳腺癌的 PyMt 的小鼠中，Tslp 的表达明显下降，只有在 PyMt 的小鼠中过表达 Tslp 才能恢复到正常水平。也就是内源的 Tslp 其实是阻止乳腺癌发展的……

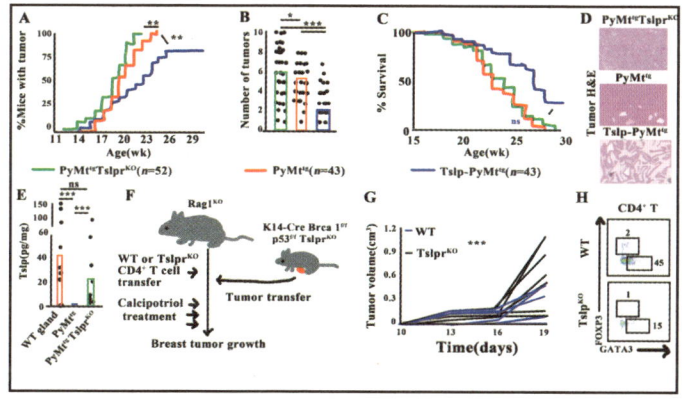

29

而乳腺癌患者本身高表达 Tslp 的生存率，也比低表达 Tslp 的患者来得高：

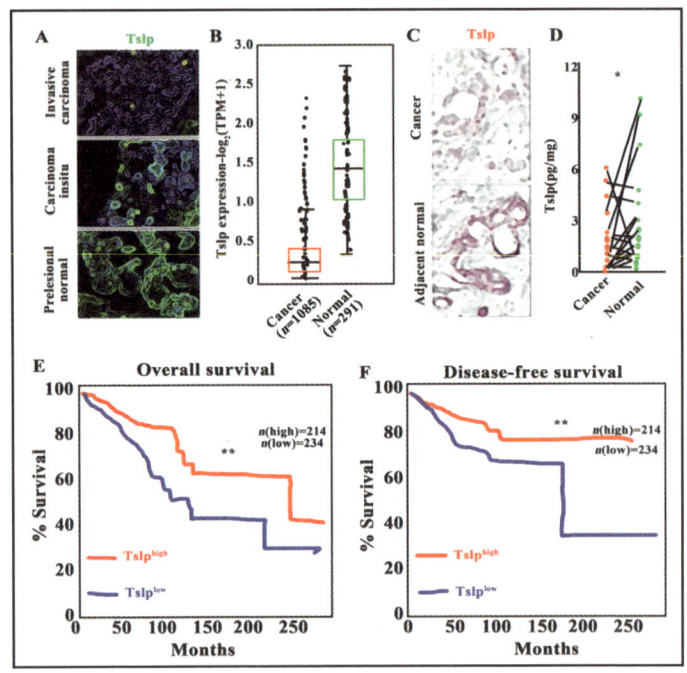

总结起来就是 Tslp 诱导 CD4⁺ T 细胞进行 Th2 细胞分化，分泌的细胞因子诱导细胞终末分化，并且阻止上皮细胞增殖：

文章虽然并不是特别严谨，但思路倒是比较清晰的，让我们对 Th1/Th2 细胞的分化在文献中的运用有一个熟悉的过程。

第三章　Th1 和 Th2 细胞分化

这篇 Th2 细胞相关的文章是怎么一层层推理的

上一节中，我们讲了这篇 12.6 分的 Th2 细胞相关的文章，这篇文章在这个档次上算是条理比较清晰的：

> Journal of Experimental Medicine
> CD4$^+$ T helper 2 Cells Suppress Breast Cancer by Inducing Terminal Differentiation

那这次，我们就看看，他们具体是怎么推理出整个故事的吧……其实这篇文章开头还是比较简单的，他们就提出一个假设，假设 Tslp 能通过诱导 CD4$^+$ T 细胞影响乳腺癌：

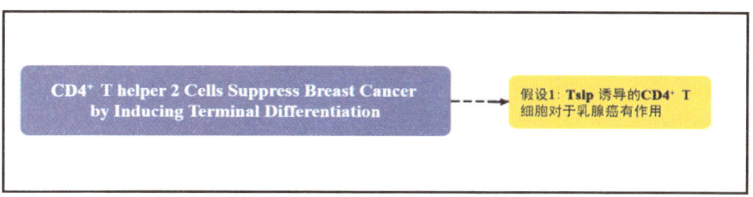

为了证明这个假设，首先他们在原发性乳腺癌小鼠中过表达 Tslp，并且用 Rag$^{-/-}$ 排除 B、T 细胞的影响，只有再次引入 CD4$^+$ T 细胞的小鼠，乳腺癌才被抑制，而引入 CD8$^+$ T 细胞的小鼠，乳腺癌变化不大。由此证明了 Tslp 通过 CD4$^+$ T 细胞对乳腺癌产生影响：

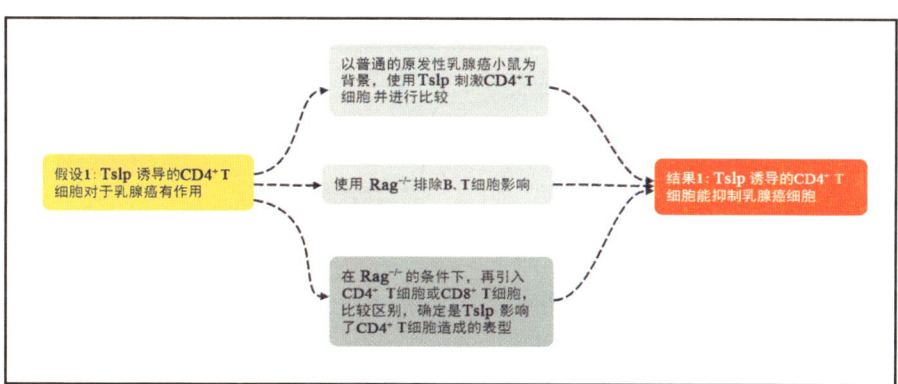

接下来要验证的就是 Tslp 是如何抑制乳腺癌的。他们通过过表达 Tslp 后乳腺癌细胞的凋亡实验以及二代测序，并且设计了体外乳腺球形成实验，确定了 Tslp 能影响乳腺细胞的终末分化，并抑制乳腺癌细胞增殖：

信号通路是什么"鬼"？6

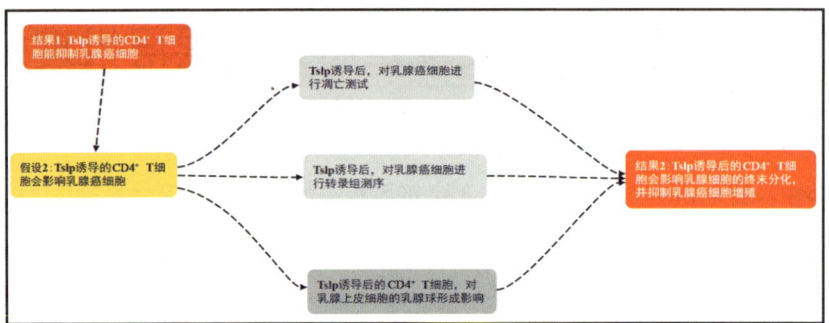

Tslp 是诱导激活 $CD4^+$ T 细胞分化成 Th2 细胞的，那是否是由于 Th2 细胞参与了对乳腺癌的影响呢？那假设就进一步迭代成 Tslp 通过诱导 Th2 细胞分化影响乳腺癌了。所以他们首先验证了 Tslp 刺激后 $CD4^+$ T 细胞的分化影响，并在抑制 Th2 细胞产生后，再看 Tslp 对乳腺癌的影响，以此验证了这个假设：

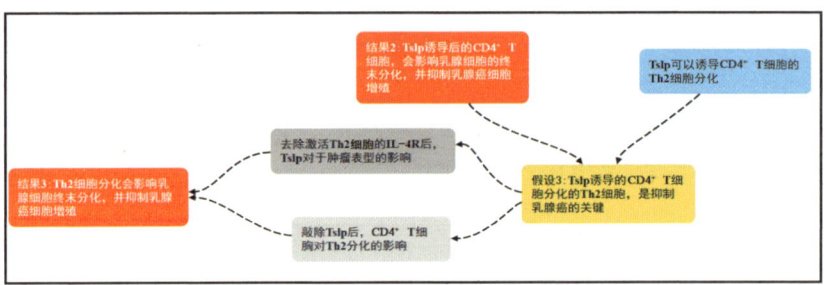

那 Th2 细胞参与了对乳腺癌的抑制，而 Th2 细胞是会分泌细胞因子的。那假设就又进一步迭代成：Th2 细胞是否是通过细胞因子影响乳腺癌细胞的：

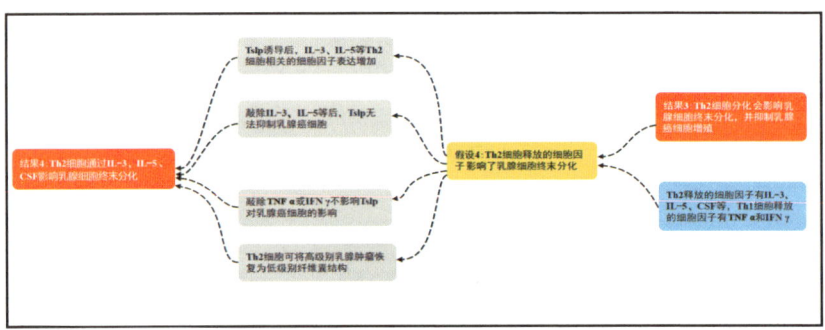

他们这里设计敲除了 Th2 细胞的细胞因子，并且以敲除其他非 Th2 细胞分泌的细胞因子作为阴性对照，完成了这个假设的验证。

第三章 Th1 和 Th2 细胞分化

Tslp 对于乳腺癌的抑制产生了较大的作用,而原发性乳腺癌细胞中,Tslp 本身表达较低,于是他们进一步迭代假设,是否乳腺细胞中 Tslp 的表达也能影响乳腺癌的发展?他们通过对 Tslp 的瞬时诱导,以及乳腺癌内源表达,和患者中 Tslp 表达高低与预后的关系,验证了这个观点。

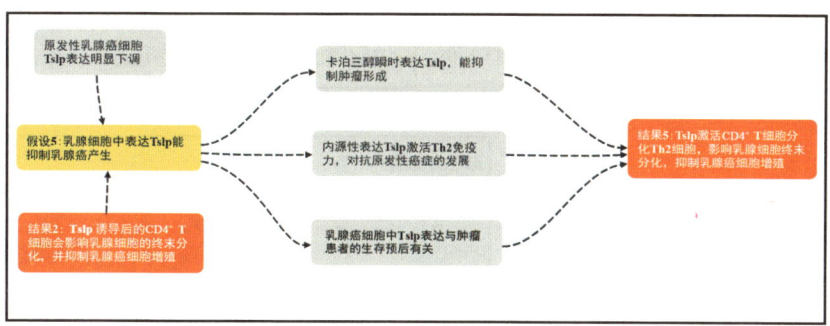

最终他们得出了这样的示意图:

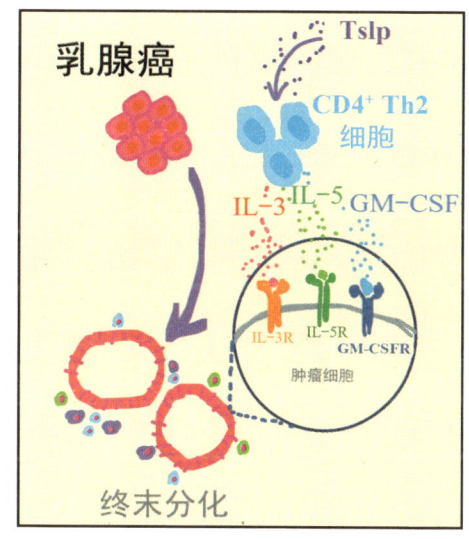

总的来说,这篇文章的思路较为清晰,在假设的迭代上也相对完整,没有太大的跳脱。

信号通路是什么"鬼"？6

看看 Th17 和 Treg 细胞是怎么分化平衡的

讲完了 Th1 和 Th2 的 CD4⁺ T 细胞分化，按照这篇 21 分的综述，我们也可以继续看看其他的 Th 细胞分化：

这次，我们就介绍一下另外两种 CD4⁺ T 细胞分化出来的细胞 Th17 和 Treg：

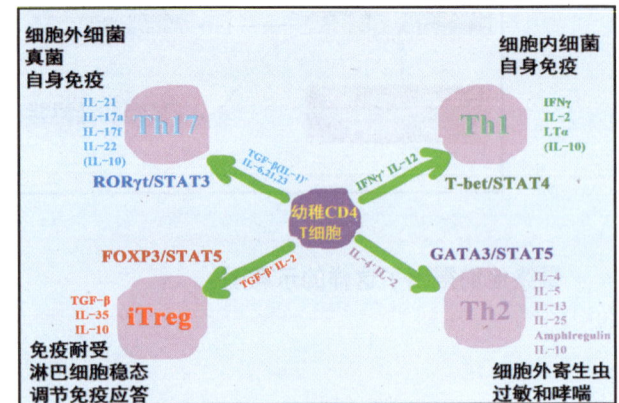

与 Th1、Th2 细胞分化的区别在于，激活 Th17 细胞和 Treg 细胞的细胞因子不同，Th17 和 Treg 细胞都需要 TGF-β 的参与。实际上在 KEGG 上，只有 Th17 细胞分化的信号通路，差不多就是这样：

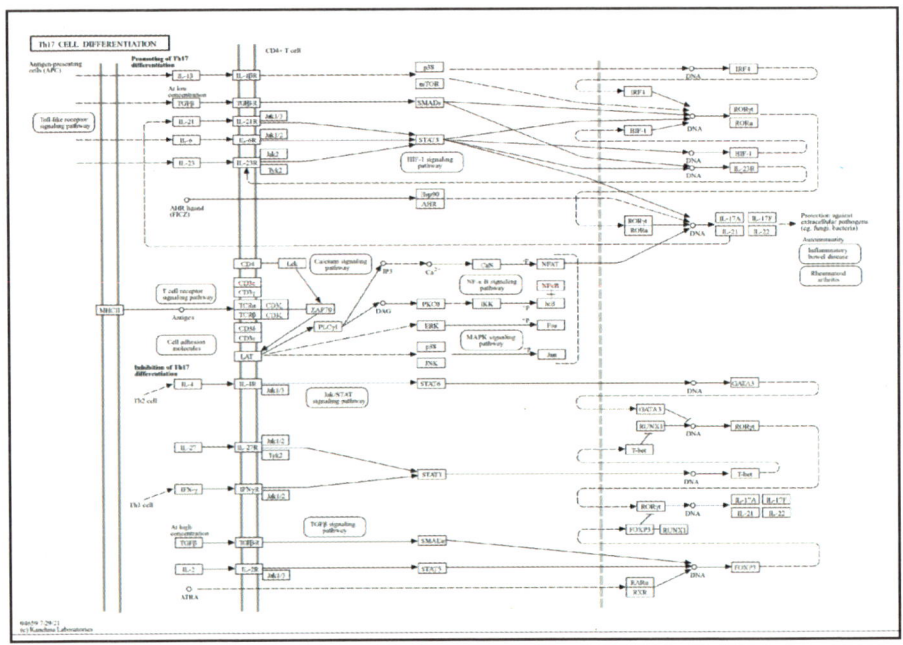

第四章 Th17 细胞分化

和Th1、Th2细胞分化的相同点是，Th17细胞的激活也需要有MHC分子递呈抗原，激活TCR信号通路（T细胞受体信号通路，下图红框）。激活Th17细胞，需要TGF-β参与（下图玫红框），另一方面需要IL-6（下图深蓝框）通过JAK/STAT信号通路激活STAT3（下图绿框）。STAT3通过激活HIF-1信号通路（下图天蓝框），促进RORγt的转录（下图紫框），RORγt则激活Th17细胞分泌的细胞因子转录，包括IL-17A、IL-17F、IL-21等（下图橘框）……

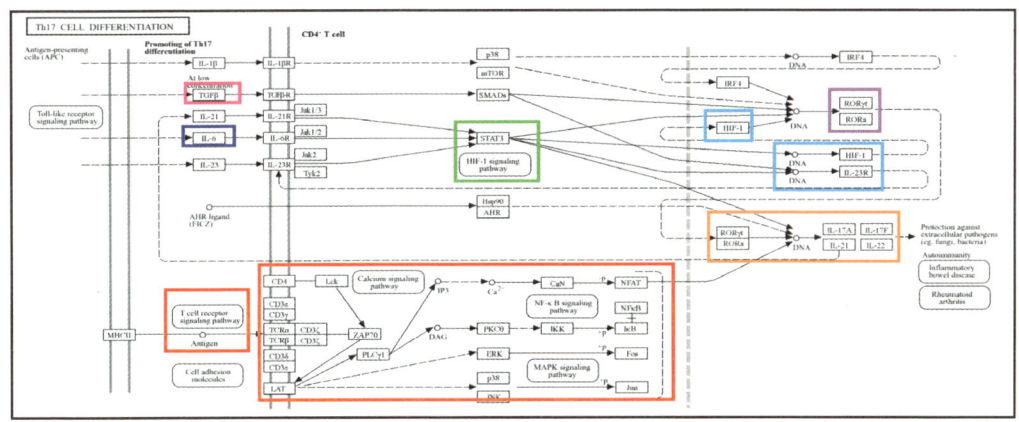

Treg 细胞可以使用多种机制诱导免疫抑制，包括通过表达抑制性细胞因子进行间接抑制、靶向 T 细胞的代谢破坏、细胞溶解以及调节树突状细胞的成熟和功能。Treg 细胞根据其来源分为两种，天然 Tregs（nTregs）来源于胸腺，诱导性 Tregs（iTregs）是从外围的幼稚 $CD4^+$ T 细胞发展而来。虽然 iTregs 没有具体的信号通路，但我们可以从 Th17 分化的信号通路的抑制部分看到 iTregs 的诱导：

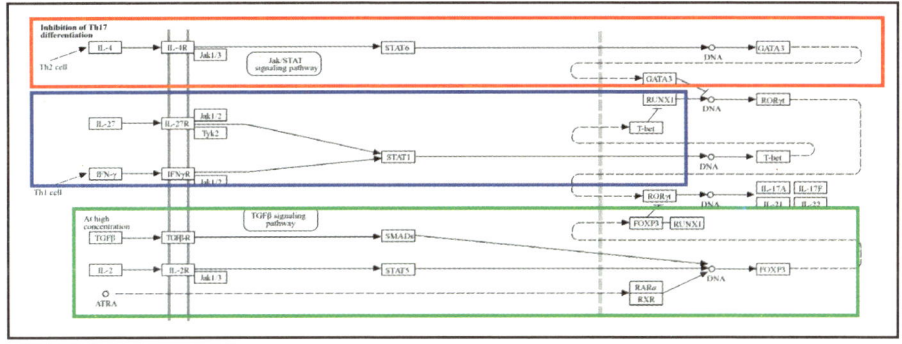

对于 Th17 的抑制，其实包含了 Th2 细胞的 GATA3（上图红框），以及 Th1 细胞的 T-bet（上图蓝框），这俩都能直接或间接地抑制促进 Th17 细胞分化的 RORγt 的表达。iTregs 的细胞分化（上图绿框）则需要 TGF-β 信号通路（这个和 Th17 是一样的），以及 IL-2 激活 FOXP3。FOXP3 也能抑制 RORγt 的表达。

信号通路是什么"鬼"？ 6

许多自身免疫性疾病由 Th17 细胞驱动，同时会被 Treg 细胞抑制，所以 Th17 和 Treg 之间的平衡就很重要：

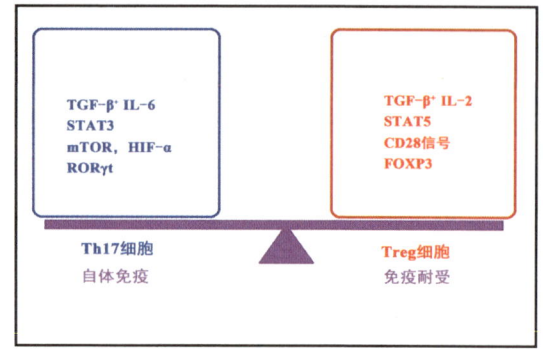

Th17 和 Treg 细胞的分化受到许多因素的调节，细胞因子是调节中最强大的决定因素。其他因素包括 TCR 信号，共刺激信号，新陈代谢和微生物群也会影响平衡。

这篇 21.8 分的 *Cellular & Molecular Immunology* 里，也描述了 Th17 和 Treg 细胞之间的分化的转化：

> **Cellular & Molecular Immunology**
> When Worlds Collide: Th17 and Treg Cells in Cancer and Autoimmunity

iTreg 细胞能够在细胞因子的驱动下重新获得 Th17 细胞的特征，当 FOXP3 阳性的 Treg 细胞暴露于含有 IL-1β 和 IL-6 的环境下时，FOXP3 会下调，会激活表达 IL-17 等基因。Th17 细胞在被激活后，也可以通过 IL-12 获得 Th1 样特征。

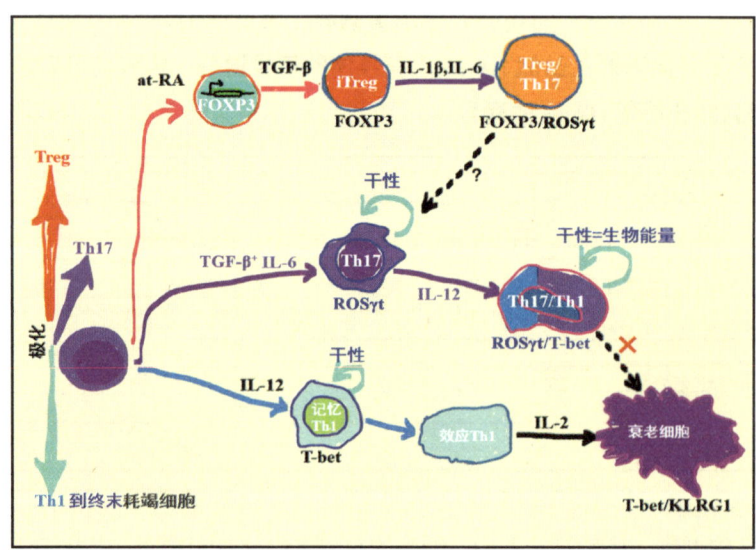

Th17/Treg 的平衡关系到自身免疫疾病和免疫抑制之间的平衡，下节再找篇相关的文献来讲讲吧。

第四章　Th17 细胞分化

这篇 Th17/Treg 文章标题看着挺不错的

讲完 Th17 和 Treg 的分化平衡，就应该讲一篇相关的文献了，这样的文献一般都是免疫类的。于是我就找了一篇看着有点意思的文章，这是发表在 26.8 分的 *Journal of Hepatology* 上的文章。

> **Journal of Hepatology**
> HIF-1α Modulates Sex-Specific Th17/Treg Responses during Hepatic Amoebiasis

HIF-1α 调节肝阿米巴病期间的性别特异性 Th17/Treg 反应，这个标题看着倒是挺不错的，很有创新性，HIF-1α 能调节性别特异性的 Th17/Treg 分化。但看完，其实觉得并没有达到预期。我们一点点看，看看这篇文章讲了些什么。

这篇文章开始讲的就是，小鼠在肝内感染溶组织内阿米巴后会引发免疫炎症。这种炎症在雄性小鼠中表现得更为明显，其表现为有组织的脓肿结构。由于在炎症期间，浸润免疫细胞消耗大量氧气，导致组织缺氧和 HIF-1α 表达上调。在溶组织内阿米巴感染后，肝脏中的 HIF-1α 表达就明显上调：

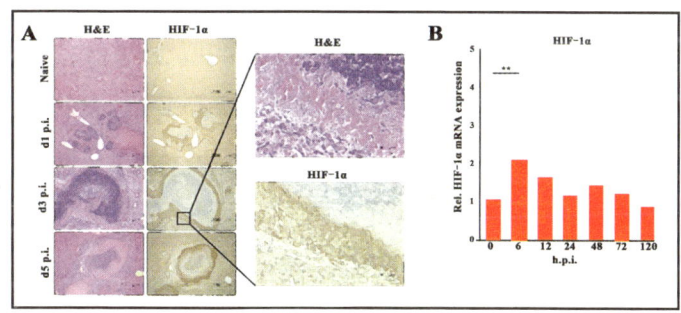

同样 HIF-1α 的下游靶基因表达，在感染后也表现出上调：

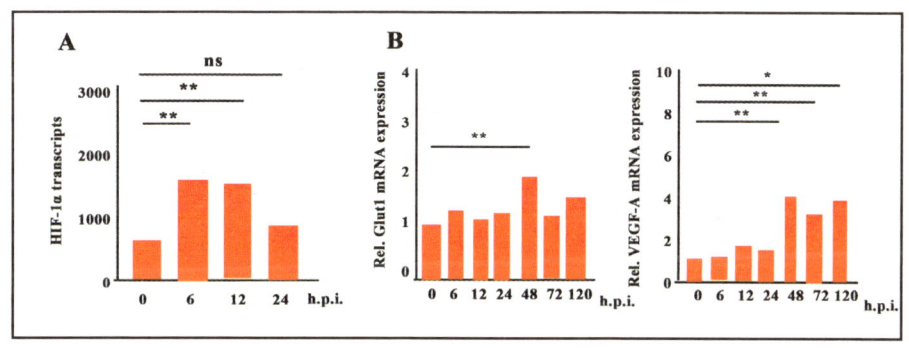

37

信号通路是什么"鬼"？6

肝细胞中的 HIF-1α 表达要明显高于 CD45 阳性的肝淋巴细胞（下图蓝框）。HIF-1α 本身就会对免疫产生直接或者间接的影响，于是他们分析了一下溶组织内阿米巴感染后，Th17 和 Treg 的相关表达变化（下图红框）：

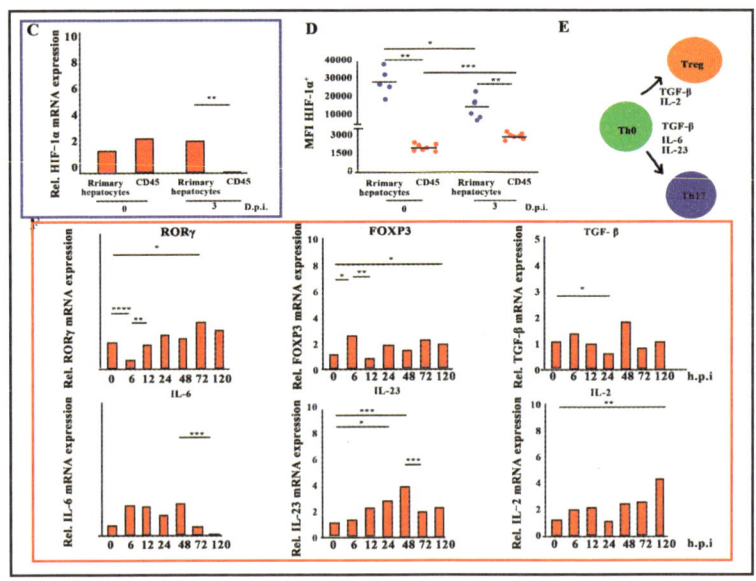

结果发现感染后，Th17 和 Treg 的分化的确受到了影响。那具体是什么样的影响呢？他们用流式进行了分析，发现小鼠感染后，产生了大量的 Th17 和 Treg，以及 Th17-Treg 的双分化细胞（这个其实在上节讲 Th17 和 Treg 分化的时候也讲过了）：

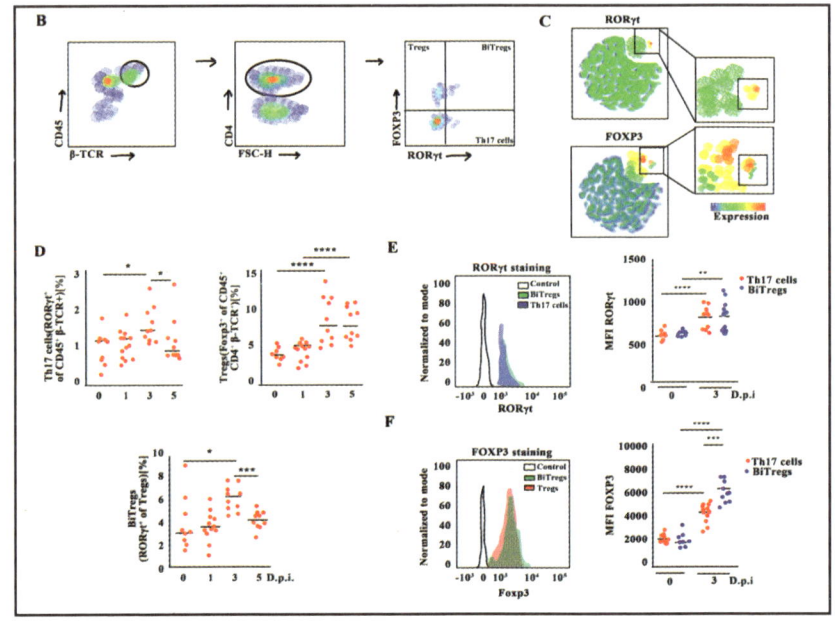

第四章 Th17 细胞分化

那为什么在溶组织内阿米巴感染后，不同性别的小鼠会产生不同的免疫炎症反应呢？于是他们做了不同性别的小鼠 Th17 和 Treg 分化的分析。他们用代表 Th17 分化的 RORγt 和代表 Treg 分化的 FOXP3 进行流式分析，应该还记得标志物吧？

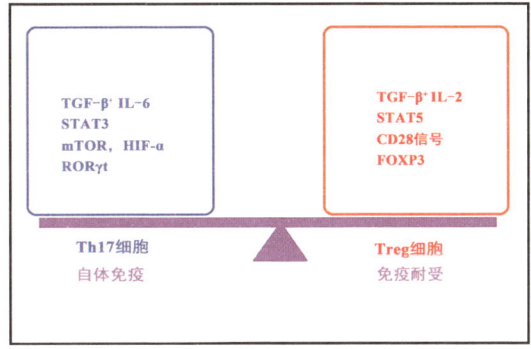

结果发现感染后，小鼠的 Th17 细胞都有增加，也就说明自身免疫被激活了。而雌性小鼠产生的 Treg 细胞比雄性小鼠更多，也就是雌性的免疫抑制要比雄性高（下图红框）。

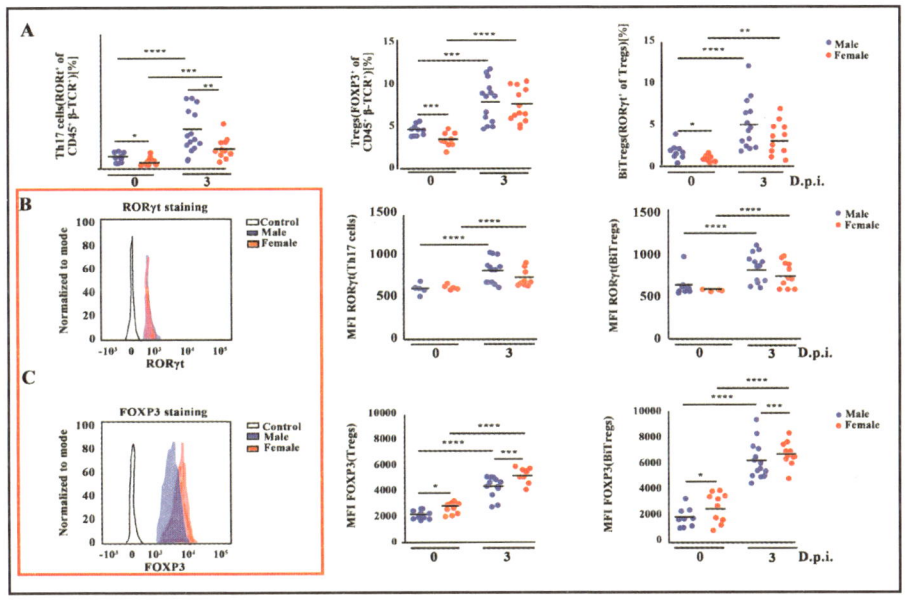

那 HIF-1α 是否会影响小鼠在感染后的 Th17 和 Treg 分化呢？于是他们用 Cre-LoxP 做了肝脏特异性的 HIF-1α 的敲除，结果发现感染后雄性小鼠所产生的脓肿结构明显变小了，而雌性小鼠变化不大。

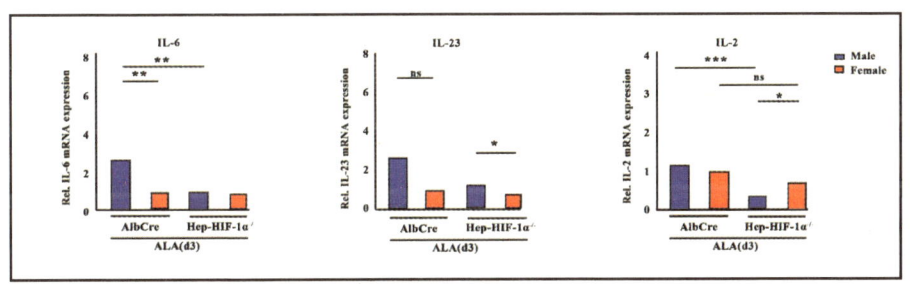

39

信号通路是什么"鬼"？6

同样，敲除 HIF-1α 后 Th17 细胞的分化也明显降低了，同时 Treg 的分化也降低了……

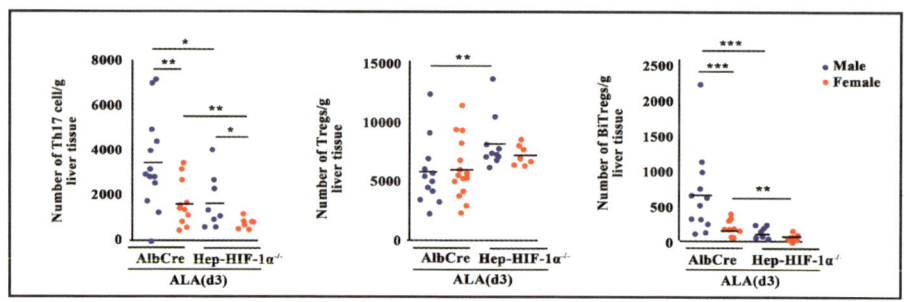

也就是说 HIF-1α 是通过抑制 Th17 的分化来抑制雄性小鼠在感染后所产生的免疫反应的，差不多就是这样：

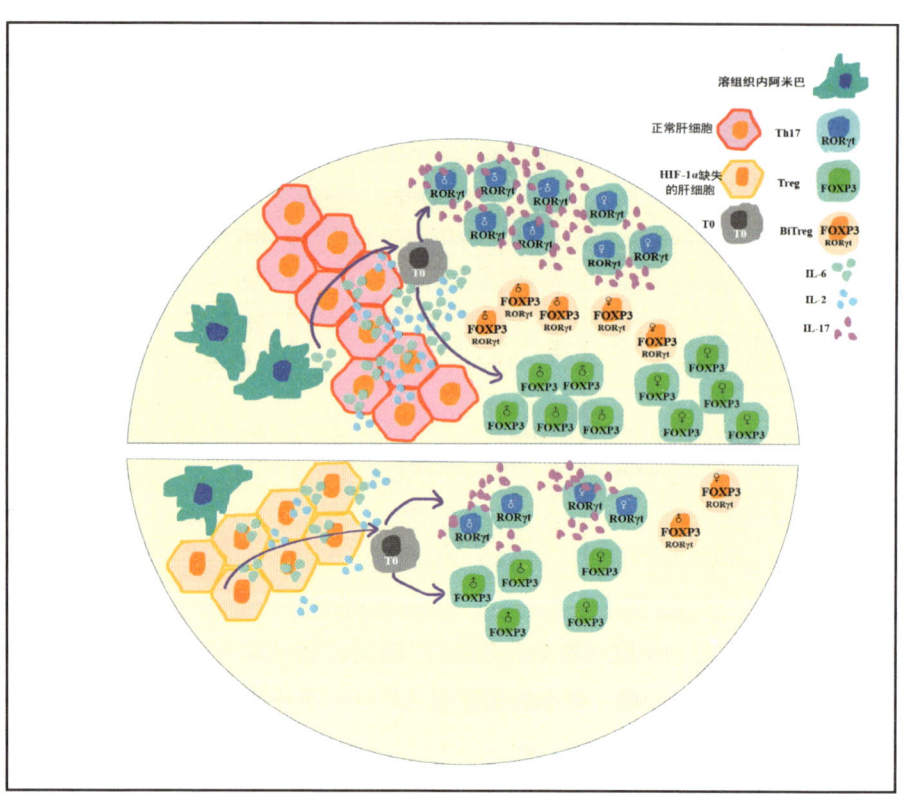

但实际上，这篇文章到这里还是没有阐述 HIF-1α 是引起性别特异性 Th17 和 Treg 分化的原因，而是说 HIF-1α 可以调控性别特异性 Th17 和 Treg 分化引起的炎症，可能是我对标题还有那么点误解，过分期待了。

第四章 Th17 细胞分化

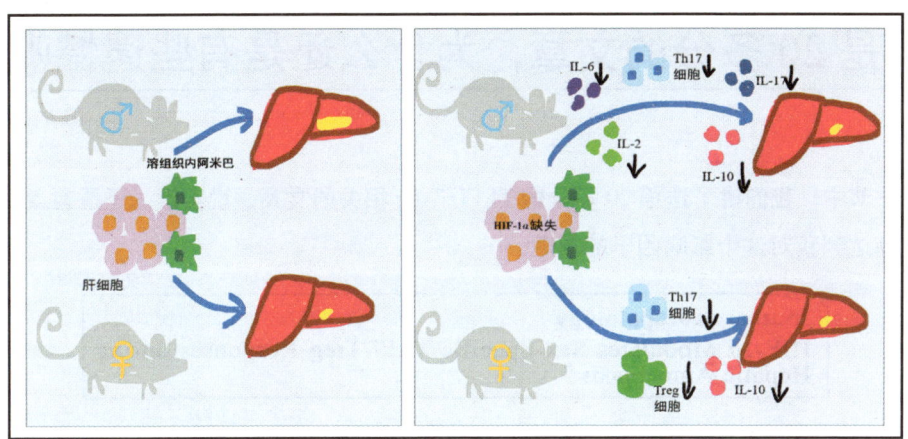

他们阐述的其实是溶组织内阿米巴感染后,小鼠的 Th17 细胞分化增加,同时 Treg 细胞分化增加,而雄性的 Treg 增加的没有雌性的多,所以导致了雄性小鼠的炎症反应更强。那为啥 HIF-1α 能抑制雄性小鼠的炎症反应呢?如果熟悉信号通路的话,可以隐约从中找到一些线索,我们再回过头来看看 Th17 分化途径:

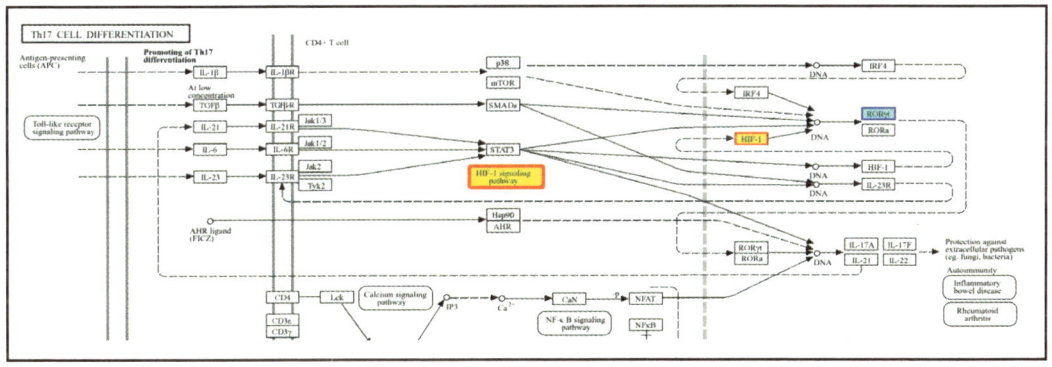

因为 HIF-1α 能直接激活 RORγt 表达,激活 Th17 分化,敲减后,Th17 其实应该是会下调的,那么对应的,炎症反应肯定就降低了。这如果说是通过激活 STAT5,大概也能做到吧……

信号通路是什么"鬼"？6

明明是 20 多分的文章，为什么还是有些遗憾呢

上一节中，我们讲了这篇 20 多分的 Th17/Treg 相关的文章，说实话，还是有点失望的，毕竟没有达到我对这个影响因子的预期……

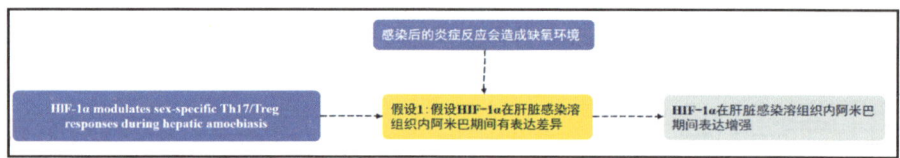

为啥这么说呢？这次带你们一起来捋一捋他们的思路，你就明白了。首先由于感染，会导致浸润免疫细胞消耗大量氧气，HIF-1α 表达上调。于是他们假设肝脏在阿米巴病期间，也就是感染了溶组织内阿米巴后，会有大量的 HIF-1α 表达：

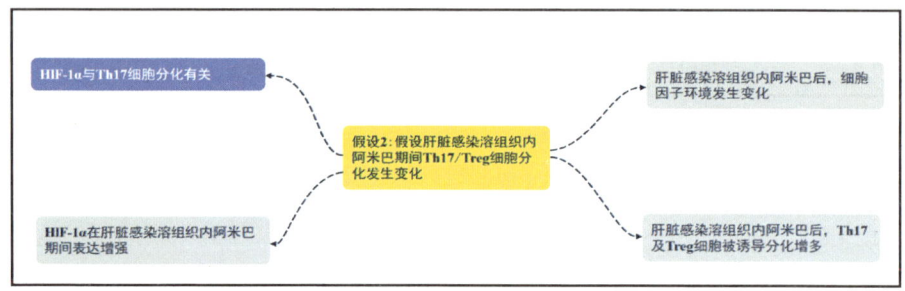

结果呢，正是如此。而反过来，HIF-1α 是调控 Th17/Treg 细胞分化的关键（为啥要说反过来呢？因为原来的假设中 HIF-1α 是炎症导致的后果，现在却变成了引起炎症的原因）。于是他们假设肝脏感染溶组织内阿米巴后，Th17/Treg 细胞的分化会发生变化：

结果是，的确，感染后 Th17/Treg 细胞都有增加。到这里为止，其实这个具体的 Th17/Treg 细胞分化的差异就已经和 HIF-1α 割裂了……接着，由于雄性小鼠和雌性小鼠感染后的免疫反应有很大的差异，他们就假设是 Th17/Treg 细胞的平衡导致了这样的差异：

第四章 Th17 细胞分化

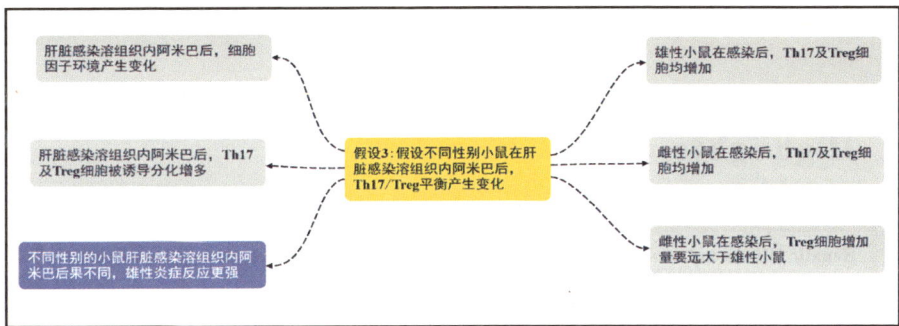

结果发现,的确,虽然雄性小鼠和雌性小鼠在感染后 Th17/Treg 细胞都有增加,但雌性小鼠的 Treg 细胞增加的数量远大于雄性小鼠。也就是说雌性小鼠的炎症反应不那么剧烈,可能是由于 Treg 的免疫抑制。

这个时候,他们又想起了 HIF-1α,由于 HIF-1α 和 Th17 细胞分化有关,于是他们假设特异性敲除 HIF-1α 后,可以抑制感染引起的免疫反应:

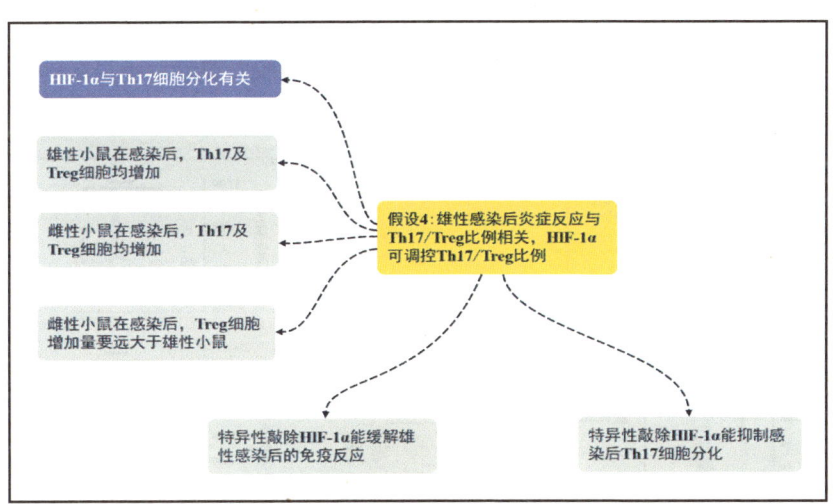

结果可想而知,毕竟 HIF-1α 敲除后能抑制 Th17 的分化,而 Th17 分化被抑制后,Treg 受不受影响其实问题都不大了,然后他们就画出了这样的示意图:

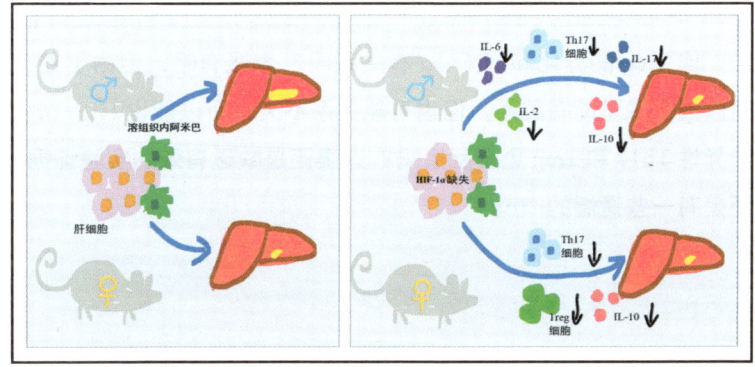

43

信号通路是什么"鬼"？6

说这篇文章有问题吧，其实也没问题，中规中矩。但是再回过头看看他们写的 Highlight。

> **Highlights**
>
> HIF-1α promotes inflammation in male mice during hepatic amoebiasis.
>
> Hepatic HIF-1α induces Th17 immune responses in male mice upon *E. histolytica* infection.
>
> HIF-1α promotes sex-specific Th17 and Treg immune responses in hepatic amoebiasis.
>
> Absence of HIF-1α in hepatocytes leads to decreased IL-6 expression.

只看中间红框里的两条：

肝脏 HIF-1α 在溶组织内阿米巴感染时诱导雄性小鼠的 Th17 免疫应答。
HIF-1α 促进肝变形虫病中的性别特异性 Th17 和 Treg 免疫反应。

HIF-1α 是在感染期间诱导雄性小鼠 Th17 免疫应答的吗？是啊，但是雌性小鼠里 HIF-1α 也诱导 Th17 了啊，只是雌性小鼠的 Treg 诱导得更多而已（下图红框）：

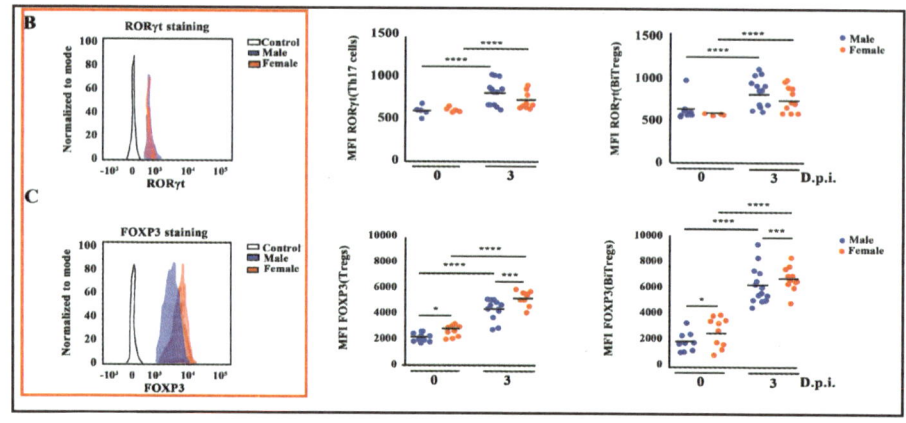

但 Treg 的分化和 HIF-1α 有关系吗？大概有吧，但由于缺乏直接的证据来说明问题，所以只能说可能有关系，但也可能关系不大。所以能说 HIF-1α 是促进肝变形虫病中的性别特异性 Th17 和 Treg 免疫反应吗？这里还是缺乏有效的实验证据……所以这 20 多分的文章，还是有一些遗憾的……

M0 巨噬细胞的 M1/M2 极化是什么

讲完了 Th1/Th2 细胞分化，以及 Th17/Treg 细胞分化，那算来算去也应该讲讲巨噬细胞的极化了。大多数肿瘤微环境的文章多多少少都会涉及一些 M0 巨噬细胞的极化的问题。

这篇 11.4 分的 *Journal of Allergy and Clinical Immunology* 上的文章，大概描述了巨噬细胞的极化：

> Journal of Allergy and Clinical Immunology
> Macrophage Polarization: Reaching Across the Aisle?

巨噬细胞是一组多样化的白细胞，主要功能就是吞噬作用消除病原体。M0 巨噬细胞是由 M-CSF（巨噬细胞集落刺激因子）诱导单核细胞分化而成的，同样是单核细胞的 DC 细胞，则是通过 GM-CSF（粒细胞/巨噬细胞集落刺激因子）和 IL-4 的组合诱导单核细胞分化而成的。

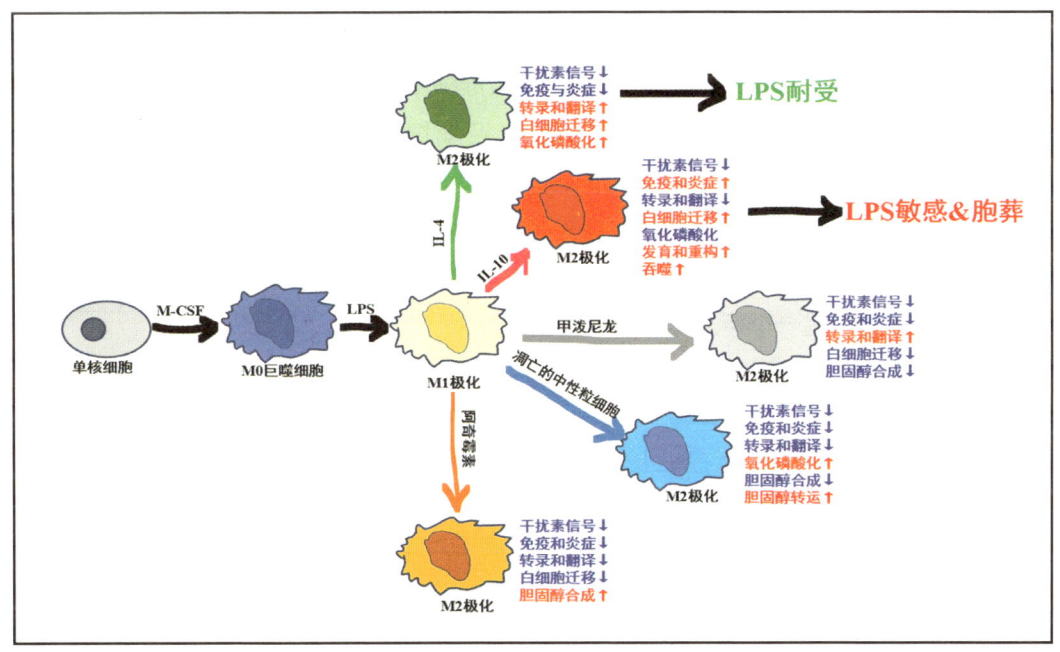

45

信号通路是什么"鬼"？6

M0 巨噬细胞被 LPS 和 Th1 细胞因子（如 IFNγ 和 TNFα）激活后会形成 M1 巨噬细胞，而在 IL-4、IL-13、IL-10、IL-33 和 TGF-β 的激活下会形成 M2 巨噬细胞。

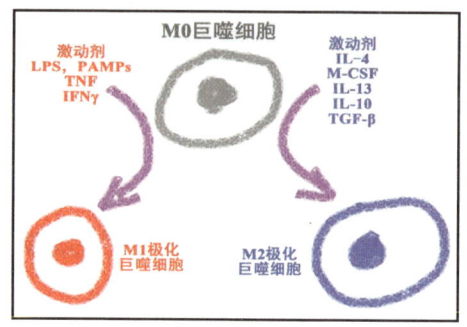

M1 巨噬细胞的表面会表达 TLR-2、TLR-4、CD80、CD86、iNOS 和 MHC-II，这些都是 M1 巨噬细胞的标志物。M2 巨噬细胞表面则会表达甘露醇受体，CD206、CD163、CD209、FIZZ1 和 Ym1/2 等蛋白。

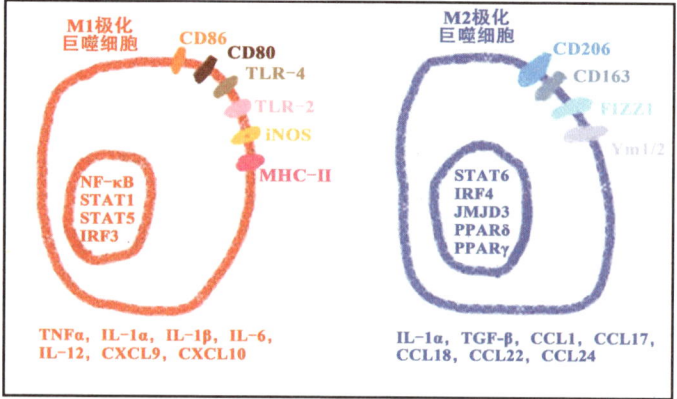

在 M1 巨噬细胞的细胞核内，NF-κB、STAT1、STAT5、IRF3 这些关键的转录因子会调节 M1 巨噬细胞的基因表达，主要是促进 M1 巨噬细胞释放各种细胞因子和趋化因子（如 TNFα、IL-1β、IL-6、IL-12、CXCL9 等）。M2 巨噬细胞体内，则通过 STAT6、IRF4、JMJD3、PPARδ 和 PPARγ 等转录因子调控，表达 IL-10、TGF-β、CCL1、CCL17 等细胞因子和趋化因子。

M2 巨噬细胞的另一个标志物就是 Arg1，也就是精氨酸酶。和 M1 巨噬细胞不同的是，M2 巨噬细胞中的 L-精氨酸会被 Arg1 催化成 L-鸟氨酸，然后形成 L-脯氨酸以及多胺类物质，促进胶原蛋白产生和细胞增殖。而 M1 巨噬细胞的 L-精氨酸会被 iNOS 催化形成一氧化氮，产生细胞毒性。

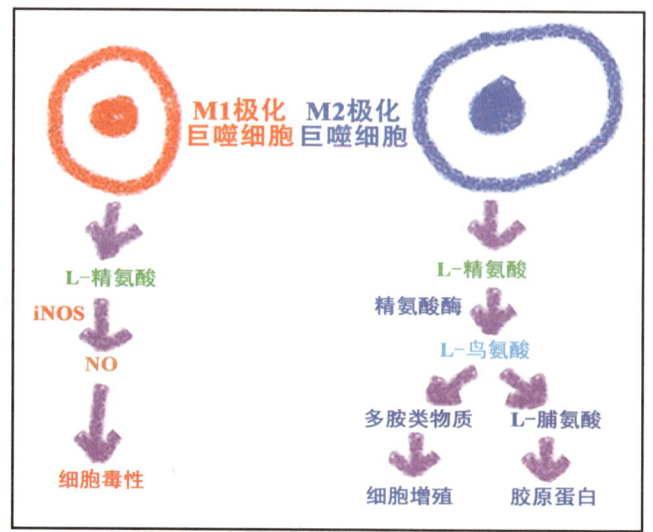

第五章 巨噬细胞极化

所以在炎症研究中，M1 巨噬细胞一般被认为是促进炎症（也可以和 DC 细胞一样递呈抗原）的，而 M2 巨噬细胞会被认为是抑制炎症的。但在肿瘤研究中就有点不一样，因为在肿瘤中，存在肿瘤相关巨噬细胞（tumor-associated macrophage，TAM），而 M2 巨噬细胞在抑制炎症的同时能促进肿瘤细胞增殖，所以可能会参与肿瘤细胞的免疫逃逸。

而 M2 细胞由于激活的因子不同，又分成了不同的细胞群，也就是 M2a、M2b、M2c 和 M2d 巨噬细胞。

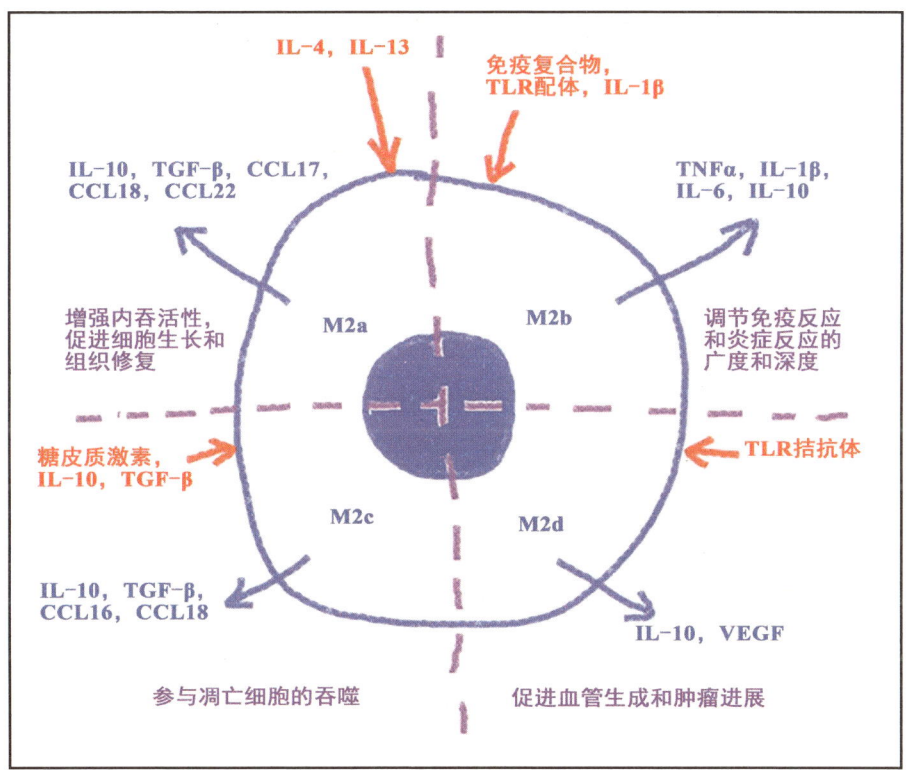

IL-4 或 IL-13 会激活 M2a 巨噬细胞，M2a 巨噬细胞会通过 IL-10、TGF-β、CCL17、CCL18 和 CCL22 的表达增加，促进巨噬细胞增强内吞活性，促进细胞生长和组织修复。免疫复合物、TLR 配体和 IL-1β 会激活 M2b 巨噬细胞，使其分泌促炎和抗炎细胞因子（如 TNFα、IL-1β、IL-6 和 IL-10），从而调节免疫反应和炎症反应的广度和深度。糖皮质激素、IL-10 和 TGF-β 会诱导 M2c 巨噬细胞分泌 IL-10、TGF-β、CCL16 和 CCL18，主要负责吞噬凋亡的细胞。在 TLR 拮抗剂的诱导下产生的是 M2d 巨噬细胞，它分泌的是 VEGF，促进血管生成和肿瘤进展。

信号通路是什么"鬼"？6

为什么这篇 M1 巨噬细胞极化的文章有那么点奇怪

讲完了 M0 巨噬细胞的 M1/M2 极化，就应该配上一篇文献，于是夏老师就找了一篇 23 分的 *Gut*，这篇文章还是有那么点意思的：

> **Gut**
> FSTL1 Promotes Liver Fibrosis by Reprogramming Macrophage Function Through Modulating the Intracellular Function of PKM2

首先巨噬细胞和肝炎引起的肝纤维化有一定的关系，而 FSTL1（卵泡抑素样蛋白 1）可能和肝炎以及肝纤维化有关。于是他们就想看看 FSTL1 是不是和巨噬细胞有联系。

首先纤维化的肝组织中的巨噬细胞里会表达大量的 FSTL1。这里用 CD68（巨噬细胞的标志物）和 FSTL1 的免疫荧光共定位显示了两者表达的关系。

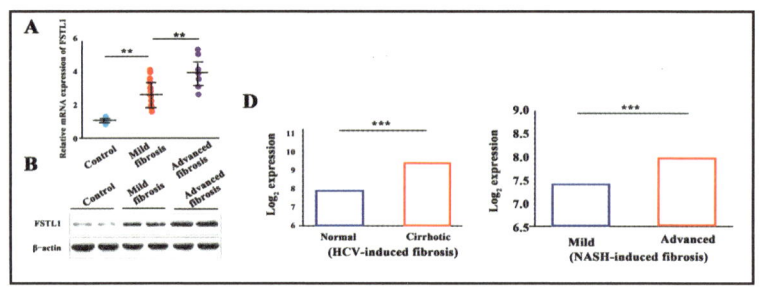

那巨噬细胞中 FSTL1 的表达和肝纤维化有没有什么联系呢？他们做了 Cre-LoxP 的髓系特异性 FSTL1 敲除的小鼠，用了三种肝脏纤维化的模型进行处理。发现髓系特异性 FSTL1 敲除后，模型小鼠的肝纤维化降低：

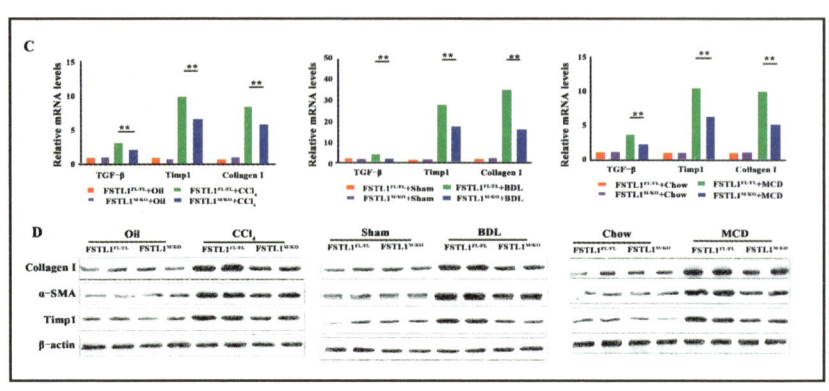

第五章 巨噬细胞极化

那为什么髓系特异性 FSTL1 敲除后肝脏纤维化降低了呢？肝脏纤维化和炎症反应是有关系的，那是不是炎症反应减轻了呢？于是他们分析了 TNFα 及 IL-1β 的水平，发现髓系特异性 FSTL1 敲除后这俩细胞因子表达下降。同时髓系特异性 FSTL1 敲除后，巨噬细胞在肝脏中的浸润也减少了：

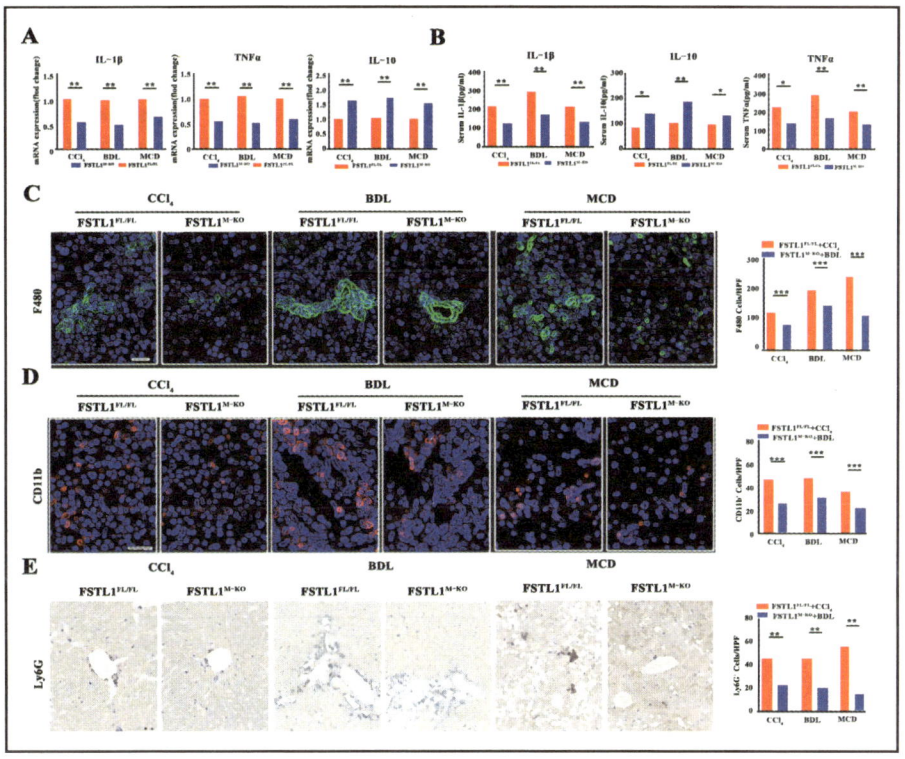

巨噬细胞的炎症降低，那巨噬细胞的 M1 极化可能就受到了影响。于是他们要确定，FSTL1 是否会促进巨噬细胞 M1 的极化，以及是否会激活 NF-κB 信号通路。

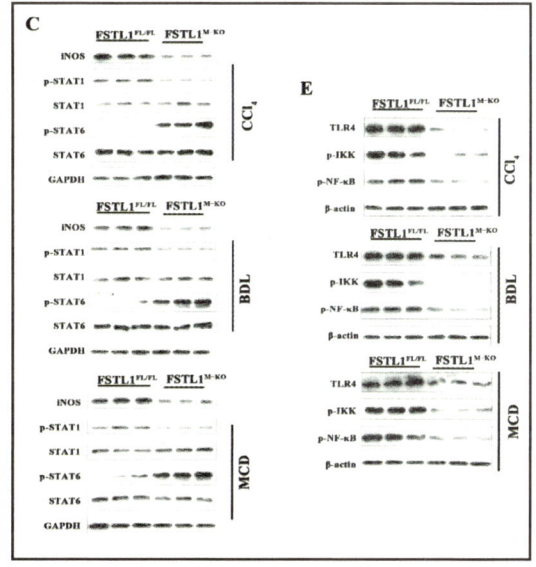

信号通路是什么"鬼"？6

这里他们检测了髓系特异性 FSTL1 敲除后，TLR-4、NF-κB 以及 STAT1 的磷酸化，还测了一下 STAT6 的磷酸化，确定了 FSTL1 的敲除会影响 M1 巨噬细胞极化。为什么呢？我们再看看 M1/M2 巨噬细胞极化的标志：

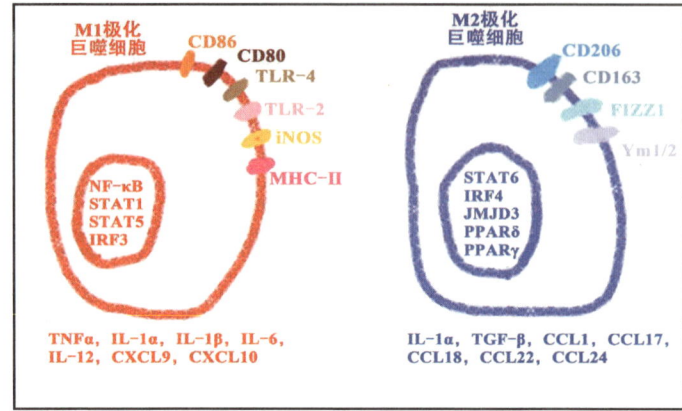

那么 FSTL1 到底是通过什么途径来产生这些表型的呢？他们用 Pulldown 找到了和 FSTL1 结合的 PKM2 蛋白：

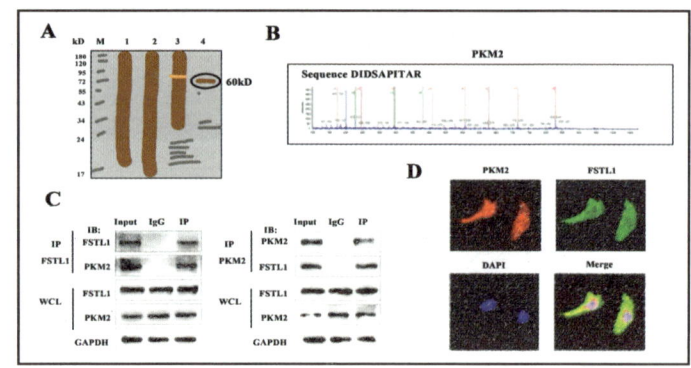

通过 PKM2 或 FSTL1 的片段缺失，找到了 FSTL1 和 PKM2 的具体结合位点：

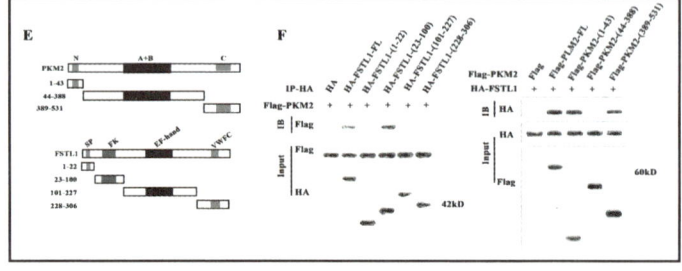

通过 CHX 阻止蛋白合成，来看 FSTL1 对 PKM2 的影响，发现 FSTL1 敲除后 PKM2 降解更快，而过表达 FSTL1 后 PKM2 降解变慢。用 MG132（蛋白酶体抑制剂）以及泛素化实验也证明了这个过程。

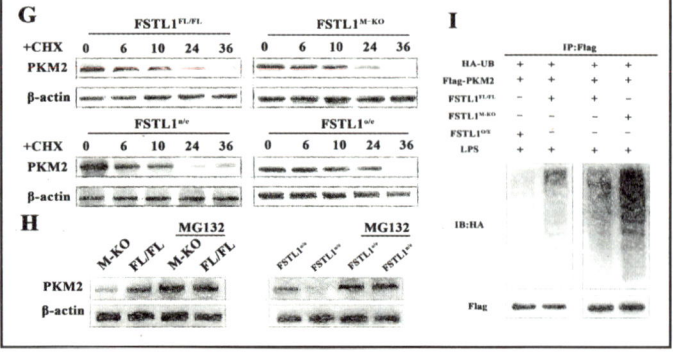

第五章 巨噬细胞极化

也就是 FSTL1 能通过结合 PKM2 抑制其降解。那除了阻止 PKM2 降解，FSTL1 还有什么作用呢？于是他们又分析了敲除 FSTL1 后，PKM2 的磷酸化情况以及核质表达情况。结果发现 FSTL1 能促进纤维化肝组织巨噬细胞中 PKM2 磷酸化和核易位。

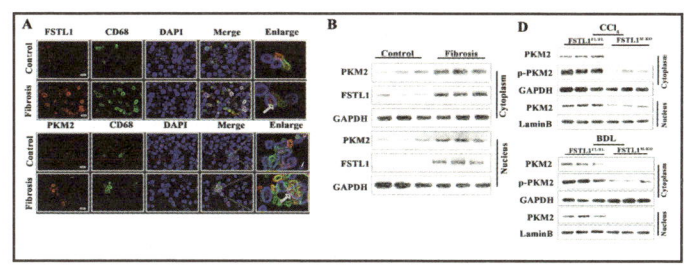

进一步分析 FSTL1 的功能，他们发现敲除 FSTL1 后，炎症因子（TNFα 和 IL-1β）的水平降低，而 M2 极化的巨噬细胞分泌的 IL-10 表达增强。同时敲除 FSTL1 还影响了糖酵解：

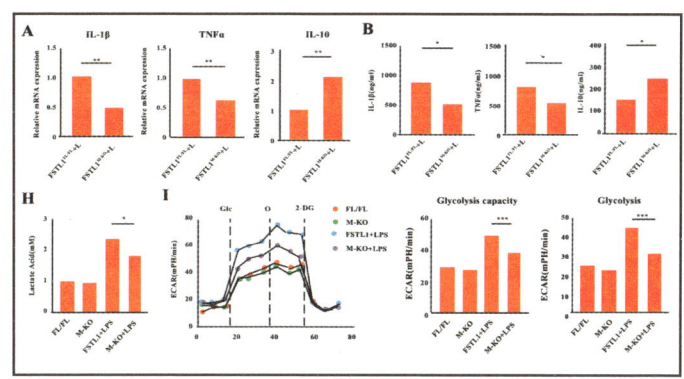

最后这段就有点容易让人迷糊了。之前的实验表明敲除了 FSTL1 后，糖酵解能力下降了。之前的实验还表明 FSTL1 是维持 PKM2 表达、促进 PKM2 磷酸化的。PKM2 的调节性能可以改变糖代谢，PKM2 和含磷酸酪氨酸蛋白的相互作用抑制了酶的活性，因此加强了糖酵解的代谢。

他们过表达了 FSTL1 后，用 PKM2 的变构激活剂 DASA-58 处理 PKM2⋯⋯然后，糖酵解居然奇迹般地被抑制了。

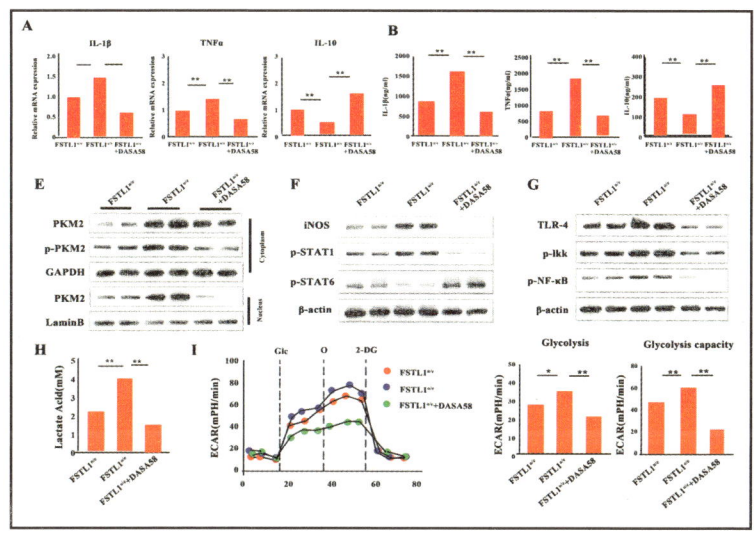

51

信号通路是什么"鬼"？6

这是为什么呢？这里就要说到PKM2的变构激活剂DASA58了，它实际上是抑制PKM2活性的。所以使用了DASA58后，过表达FSTL1后应该增多的PKM2的磷酸化，也被减弱了。所以虽然DASA58叫PKM2变构激活剂，但实际上是PKM2的抑制剂，这样就能理解了。

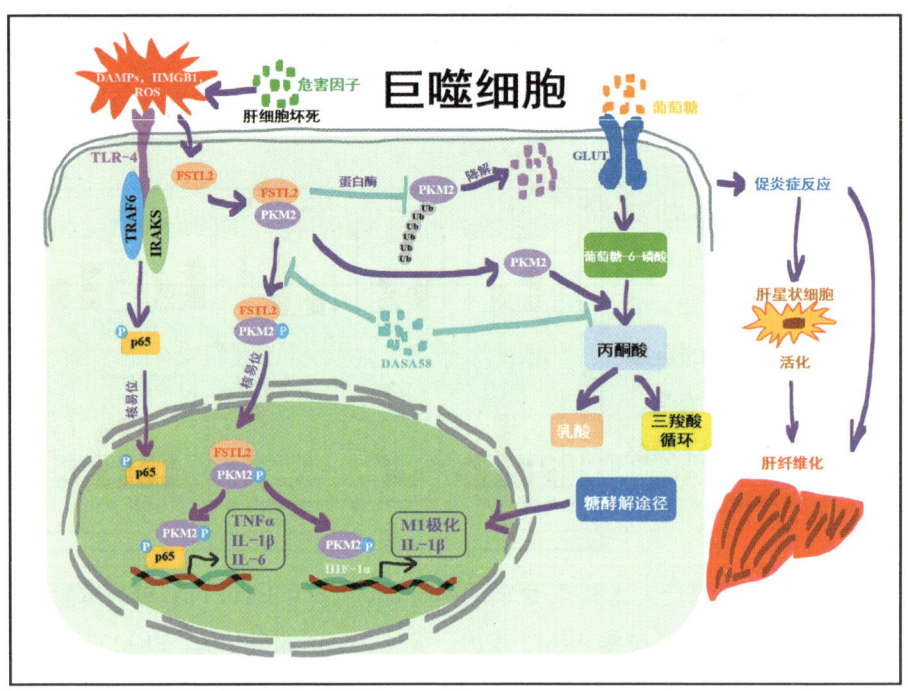

看懂了吗？好了，这次先讲到这里吧，祝你们心明眼亮……

第五章　巨噬细胞极化

看看这篇文章是怎么做巨噬细胞 M2 极化的

之前讲过了M0巨噬细胞的M1/M2极化，但其实TAM（肿瘤相关巨噬细胞）在肿瘤微环境的研究中还是很多的。于是夏老师搜了一篇25.7分的 *Gastroenterology* 上的文章：

> **Gastroenterology**
> Stromal HIF2 Regulates Immune Suppression in the Pancreatic Cancer Microenvironment

这篇文章就很有意思，肿瘤相关成纤维细胞（CAF）是胰腺导管腺癌（PDAC）中基质的主要成分和生产者，也就是说造就了 PDAC 的微环境。HIF-1 信号通路在缺氧环境下激活，这个是被认为可能介导了肿瘤的治疗抵抗，但是直接给肿瘤敲除了 HIF，却没有很好的治疗效果：

> The hypoxia-inducible factors 1 (HIF-1) and 2 (HIF-2) are stabilized in low oxygen and have been hypothesized to mediate the therapeutic resistance and aggressive growth of PDAC. Deletion of HIF-1 or HIF-2 in the pancreatic epithelial compartment failed to change overall suurvival in mice with spontaneous PDAC.

于是他们假设，是不是由于 CAF 里表达了 HIF，引起了微环境的变化，促进了肿瘤。他们建了一个原发肿瘤的模型（KPF），然后在 CAF 中特异性敲除 HIF-2α，观察肿瘤发生发展的变化：

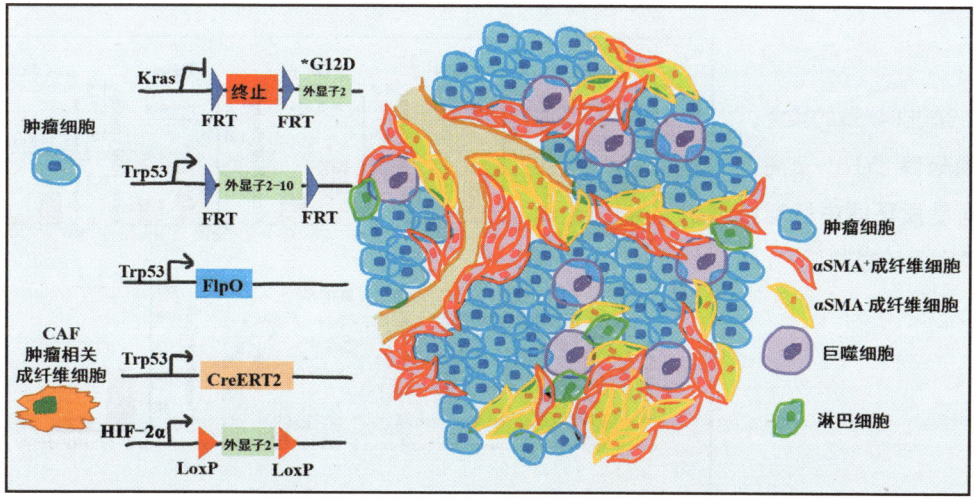

信号通路是什么"鬼"？6

结果发现 CAF 组成的基质中 HIF-2 缺失，可以延缓 PDAC 进展并提高生存率：

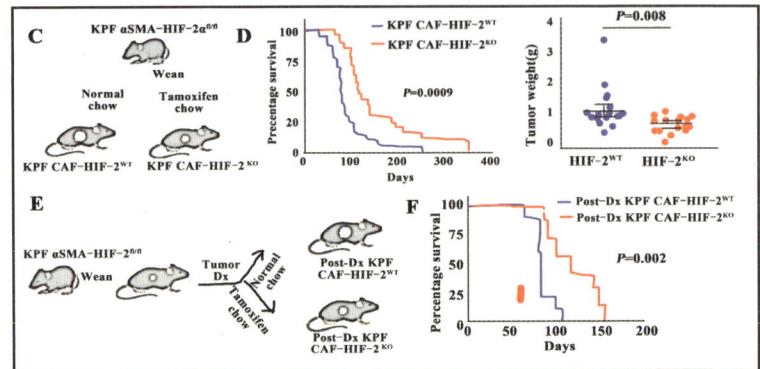

那么 CAF 中敲除了 HIF-2 后，具体是影响了什么呢？他们做了一下二代测序，发现敲除 HIF-2 后，巨噬细胞迁移以及分化相关的基因表达下调，也就是这些基因表达与 HIF-2 呈正相关：

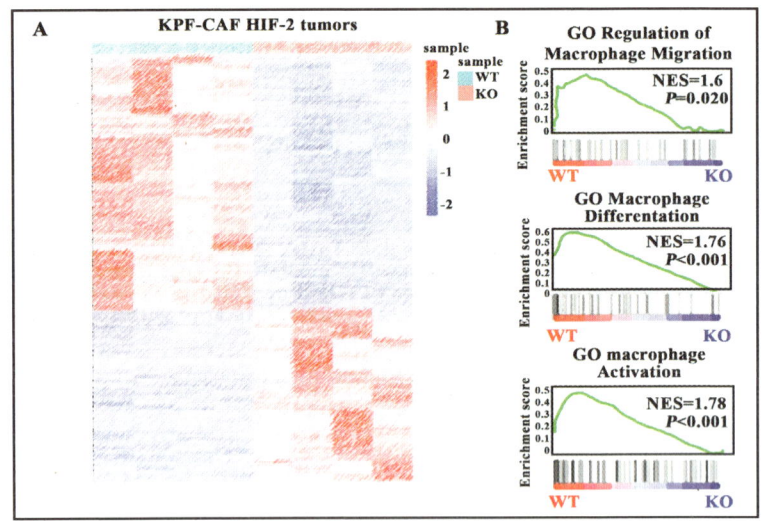

通过 F4/80 的染色，发现敲除了 HIF-2 后，肿瘤基质环境中巨噬细胞的富集明显降低：

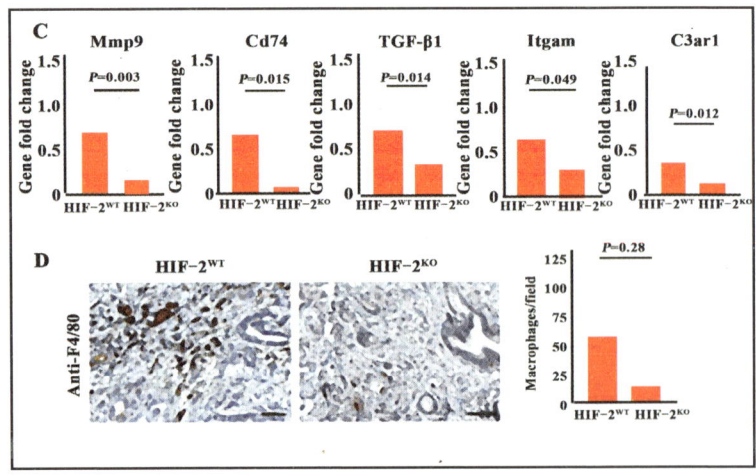

那是不是缺氧环境下 CAF 通过释放某些因子对巨噬细胞进行了招募呢？他们做了这样的实验：用缺氧环境下的 CAF 培养基，或缺氧环境下加入 HIF 抑制剂的培养基，对巨噬细

胞进行小室迁移实验：

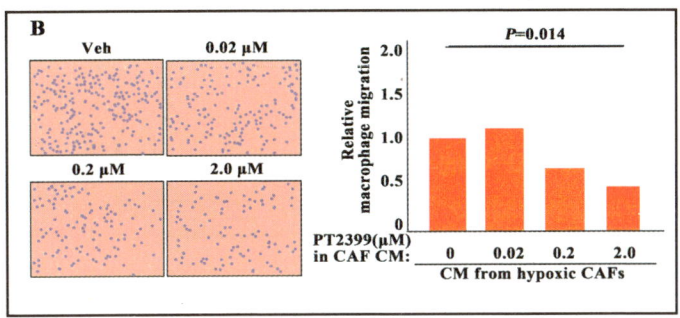

结果发现，在加入 HIF 抑制剂的 CAF 培养基共培养下，巨噬细胞迁移能力明显下降。CAF 在缺氧环境下对巨噬细胞分化有什么影响呢？他们又用缺氧环境的 CAF 培养基对巨噬细胞进行处理，发现缺氧环境能促进巨噬细胞 M2 分化（这里用了 Arg1 这个标志物，还记得之前的巨噬细胞极化吗？）：

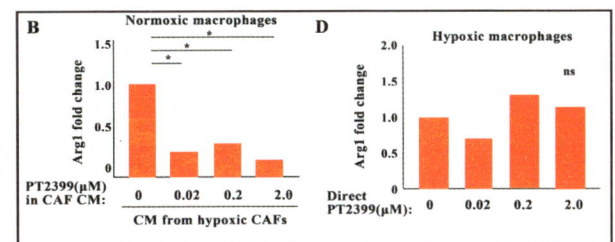

为了确定并非 HIF 抑制剂残留造成的影响，他们单独用 HIF 抑制剂处理了缺氧的巨噬细胞，结果巨噬细胞的分化并没有产生变化，也就是说巨噬细胞的 M2 极化是由于缺氧的 CAF 激活了 HIF 造成的。

接着，他们进行了单细胞测序来分析 CAF 特异性 HIF-2 信号传导对 PDAC 微环境中其他细胞的影响。结果发现，CAF 敲除 HIF-2 后肿瘤的髓系免疫细胞比例显著低于野生型 CAF 的肿瘤。FOXP3（还记得前不久刚给你们说的 Th17/Treg 分化吗？）的免疫组化显示敲除了 CAF 的 HIF-2 后，甚至还能降低 Treg 细胞的数量。

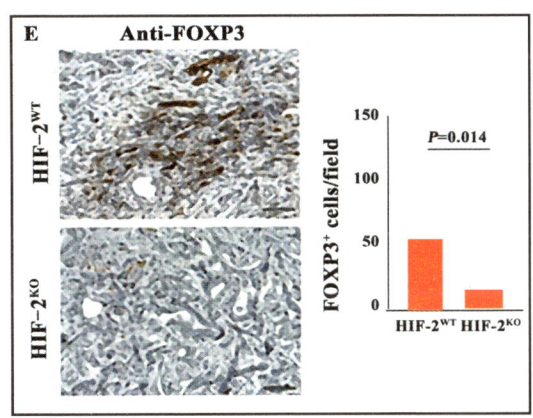

也就是说 CAF 中敲除了 HIF-2 后，能明显抑制免疫逃逸相关的细胞数量。那么常见的联合抗 CTLA4 和抗 PD1 治疗过程中（CTLA4 抗体和 PD1 抗体基本上可以关闭免疫抑制机制，以使细胞毒性 T 细胞起作用），再敲除 CAF 中的 HIF-2，是否能促进对肿瘤的抑制呢？

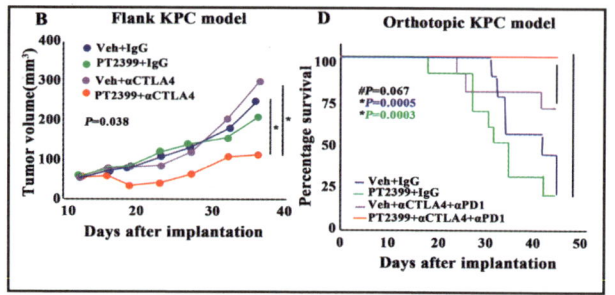

结果发现，联合抗 CTLA4 和抗 PD1 治疗与 HIF 抑制剂，确实能有效提高对肿瘤的抑制作用，延长患者生存时间。这篇文章就是分析了一下 CAF（肿瘤基质的成纤维细胞）中的 HIF-2，可以通过招募巨噬细胞，并促进巨噬细胞 M2 极化，导致肿瘤相关微环境中的免疫抑制，造成了肿瘤的免疫逃逸的过程。

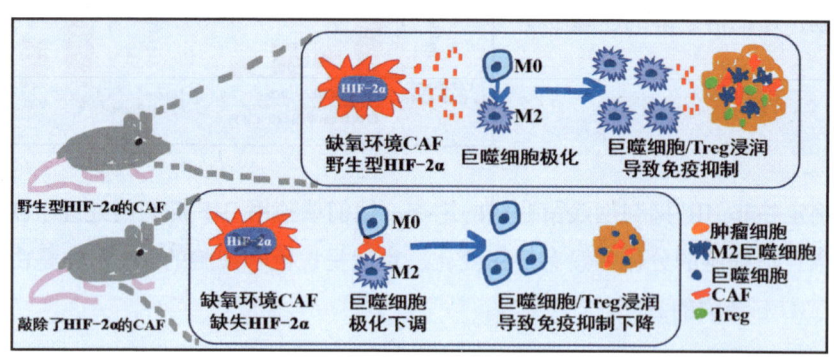

第五章 巨噬细胞极化

有人问这 20 多分的比起 5 分的文章加分点在哪里

上节的 25.7 分的巨噬细胞 M2 极化的文章发出来后，就突然看到这样的评论：

说实话我真的不知道怎么回答。用 20 多分的来和 5 分的比，多少感觉有点奇怪……

其实影响因子低一些的文章，可能对于高分文章来说，并没有特别高的可比性，但夏老师找了篇 4.8 分的 *International Immunopharmacology* 上的 M2 巨噬细胞极化的文章，来给你们看下这 20 分到底比 5 分好在哪里……

> International Immunopharmacology
> MSR1 Characterized by Chromatin Accessibility Mediates M2 Macrophage Polarization to Promote Gastric Cancer Progression

这篇近 5 分的文章思路就很简单，通过生信分析找到一个肿瘤迁移侵袭的差异基因，并且用单细胞测序和 M0 巨噬细胞的极化关联，找到一个交集：

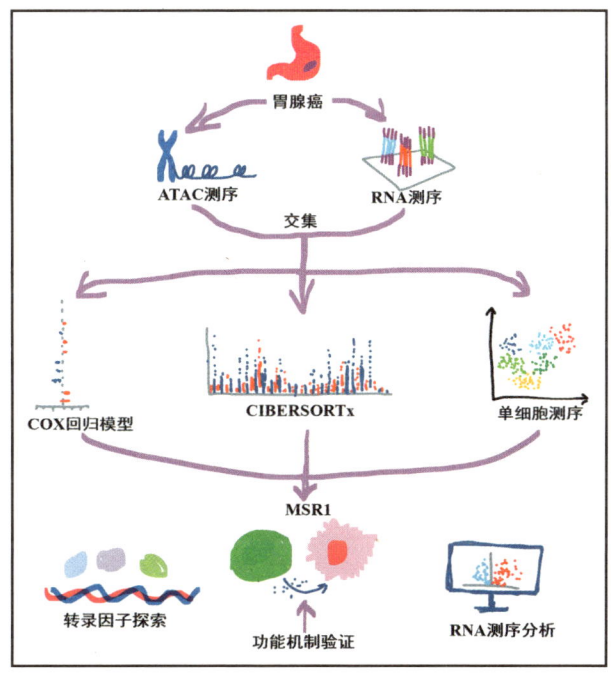

57

信号通路是什么"鬼"？6

通过交集找到了与巨噬细胞极化、肿瘤预后变差等相关的基因：

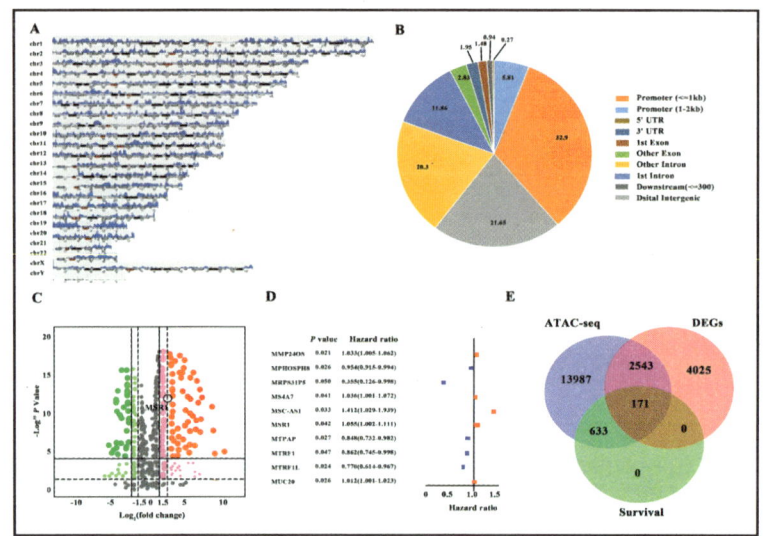

接着用单细胞测序进行差异表达基因的验证，筛选这 171 个交集中的差异基因，将它们和巨噬细胞极化绑定。结果发现，其中 MSR1 表达与 M2 巨噬细胞极化的关联性特别突出：

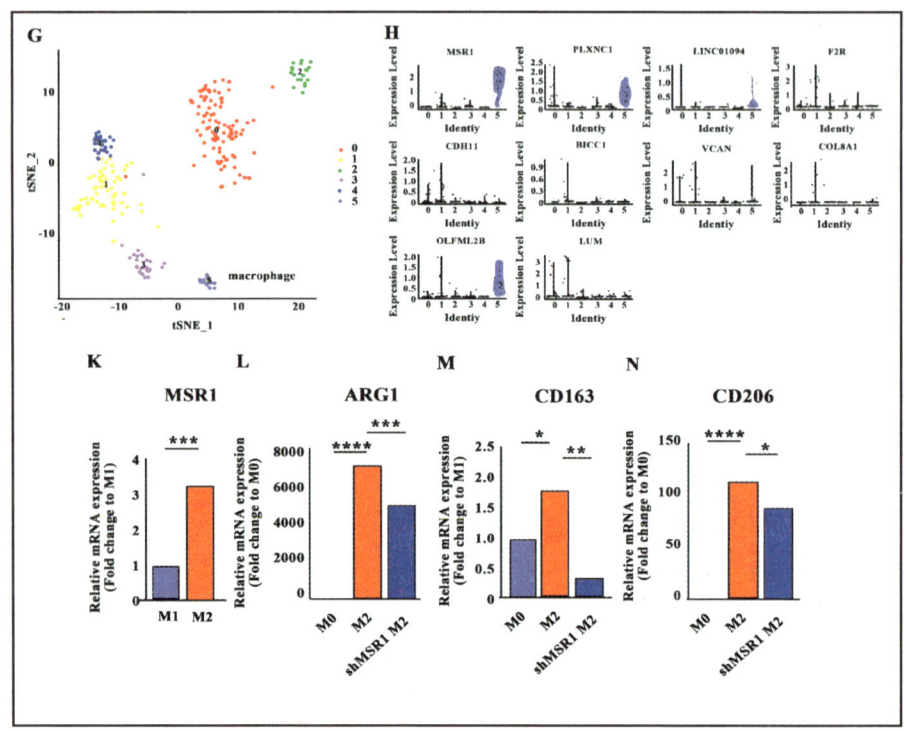

第五章 巨噬细胞极化

确定了 MSR1 基因后,他们做了巨噬细胞中 MSR1 的敲除验证,发现敲除 MSR1 后,巨噬细胞 M2 极化指标明显下降:

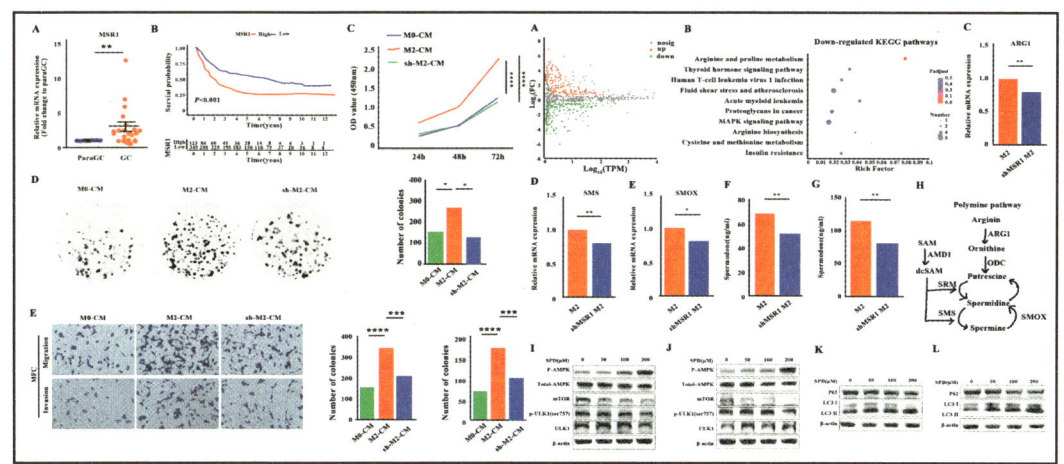

总结一下这篇文章,就是通过寻找到 M2 极化相关的基因,然后敲减巨噬细胞中的该基因,验证了这个基因和 M2 巨噬细胞极化的关系:

寻找到有相关性的基因 → 验证与巨噬细胞 M2 极化的相关性

就是这么简单的东西,要是说之前的生信挖掘有点复杂,但实际做的内容并不多。那么 20 多分的这篇文章讲的是什么呢?

Gastroenterology
Stromal HIF-2 Regulates Immune Suppression in the Pancreatic Cancer Microenvironment

如果说 5 分的文章是从表型找到基因,然后进行验证的正向遗传学验证,那么这篇 20 多分的文章,就是通过敲除基因,进行表型差异变化研究的反向遗传学研究。他们研究的是肿瘤的微环境,也就是通过敲除 CAF 细胞中的基因,看对肿瘤细胞的影响,其实每一步都有仔细的实验设计:

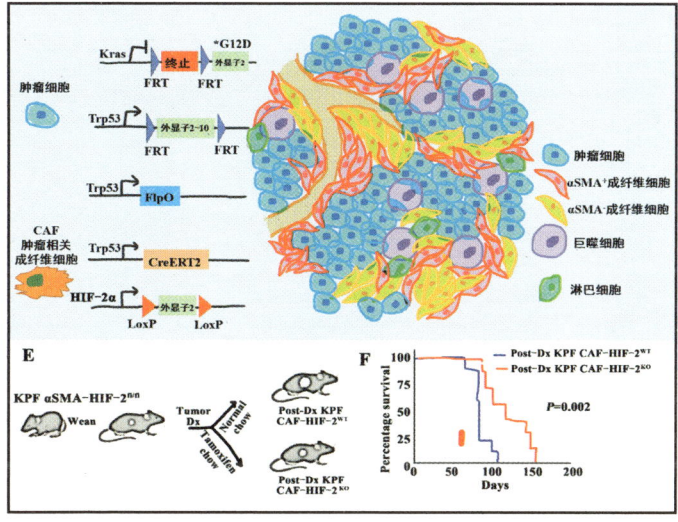

59

信号通路是什么"鬼"？6

比如他们做的是微环境中细胞间的 Crosstalk，就采用了 CAF 缺氧后或者加入 HIF-2 抑制剂的培养基，对巨噬细胞进行进一步刺激。同时为了排除 HIF-2 抑制剂本身对于巨噬细胞的影响，还单独做了 HIF-2 抑制剂对巨噬细胞极化的影响。可以说每一步都有实验设计，这是 5 分的那篇文章里看不到的东西……这可能就是高分文章和低分文章的差别。

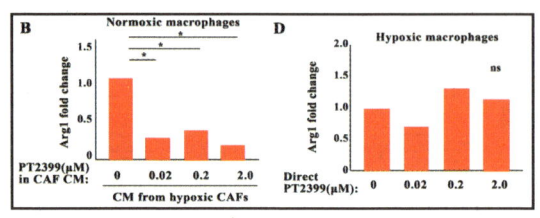

这都是因为 20 多分的这篇文章，讲的是"CAF→巨噬细胞 M2 极化→肿瘤免疫逃逸"的一个 Crosstalk 之间的关系，而不是单纯的巨噬细胞中的某个基因的表达差异造成的 M2 极化。

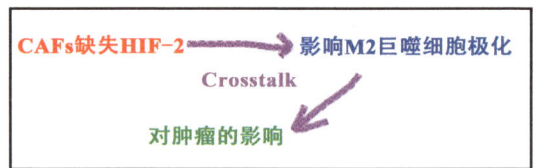

虽然这篇文章也是有缺陷的，因为没有分析 CAF 释放出来的细胞因子，或者蛋白、外泌体等，具体是什么，如何刺激巨噬细胞极化……还是缺少了 Crosstalk 的下游 M2 巨噬细胞极化的具体机制，但比 5 分的那篇是强太多了。

第五章　巨噬细胞极化

这篇巨噬细胞极化的文章只发 16.6 分的 Nature 子刊有点亏

要说巨噬细胞极化，我想大家应该已经有一点熟悉了。要说巨噬细胞极化的文章里优秀的，的确不多见。但重庆大学做的这篇发在 16.6 分的 Nature Communications 上的巨噬细胞极化的文章，属实是优秀的。

> Nature Communications
> SEPTIN2 Suppresses an IFNγ-Independent, Proinflammatory Macrophage Activation Pathway

这篇文章研究的是巨噬细胞的 M1 极化，之前给大家介绍过巨噬细胞的 M1 和 M2 极化。在 LPS 或者 IFNγ 等诱导下，M0 巨噬细胞会极化成炎性反应通路激活的 M1 巨噬细胞，细胞表面会有类似 CD80、CD86、iNOS 等的标志物：

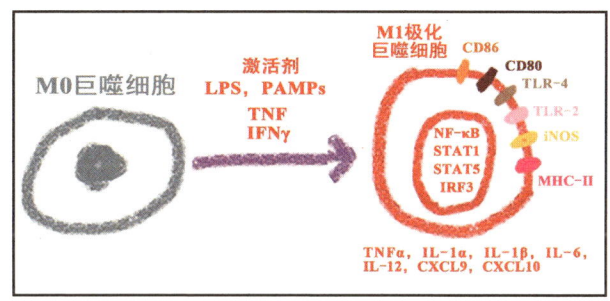

M1 巨噬细胞一般是被 IFNγ 激活的，其实就是激活了 JAK-STAT 信号通路：

这篇文章研究的是非 IFNγ 依赖的巨噬细胞 M1 极化，这个就有点儿意思了。他们首先做了个高内涵筛选，这个筛选其实是细胞组学，巨噬细胞激活不是会产生 iNOS 的标记吗？他

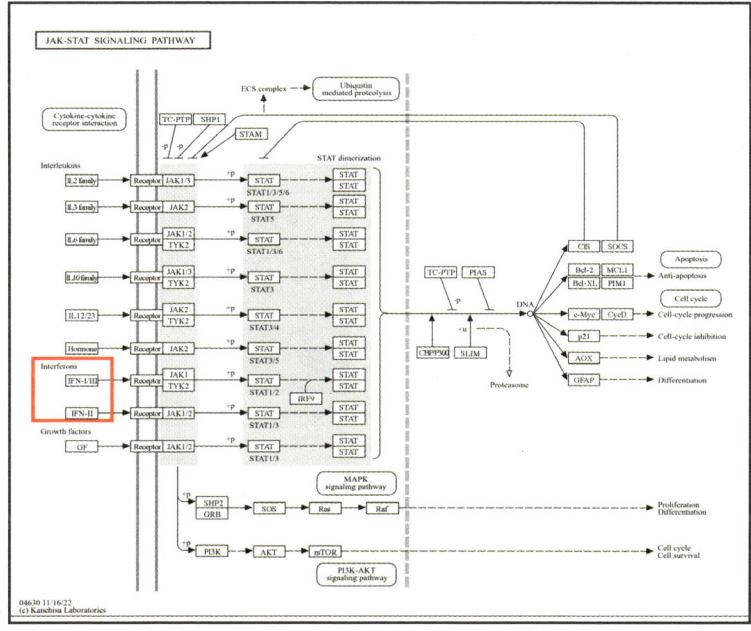

61

信号通路是什么"鬼"？6

们就在 iNOS 的启动子后接了个 GFP，然后看在没有 IFNγ 的体外条件下，哪个基因敲减会激活 iNOS 的转录。通过这种方法，他们找到了一个基因——*SEPTIN2*，用 Cre-LoxP 系统敲除 *SEPTIN2* 后，病毒诱导的巨噬细胞可以产生 IFNγ 非依赖式的 M1 极化增强：

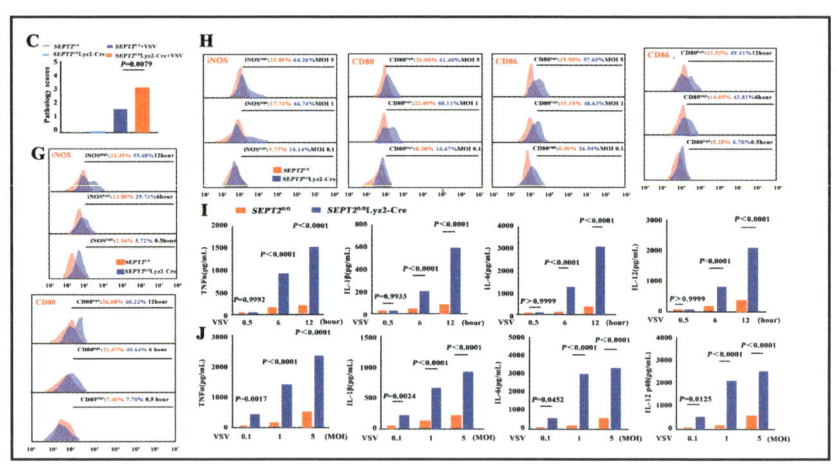

那么 *SEPTIN2* 是如何做到的呢？他们进行了转录组分析，结果发现 *SEPTIN2* 敲除后会导致内质网应激，内质网主要是通过 PERK、IRE1α、ATF6 产生应激的，他们发现抑制这三者的任意一个都可以缓解 *SEPTIN2* 缺失后过度的 M1 极化。也就是说，严重的内质网应激和巨噬细胞 M1 极化密切相关：

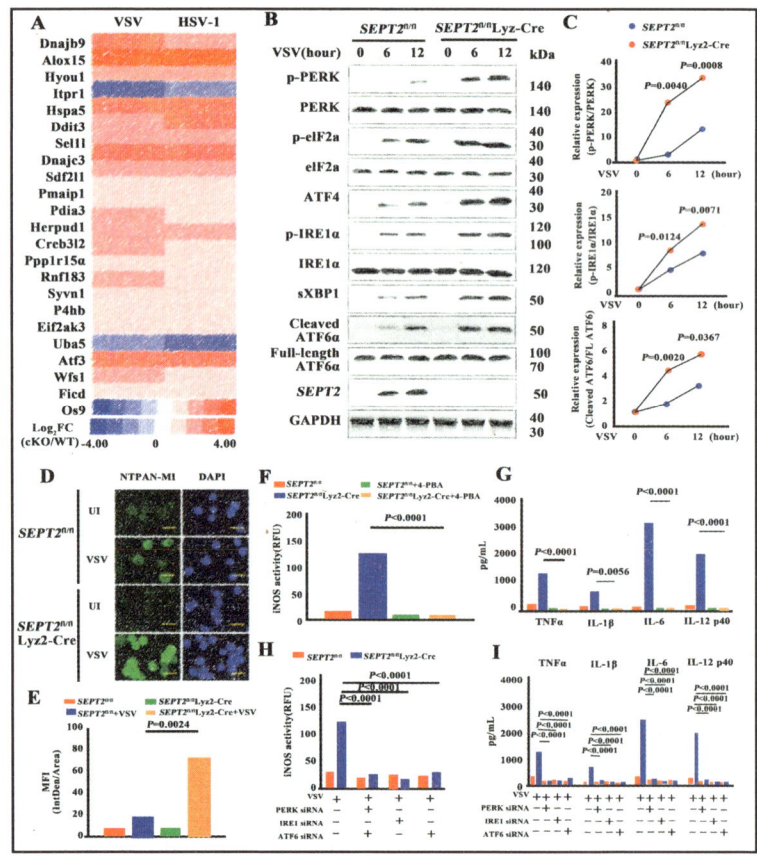

第五章 巨噬细胞极化

那么 *SEPTIN2* 是如何影响 PERK、IRE1α、ATF6 的呢？内质网应激表现在蛋白质错误折叠上，和这三个蛋白相关的，并且参与错误折叠的，就是这个 BIP（又叫 HSPA5）：

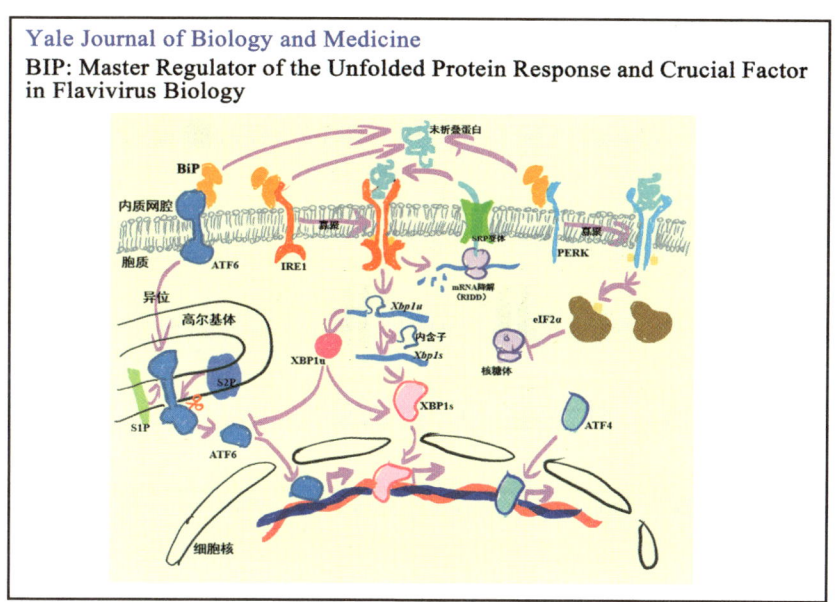

于是他们分析了一下 *SEPTIN2* 是否能影响 HSPA5 或者其他的内质网应激相关蛋白，但是他们发现在敲除了 *SEPTIN2* 后，只有 HSPA5 产生了明显的表达下调。那这个表达下调是怎么来的呢？他们用多西环素诱导敲减 *SEPTIN2* 后，发现对 HSPA5 的 mRNA 并没有影响。而使用 CHX（放线菌酮）和 MG132（蛋白酶抑制剂），发现 *SEPTIN2* 缺失会促进 HSPA5 的泛素化降解：

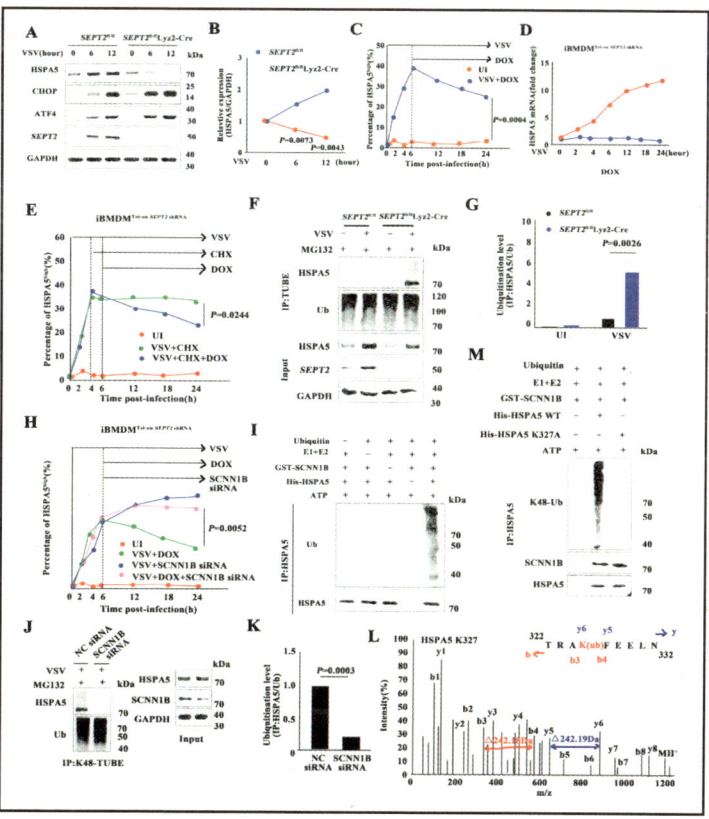

信号通路是什么"鬼"？6

当敲减 SEPTIN2 后，抑制 HSPA5 的 E3 泛素化连接酶，可以阻止 HSPA5 的降解，但 SEPTIN2 本身并不是 E3 连接酶。这个故事讲到这里就已经很扑朔迷离了，接着他们发现，SEPTIN2 只能影响这个 E3 连接酶对于 HSPA5 的泛素化，对该 E3 连接酶的其他靶基因都没影响。但 SEPTIN2 能影响 HSPA5 与 E3 连接酶的结合：

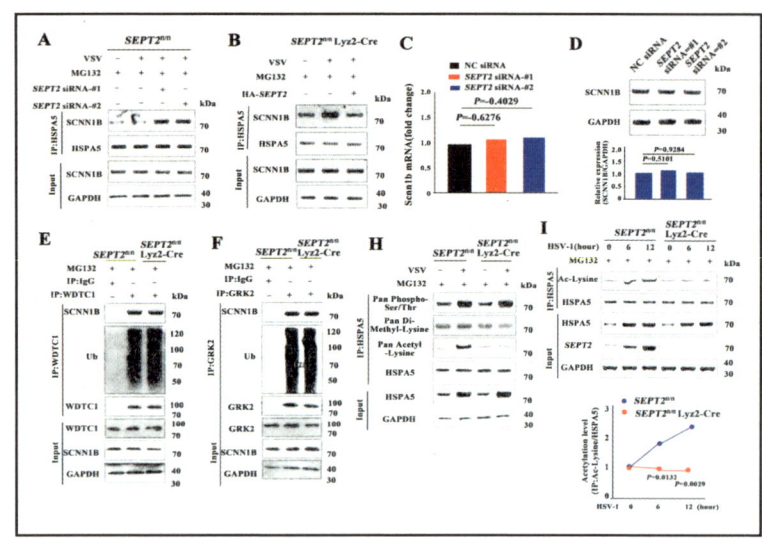

于是他们分析了 HSPA5 可能受到的其他氨基酸残基修饰，结果发现 SEPTIN2 能影响 HSPA5 的赖氨酸残基乙酰化。而这个乙酰化修饰，是通过 SEPTIN2 把 ATAT1（α-微管蛋白乙酰转移酶 1）招募到 HSPA5 上完成的。ATAT1 对 HSPA5 的亲和力也要高于 E3 连接酶。

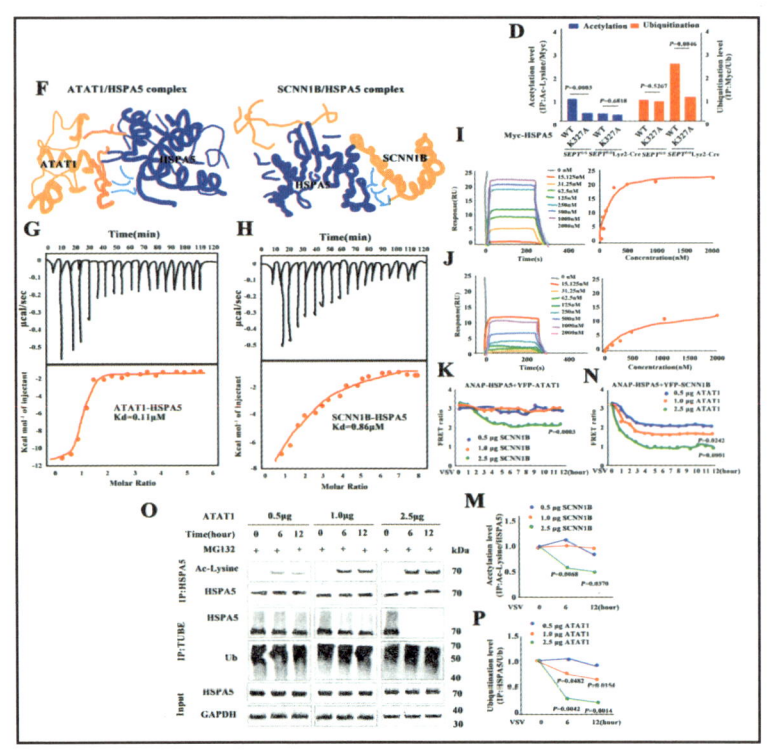

第五章 巨噬细胞极化

当 *SEPTIN2* 缺失,就导致了 HSPA5 无法被乙酰化,引发泛素化降解,并激活了内质网应激,导致巨噬细胞 M1 极化。要证明这个过程,就必须说明 HSPA5 的乙酰化能影响巨噬细胞 M1 极化。于是他们做了 HSPA5 的赖氨酸位点突变,模拟乙酰化(这样的突变方法很好地避免了肯定后件之类的逻辑谬误,其实是非常不错的严谨论证了),结果发现 K327Q 模拟乙酰化的 HSPA5 可防止 M1 极化和过度炎症反应:

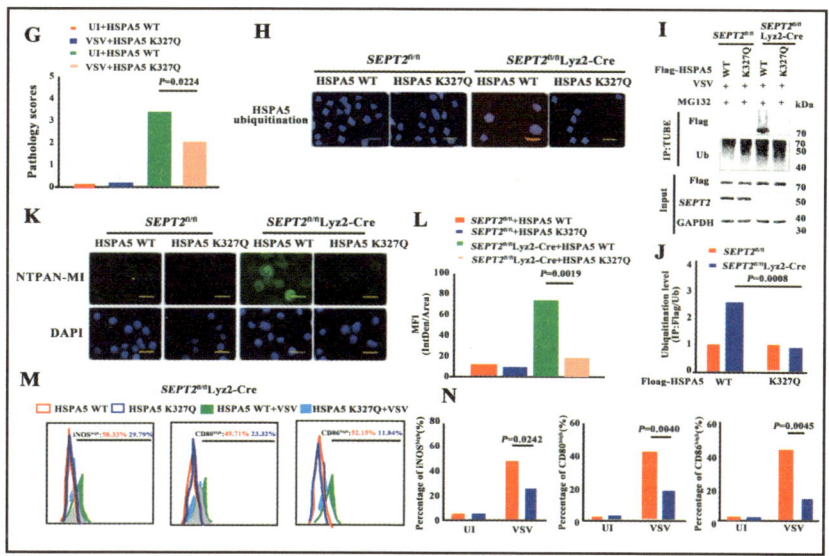

那临床上,过度的 M1 巨噬细胞极化和炎症反应,表现出来的也就是病毒感染诱导的细胞因子风暴。*SEPTIN2* 缺失会诱导巨噬细胞的 M1 极化,那么过表达 *SEPTIN2* 则能抑制这样的细胞因子风暴(下面的热图显示的就是细胞因子的表达情况),于是他们做了小鼠的体内实验:

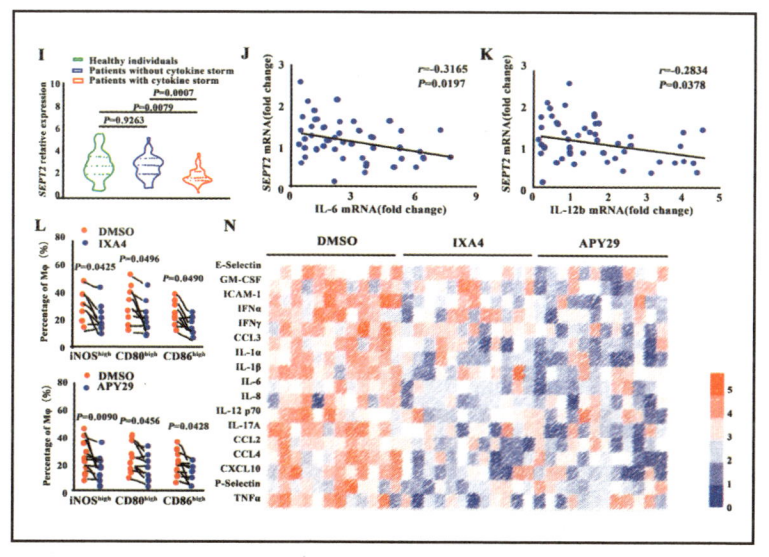

信号通路是什么"鬼"？6

最后，就形成了这样的示意图：

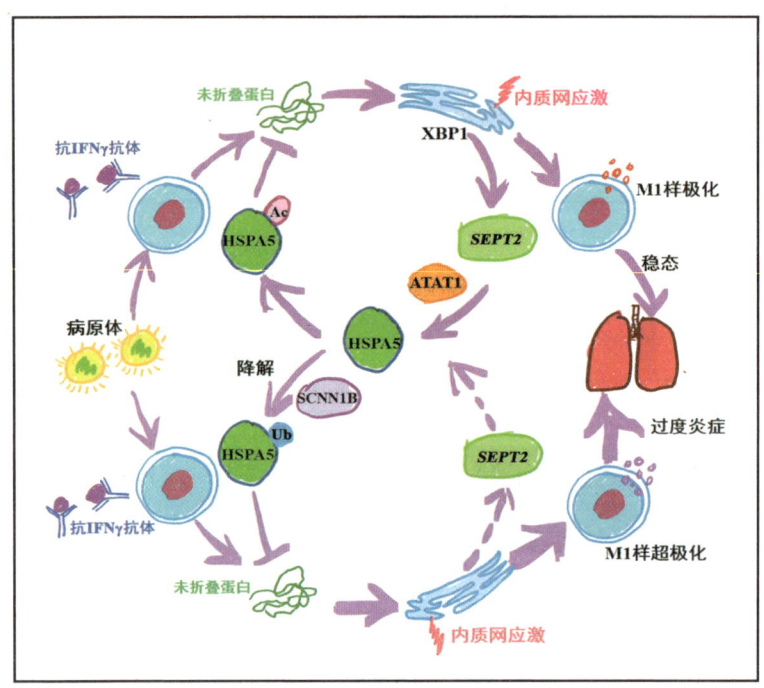

看完这篇巨噬细胞极化的文章，我觉得还是很有意思的，这篇文章的机制是逐步推进的，像剥洋葱一样，一层层递进。通过筛选 IFNγ 非依赖的 M1 巨噬细胞极化，找到了 *SEPTIN2*，又通过转录组分析发现了 *SEPTIN2* 对 ER 应激的影响。通过对 ER 应激相关蛋白的分析，找到了 HSPA5，又在没有找到 *SEPTIN2* 与 HSPA5 的直接泛素化的情况下，再去筛选其他的修饰，从而找到了 ATAT1 对 HSPA5 的乙酰化修饰，它是受到了 *SEPTIN2* 的影响的，再通过乙酰化修饰的突变，把巨噬细胞的 M1 极化串联了起来。说实话，这篇文章发 NC 是有点亏了……

第六章　NETosis 和 N1、N2 极化

这篇综述讲了中性粒细胞的一种死亡方式 NETosis

中性粒细胞有一种特殊的死亡方式，也就是 NETs（中心粒细胞胞外陷阱），这个缩写是个网，其实这种死法也有点像网。夏老师找了一篇复旦大学研究人员发表在 10.6 分的 *Clinical and Translational Medicine* 上的综述，我们来看看 NETs：

> **Clinical and Translational Medicine**
> Neutrophil, Neutrophil Extracellular Traps and Endothelial Cell Dysfunction in Sepsis

NETs 作为中性粒细胞的死亡方式，还有个名字叫 NETosis，在这篇 51.8 分的 *Cancer Cell* 里差不多这样描述：NETs 是中性粒细胞响应外界释放的网状丝状细胞外结构，将病原体捕获在 DNA、组蛋白、蛋白酶和其他细胞毒性和高度炎症化合物的网络中：

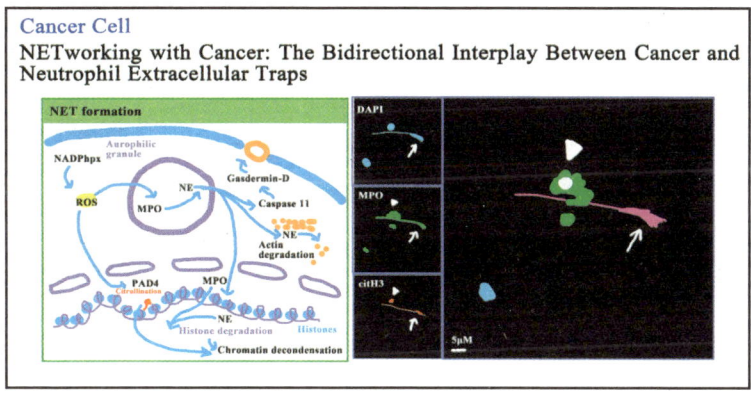

其实就是像蜘蛛侠一样把中性粒细胞的 DNA 吐出来，把病原体给网住。一般感染后，中性粒细胞会有三种 NETs 的形式：

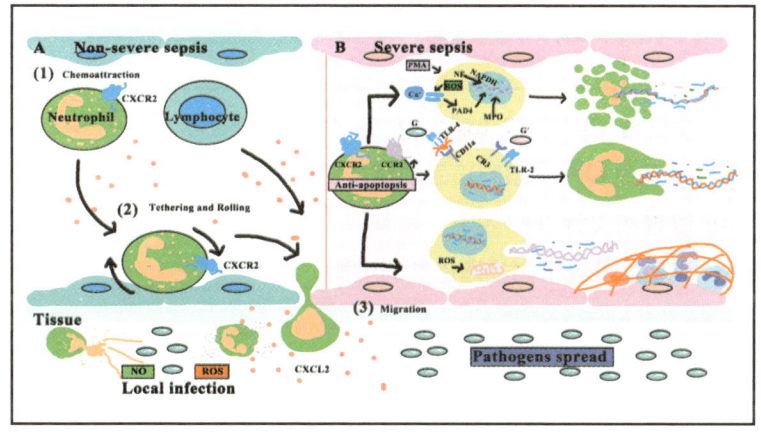

67

信号通路是什么"鬼"？6

第一种类型是自杀性 NETosis，NETosis 是通过细胞裂解释放的，所以释放出 DNA 的时候，细胞就死了。第二种类型允许 NETs 释放的同时，还能具有活的中性粒细胞的功能（比如吞噬作用），也就是暂时不死。第三种类型是 mtDNA NETosis。活的中性粒细胞释放 mtDNA 形成 NETs，这个过程中中性粒细胞不会死亡，但这个过程依赖于 ROS。

NETs 后的中性粒细胞能通过微环境导致一系列的连锁反应。NETs 产生的 MPO 和 H_2O_2 会通过上皮细胞的 Toll 样受体信号通路激活 NF-κB 信号通路，NF-κB 信号通过上调 ICAM-1、VCAM-1、PECAM-1 和增加 IL-6、IL-8 和 VEGF-A 的分泌来增强内皮细胞促炎和促血管生成反应。同时 NETs 还能诱导激活 M1 巨噬细胞极化，影响中性粒细胞的胞吞和 NETs 形成等：

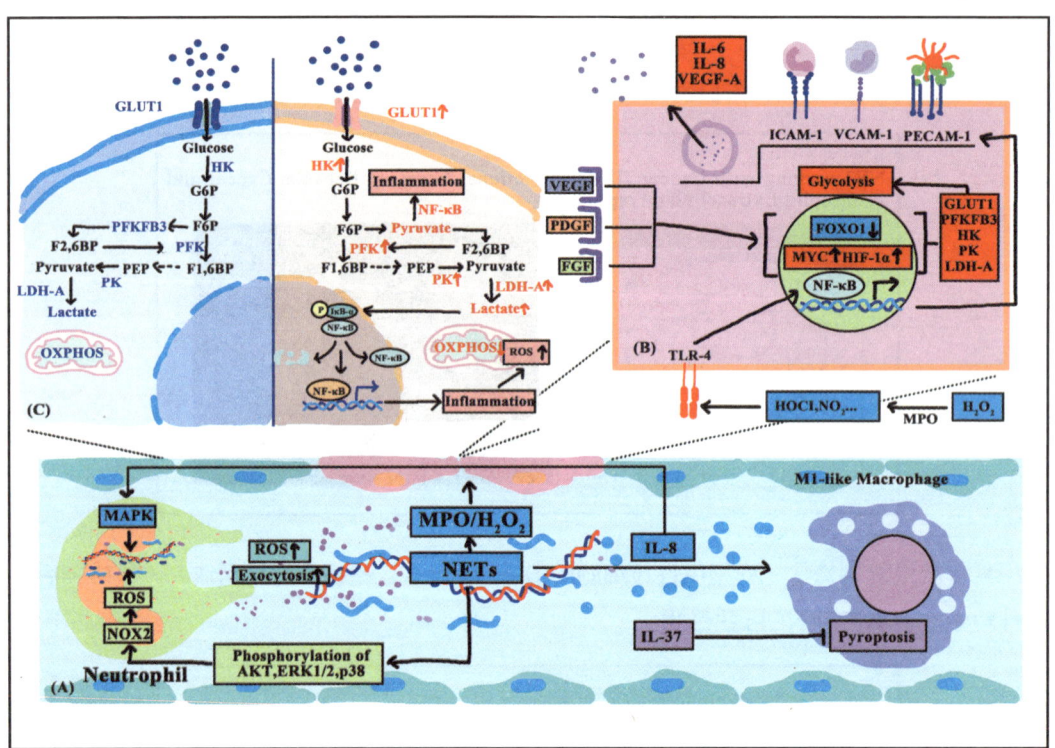

在微环境中，中性粒细胞的 NETosis 还能通过释放的 hcDNA 和蛋白酶直接引起内皮细胞糖萼降解，糖萼就是血管内皮细胞表面的糖蛋白或者蛋白聚糖组成的凝胶网状结构。中性粒细胞 NETosis 诱导的炎性细胞因子，如 IL-6、IL-8 和 TNFα，也会损害糖萼。内皮细胞的糖萼受损后，直接就导致了内皮通透性的增加：

第六章 NETosis 和 N1、N2 极化

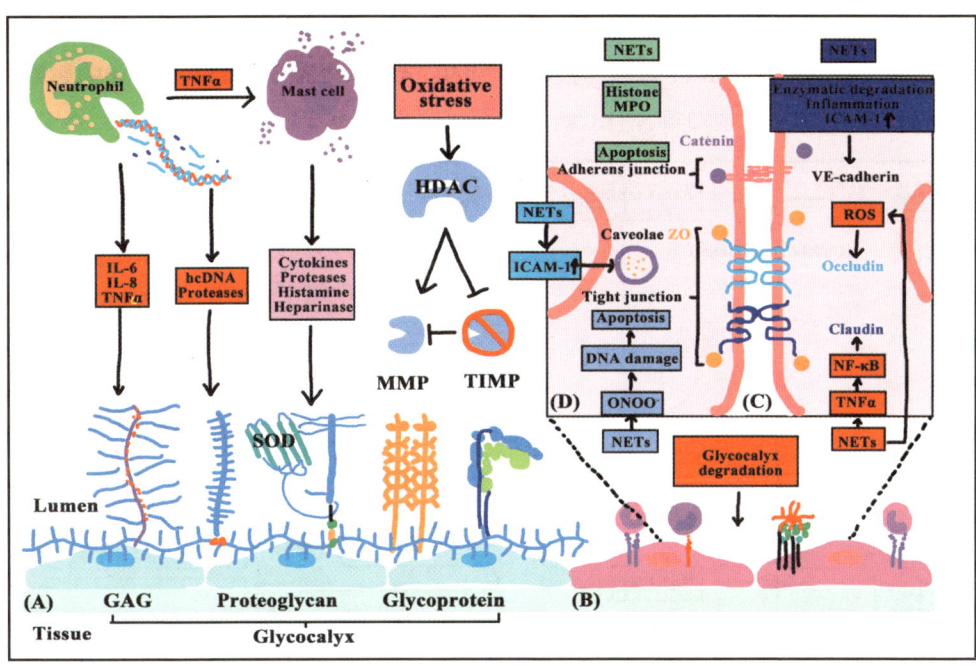

一旦糖萼被中性粒细胞的 NETosis 破坏，ICAM-1、E-Casherin 和其他黏附分子就会暴露于剥落的内皮细胞，从而加速中性粒细胞和血小板的募集。NETosis 还能促进内皮细胞的 TF（组织因子，促凝血）的表达。同时 NETosis 能通过激活 NF-κB 信号通路抑制（TM-PC-EPCR（抗凝血小板调节素、蛋白 C 和内皮蛋白 C 受体）抗凝通路：

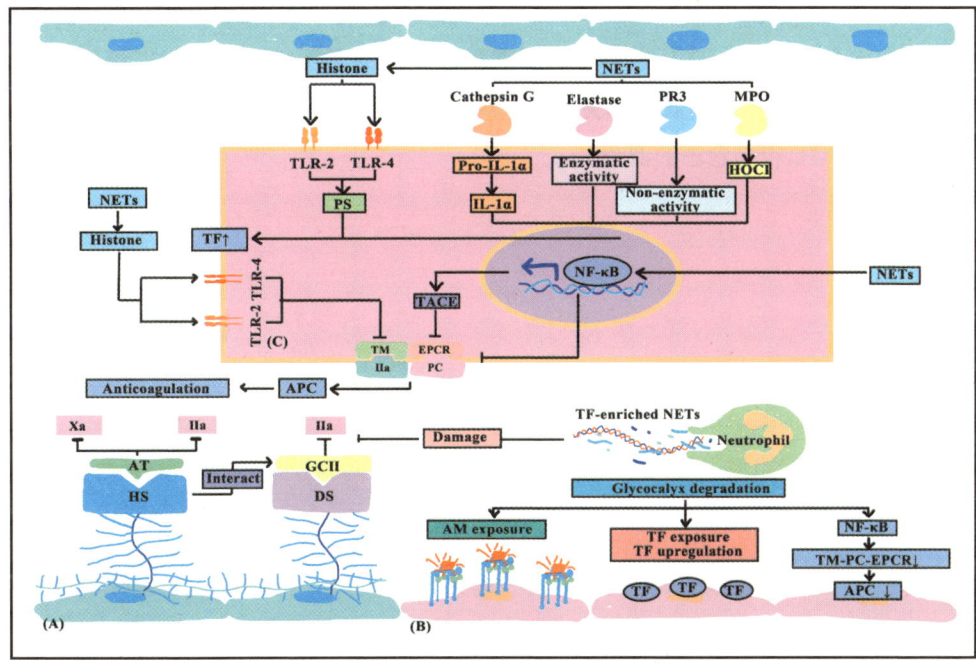

信号通路是什么"鬼"？6

对于 NETosis 的抑制，则可以使用 nNIF、NRP 和 PAD4 抑制剂，通过抑制染色质解缩来防止 NETs 的形成。DNase1 可以通过降解 NETs 结构的支架来阻断 NETosis 的影响，也可以通过抑制 ROS 产生来抑制 NETosis：

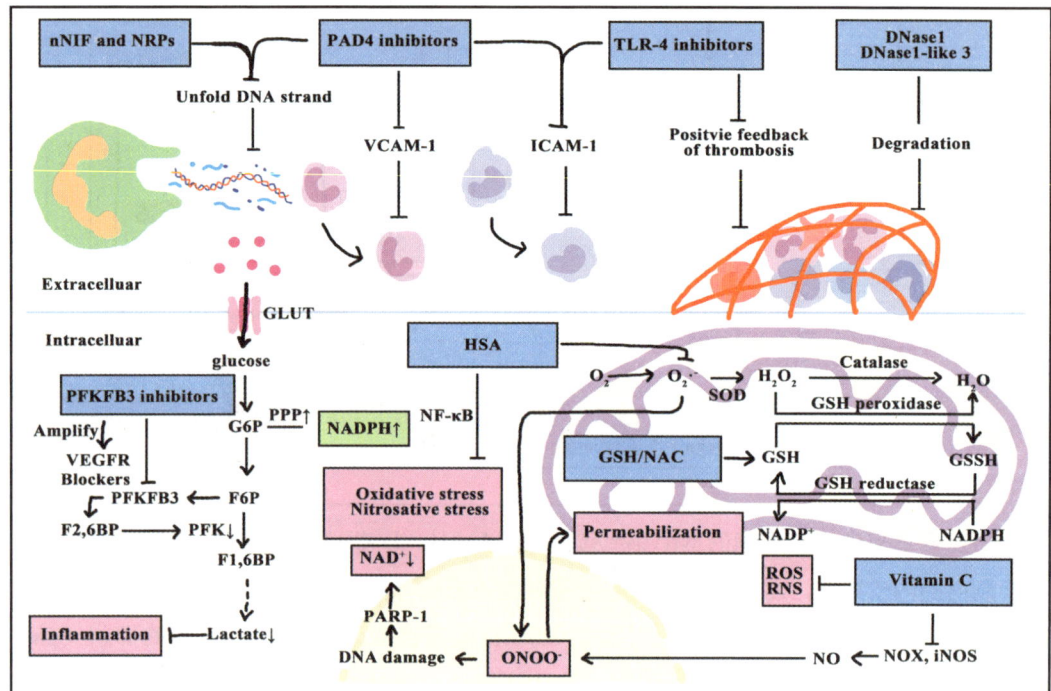

总的来说，中性粒细胞的 NETosis 在微环境中，无论是对于内皮细胞、巨噬细胞还是中性粒细胞本身而言，都是有一定的影响的。血管的通透性增加，巨噬细胞的 M1 极化，炎性反应增强，在肿瘤研究和免疫细胞的研究中都有一定的涉及。特别是细胞间的 Crosstalk，可能会是很有意思的课题。

第六章　NETosis 和 N1、N2 极化

这篇文章做的是中性粒细胞的 NETs，但着眼于其影响的肿瘤细胞

上一节给你们讲了中性粒细胞的 NETosis，也就是中性粒细胞的胞外陷阱（NETs）。其实对于 NETs 的研究，主要是由于在微环境中中性粒细胞的 NETs 会造成很多额外的影响，比如造成血管内皮细胞的通透性增强，比如促进肿瘤细胞转移。于是夏老师就找了这么一篇南京大学发表在 10.2 分的 *Journal of Nanobiotechnology* 上的文章：

> *Journal of Nanobiotechnology*
> The Oncolytic Bacteria-Mediated Delivery System of CCDC25 Nucleic Acid Drug Inhibits Neutrophil Extracellular Traps Induced Tumor Metastasis

这篇文章还是很有意思的，他们研究中性粒细胞的 NETosis 的着眼点并不在中性粒细胞本身，而是在中性粒细胞影响的肿瘤细胞上。他们用敲减 CCDC25 的质粒包装了一个 VNP（一种溶瘤菌）。CCDC25 是中性粒细胞产生 NETs 后，肿瘤细胞上的一个受体，主要是接受 NET-DNA 的信号。CCDC25 是通过 ILK → Parvb → RAC1 → CDC42（RAC1 应该是比较常见的，在 Ras 信号通路、PI3K-AKT 等信号通路里都有涉及）。在抑制了 CCDC25 后，阻碍了肿瘤细胞的迁移侵袭，同时 VNP 能促进中性粒细胞趋向于炎症表型，在微环境中也起到抑制肿瘤的作用：

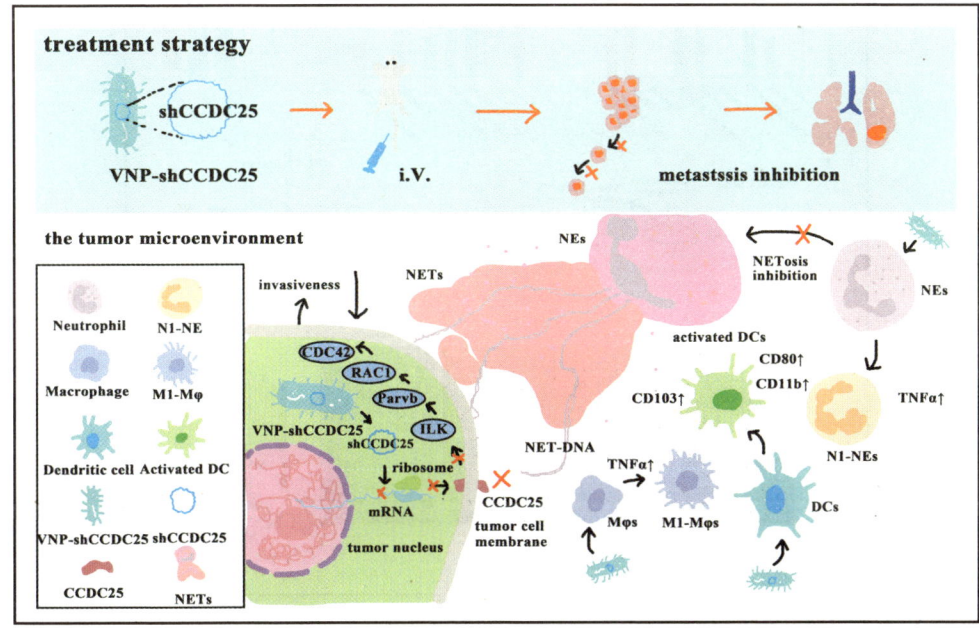

信号通路是什么"鬼"？6

首先他们就构建了这么一个质粒，然后把这个敲减 CCDC25 的质粒包入一个 VNP 中，形成了 VNP-shCCDC25：

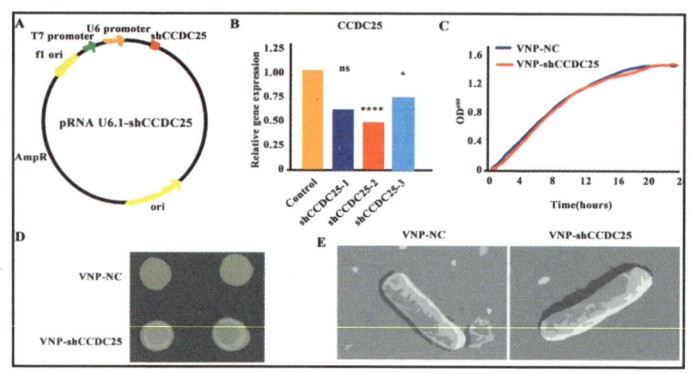

他们发现 VNP-shCCDC25 菌注射入小鼠后，作为细菌，可以刺激炎症反应来抵抗肿瘤。在这个过程中，NEs（中性粒细胞）产生了 N1 极化，转变成了 N1-NEs 的炎性反应中性粒细胞。与此同时，微环境中的巨噬细胞也产生了 M1 极化，引发炎症反应。同时细胞中的 CCDC25 表达被敲低：

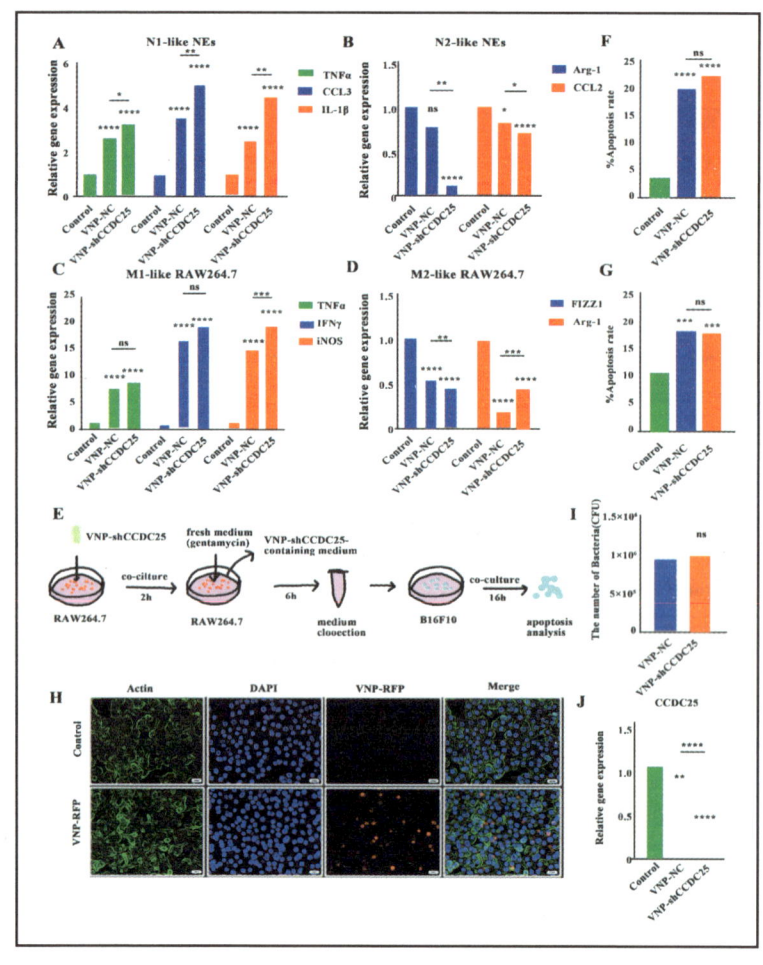

而按照预期，敲低了 CCDC25 的肿瘤细胞，会由于无法接收到中性粒细胞的 NETosis 产生的 NET-DNA，导致转移能力下降：

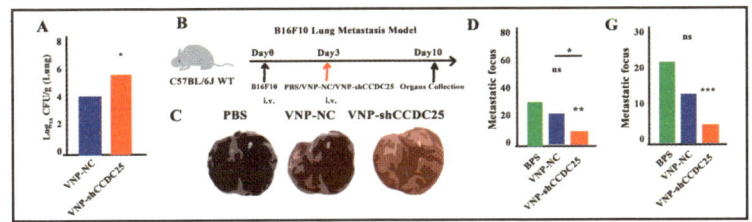

既然这个 VNP-shCCDC25 菌是作为抑制肿瘤的一种治疗手段，那么其安全性也是很有必要验证一下的，于是他们分析了 VNP-shCCDC25 菌的安全性。他们发现 VNP-shCCDC25 菌并不会引起显著的全身毒性或器官毒性：

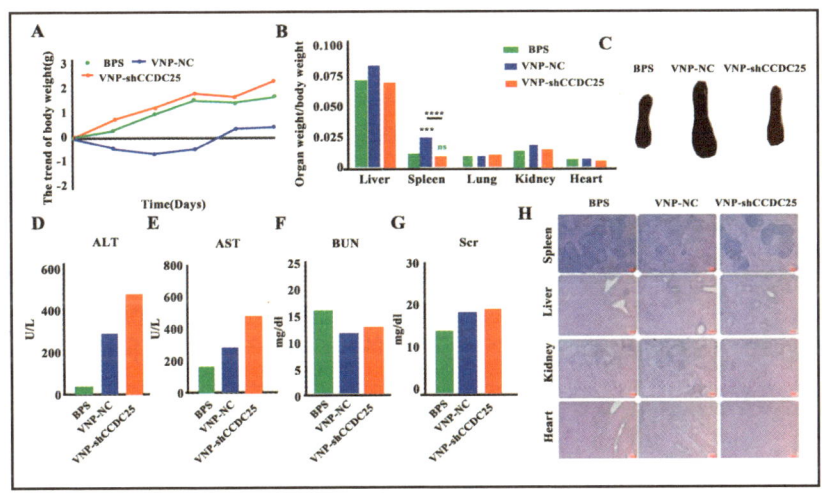

那么 VNP-shCCDC25 菌对于肿瘤的迁移侵袭的抑制，是否是通过对 CCDC25 及其下游基因激活抑制造成的呢？他们也进行了验证。肿瘤细胞可以诱导 NETs 的形成，形成一个正反馈通路。于是他们假设，敲减了 CCDC25 后，肿瘤细胞中 CCDC25 下游前转移基因的表达或活性以及肿瘤部位 NETs 的形成也会受到影响，结果表明 VNP-shCCDC25 的确阻断了 CCDC25 的下游促转移信号通路，并且减少 NETs 的形成：

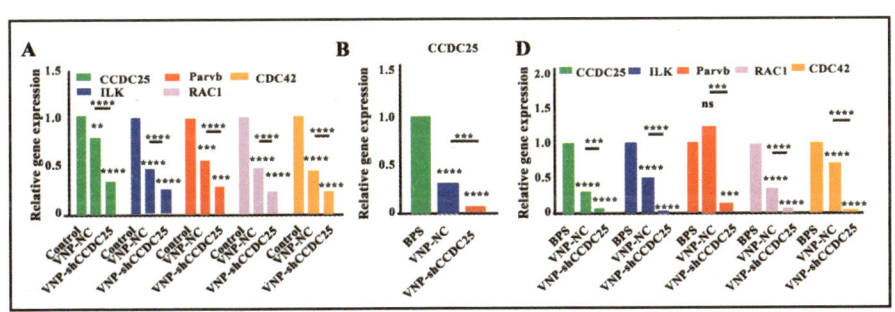

信号通路是什么"鬼"？ 6

在微环境中，VNP-shCCDC25 也能影响免疫浸润细胞的极化，他们用流式进行了分析，浸润的 NEs 和 Mφs（中性粒细胞和巨噬细胞）都产生了炎性相关的 N1 极化和 M1 极化。TNFα 和 IL-1β 的表达明显增强，TGF-β 的表达明显降低（TNFα 和 IL-1β 就是偏重于炎症的，NF-κB 信号通路的下游；TGF-β 信号通路间是 M2 极化，也就是炎症抑制相关）：

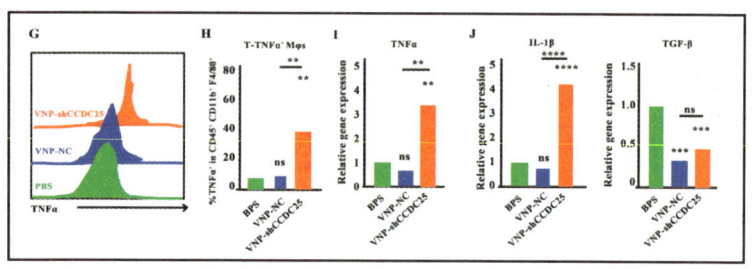

接着他们又看了一下 VNP-shCCDC25 对 DC 细胞的影响，DC 细胞主要是抗原递呈的，而 VNP-shCCDC25 能激活 DC 细胞的抗原递呈，激活抗肿瘤免疫：

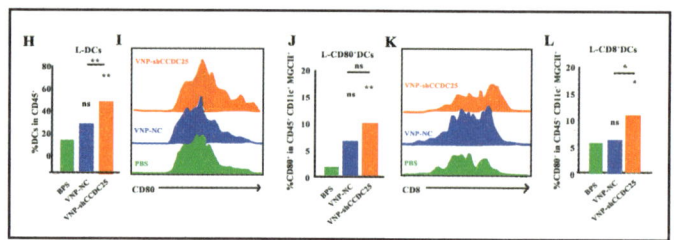

这些结果就论证了VNP-shCCDC25对于NEs的NETosis产生抑制，同时VNP-shCCDC25敲减了肿瘤细胞的CCDC25，进一步抑制了NETs下游对肿瘤细胞迁移侵袭的促进。同时VNP-shCCDC25也能影响微环境，促进NEs产生N1极化，Mφs产生M1极化，促进DC细胞抗原递呈，在肿瘤微环境中激活抗肿瘤免疫：

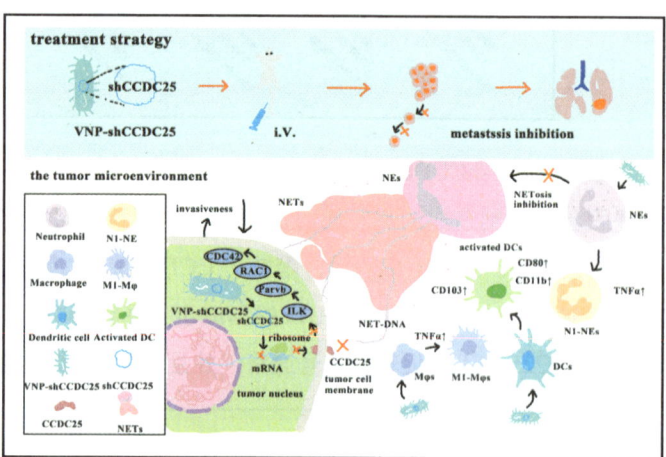

这篇文章用反向遗传学验证了 CCDC25 的功能，这种验证和应用还是很有意思的。

第六章　NETosis 和 N1、N2 极化

这篇文章做的是巨噬细胞影响中性粒细胞 NETosis

夏老师在 PubMed 上冲浪的时候，看到了这么一篇文章，这篇文章是重庆医科大学附属第二医院发表在 7.1 分的 *Stem Cell Research & Therapy* 上的。虽然 7.5 分并不算太高，但实际上这篇文章是有点意思的：

> Stem Cell Research & Therapy
> NOD1 Deficiency Ameliorates the Progression of Diabetic Retinopathy by Modulating Bone Marrow-Retina Crosstalk

他们做的是 NOD1 通过骨髓来源的巨噬细胞和中性粒细胞影响 DR（糖尿病视网膜病变）的进展。看到 NOD1，大家应该能想起 NOD 样受体信号通路。但为什么要研究 NOD1 呢？这个就要看看他们的引言了，其实主要是由于糖尿病会损害肠道屏障的完整性，导致微生物相关的 PAMP 产生易位，这里就包括了 LPS（脂多糖）和 PGN（肽聚糖），这几个都是增强免疫反应相关信号通路的关键配体（PAMPs 中的 LPS 激活的是 Toll 样受体信号通路，PGN 则主要激活 NOD 样受体信号通路）。糖尿病中 PGN 在血液中的含量会更高，所以他们主要的研究方向就是 NOD1：

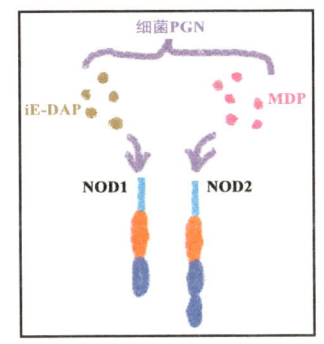

首先他们验证了糖尿病小鼠模型 Akita 秋田小鼠的血液中激活 NOD1 的配体 PGN 含量，是否是比普通小鼠明显增加的。结果发现，的确激活 NOD1 的 PGN 在 1 型糖尿病小鼠的循环中存在率更高：

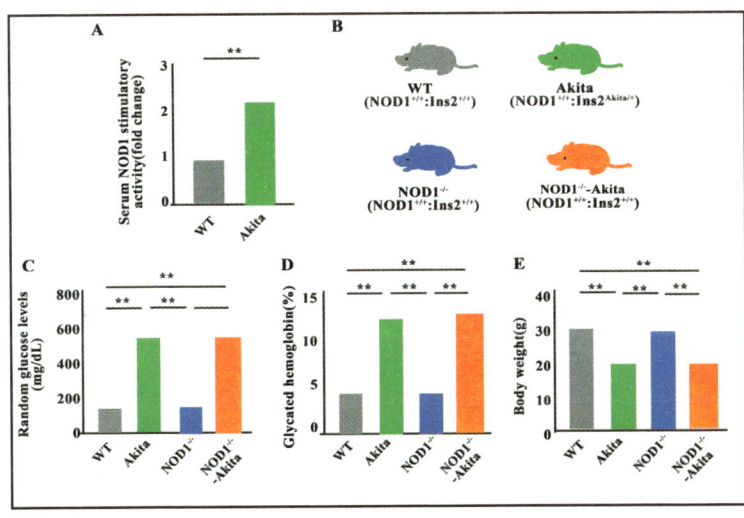

信号通路是什么"鬼"？6

那NOD1激活会导致下游炎症反应增加，这个是不是会引发糖尿病小鼠的DR病变呢？于是他们敲除了普通小鼠和秋田小鼠的NOD1，来分析小鼠的视网膜病变。结果显示，NOD1缺失的情况，避免了糖尿病小鼠的视网膜厚度下降和视网膜电反应的恶化：

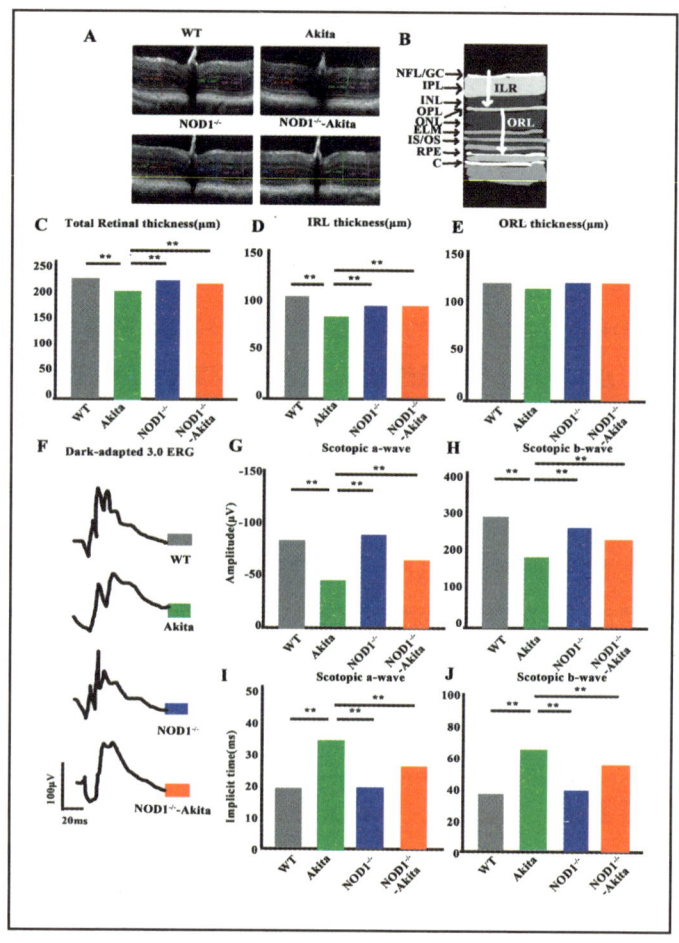

NOD1的缺失（NOD1是在NOD样受体信号通路里接收核酸信号的），也减缓了糖尿病秋田小鼠模型中视网膜血管变性的进展：

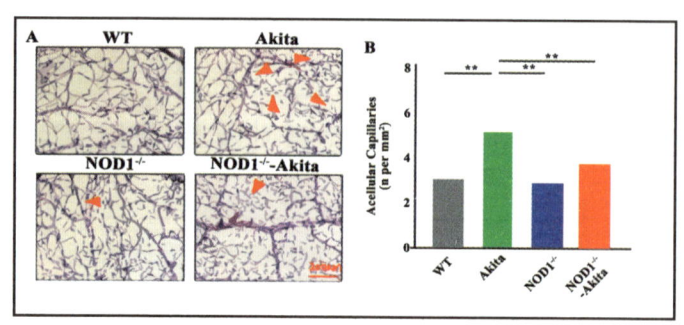

第六章　NETosis 和 N1、N2 极化

他们之前的研究发现，NOD1 的配体可以破坏糖尿病骨髓内造血干细胞/祖细胞（HSPC）的平衡和血管修复功能。于是他们考虑 NOD1 的缺失是否会影响 HSPC 的平衡。他们发现糖尿病向更促炎的造血状态转变，而 NOD1 缺失则恢复了糖尿病诱导的造血失衡：

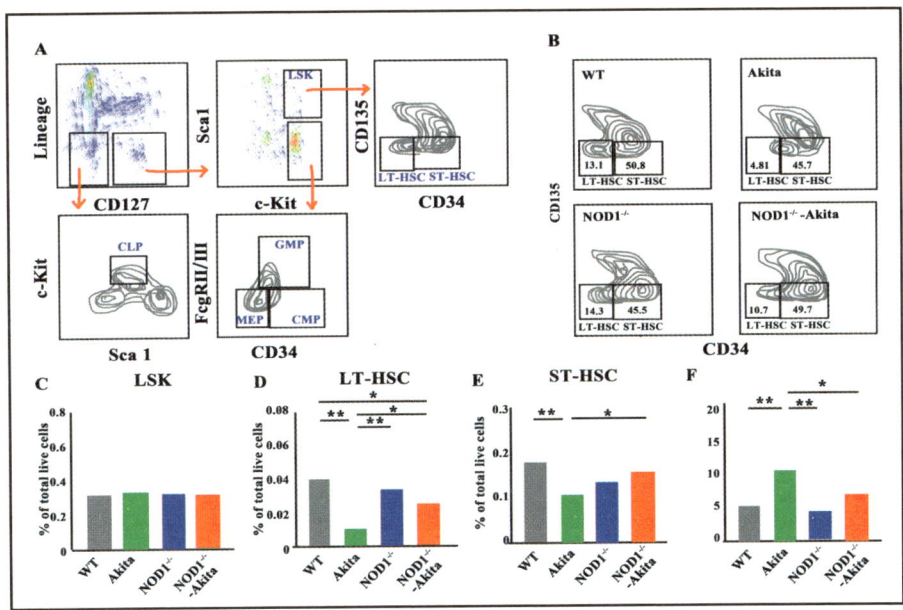

那既然造血细胞受到了 NOD1 的影响，他们就做了造血细胞特异性 NOD1 缺失的小鼠。结果发现，造血细胞特异性的 NOD1 敲除，可以改善糖尿病秋田小鼠的 DR 进展：

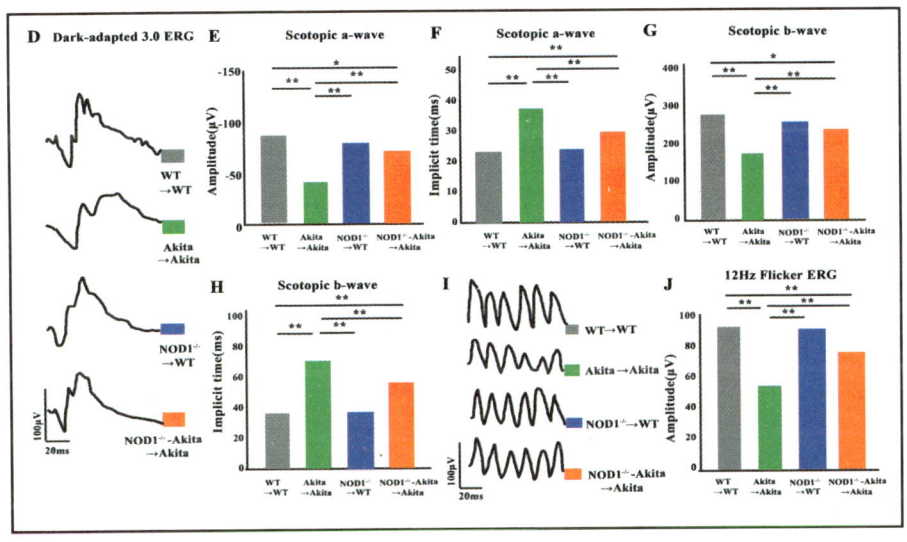

信号通路是什么"鬼"？ 6

NOD1 缺失会导致造血细胞产生什么样的变化呢？他们对骨髓和视网膜中髓系细胞群进行了流式分析，结果发现视网膜中骨髓来源的单核细胞浸润明显降低。单核细胞具有浸润视网膜并分化为巨噬细胞的能力，这些巨噬细胞驻留在视网膜中，并通过旁分泌机制导致视网膜血管变性。造血细胞 NOD1 缺失的视网膜中，单核细胞来源的巨噬细胞减少，这与视网膜中的中性粒细胞浸润的减少也有关联性：

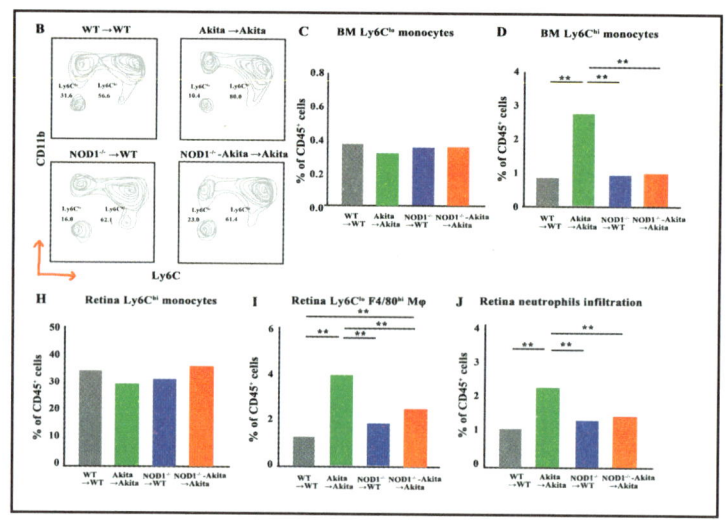

那浸润的巨噬细胞是促炎的还是抗炎的呢？他们进行了具体分析，结果发现在糖尿病视网膜中，促炎性的骨髓来源的巨噬细胞分泌的 CXCL1、CXCL2 和 TNFα 的 mRNA 表达水平升高，而抗炎性的 IL-10 水平降低。CXCL1 和 CXCL2 对中性粒细胞的募集和激活尤为重要，而 NOD1 缺失后，CXCL1 和 CXCL2 分泌减弱。糖尿病视网膜中 NETosis 标志物——MPO（髓过氧化物酶）和 NE（中性粒细胞弹性蛋白酶）的表达显著增加（这个之前在讲 NETosis，也就是中性粒细胞的胞外陷阱死亡的时候讲过了），而 NOD1 缺失逆转了这个现象：

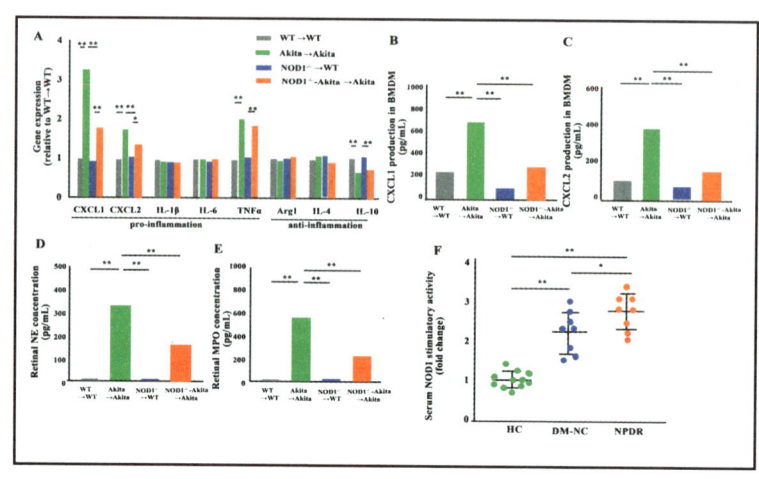

这也就形成了他们最后的示意图：

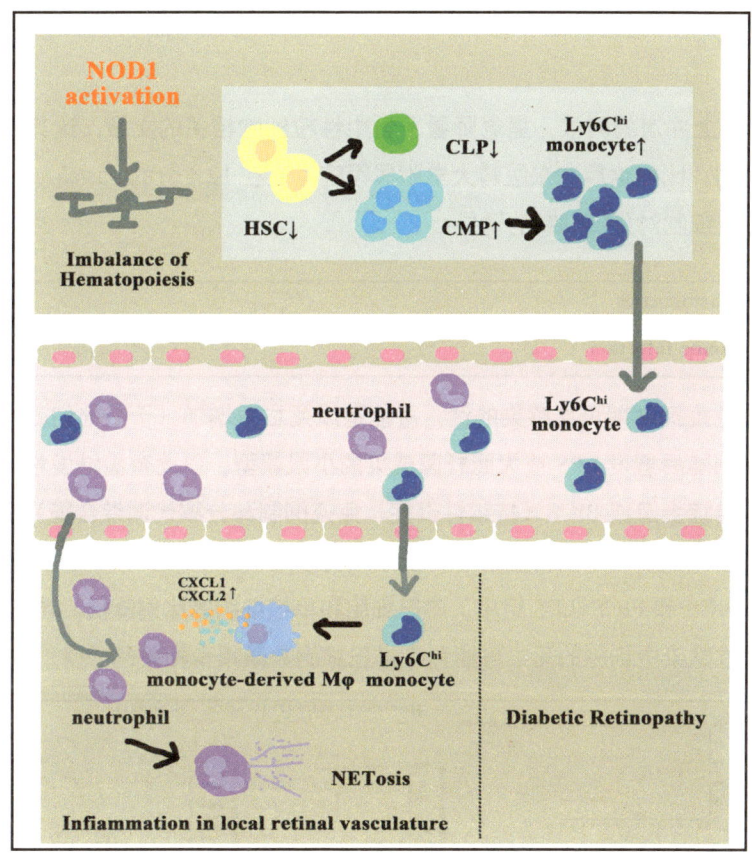

也就是糖尿病中 NOD1 的配体 PGN 进入到循环系统的比例增多，而造血细胞的 NOD1 受此影响被激活，影响着造血细胞的平衡，会导致炎性的髓系来源的巨噬细胞浸润到视网膜。髓系来源的巨噬细胞激活和旁分泌 CXCL1、CXCL2，触发中性粒细胞浸润和 NETosis，这可能会加重局部炎症并加剧 DR 进展。

这篇文章还是挺有意思的，从糖尿病的肠道影响导致 PGN 的增多，延伸到了 NOD1 影响造血干细胞的平衡，再从巨噬细胞和中性粒细胞的浸润，延伸到了对视网膜病变的影响。如果能说清楚 NOD 样受体信号通路下游产生了什么样的变化，或者再深入进行机制研究，这变成一篇十几分的文章也说不定。总的来说，是一篇可以进一步深入挖掘的文章。

信号通路是什么"鬼"？6

看看中性粒细胞对免疫抑制的诱导

在 PubMed 上冲浪的时候，夏老师看了看中性粒细胞相关的文章，这其中也不乏细胞之间相互作用的。比如这篇广东医科大学附属医院发表在 12.4 分的 *Theranostics* 上的文章，讲的就是中性粒细胞对免疫抑制的诱导：

> *Theranostics*
> Siglec-F⁺ Neutrophils in the Spleen Induce Immunosuppression Following Acute Infection

脓毒症在免疫抑制期再次感染的话，可能造成死亡率增加。于是他们就建立了脓毒症诱导的免疫抑制随后继发 LPS 或大肠杆菌感染的小鼠模型，以此查看继发性感染对于脓毒症的影响。脓毒症会造成 PICS（持续性炎症、免疫抑制和分解代谢综合征），于是他们构建了 PICS 的小鼠，然后给小鼠再注射 LPS 模拟激发感染。他们发现 PICS 小鼠被注射 LPS 后，死亡率增加。PICS 和 PICS+LPS 组中，淋巴细胞和单核细胞的比例降低，粒细胞显著增加。也就是说继发性感染中细胞的死亡可能和 T 淋巴细胞数量减少相关：

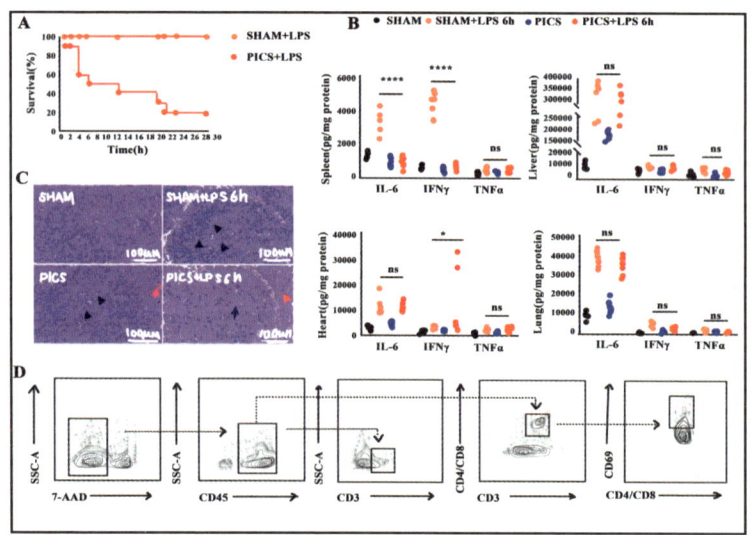

那么具体是什么抑制了 T 淋巴细胞的数量呢？他们发现 PICS 小鼠的脾脏中，Treg 细胞活性增强，脾脏中的 IL-10 表达明显增加。而这两种现象，在 PICS+LPS 组中更甚。于是他们假设 LPS 可以诱导 PICS 的小鼠产生更多的 Treg，对于这个，他们就耗尽了 PICS 小鼠的 Treg 细胞。但结果显示耗尽了 Treg 并没有改变炎性相关的 IFNγ、IL-6、TNFα 的表达。

第六章　NETosis 和 N1、N2 极化

那么到底是什么因素激活了 PICS+LPS 组的免疫抑制，也就是抑制 T 淋巴细胞呢？于是他们做了脾脏组织的二代测序，进行了分析，结果发现，免疫细胞中 IL-10 的分泌抑制了脾脏的免疫应答。而使用抗 IL-10 抗体后，有效地降低了 PICS+LPS 小鼠的死亡率：

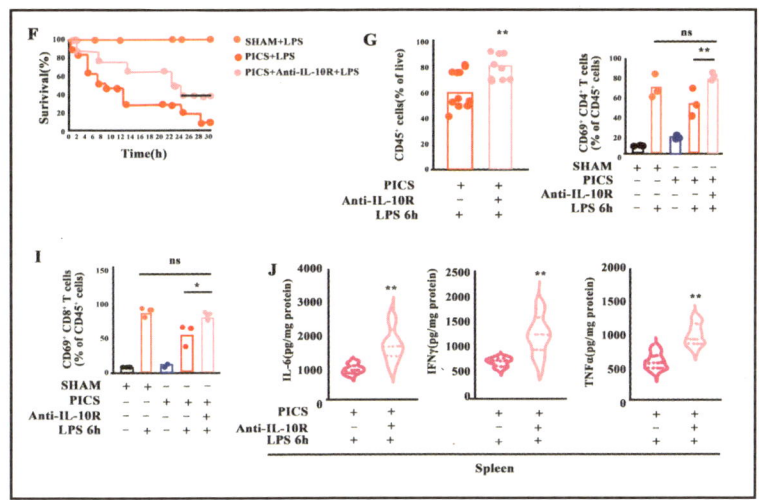

那么这里的 IL-10 是哪里来的呢？他们进行了流式分析，发现 PICS 小鼠被 LPS 刺激后，中性粒细胞释放了大量的 IL-10，这说明中性粒细胞这个时候处于 N2 极化状态。当耗尽了 PICS+LPS 小鼠的中性粒细胞后（这里还是用了柯霍氏法则来验证，也就是分析是否是中性粒细胞造成了 PICS+LPS 小鼠的免疫抑制），他们发现脾充血减少，同时恢复了 CD4$^+$ T 细胞及 CD8$^+$ T 细胞的活性和功能：

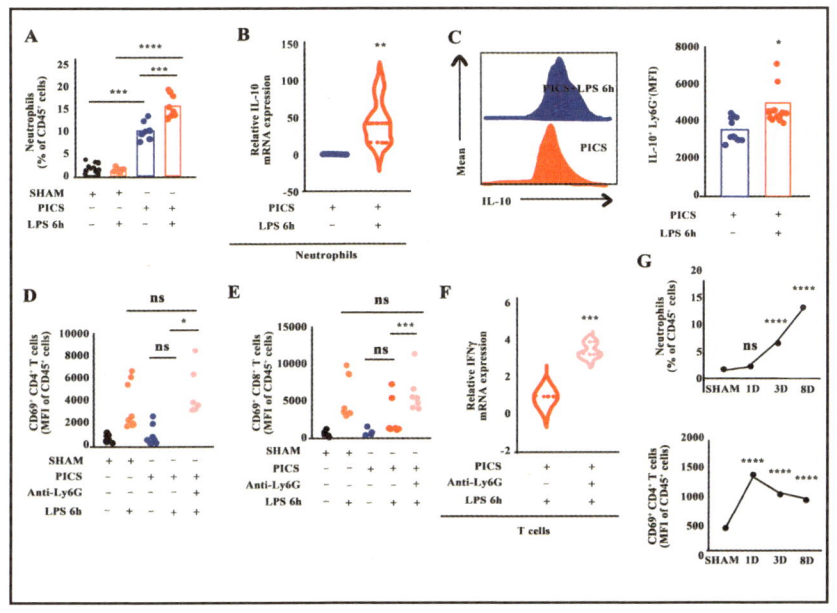

81

信号通路是什么"鬼"？6

LPS 治疗后 PICS 小鼠脾脏和外周血中 CXCR2 中性粒细胞显著增加，于是他们使用 CXCR2 的抑制剂进行抑制，结果发现抑制之后降低了 PICS 小鼠脾脏中性粒细胞募集，并且提高了 T 淋巴细胞的活性。T 淋巴细胞通过分泌 CXCL1 和 CXCL2，诱导招募 CXCR2$^+$ 中性粒细胞。而使用 CXCR2 抑制剂 SB225002 抑制 CXCR2$^+$ 中性粒细胞分泌的 IL-10 则能抑制 T 淋巴细胞：

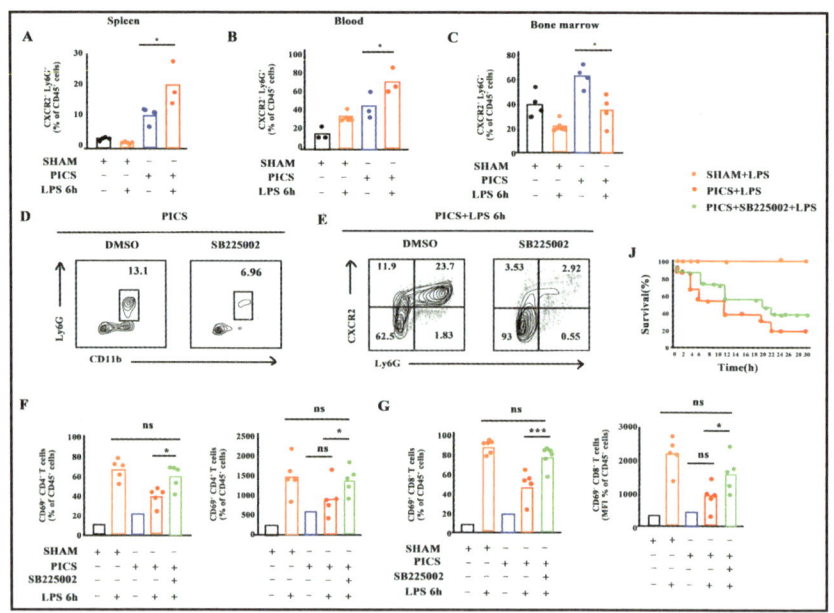

接着他们发现，PICS+LPS 小鼠的中性粒细胞同时表达了嗜酸性粒细胞的标志物 Siglec-F。Siglec-F 的中性粒细胞会对 DAMP 信号有反应，促进肺肿瘤发展。那么这里必须先排除表达 Siglec-F 的是嗜酸性粒细胞，于是他们使用 IL-33 诱导嗜酸性粒细胞增殖后，发现并不影响 T 淋巴细胞水平。进一步确定了 Siglec-F$^+$ Ly6G$^+$ 中性粒细胞是起到关键作用的细胞：

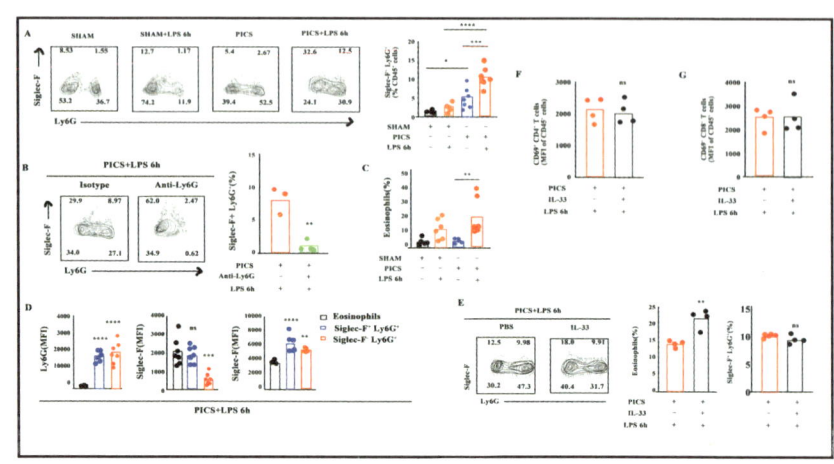

第六章　NETosis 和 N1、N2 极化

而在 PICS 小鼠的脾脏中，中性粒细胞会特异性表达 Siglec-F。这里的验证，其实就是证明了 PICS 中这种特异性的 Siglec-F$^+$ Ly6G$^+$ 中性粒细胞的存在，同时突出了 Siglec-F 表达对中性粒细胞的特异性，这就是一种在 PICS+LPS 组中会进入到 N1 极化并释放 IL-10 的中性粒细胞亚群：

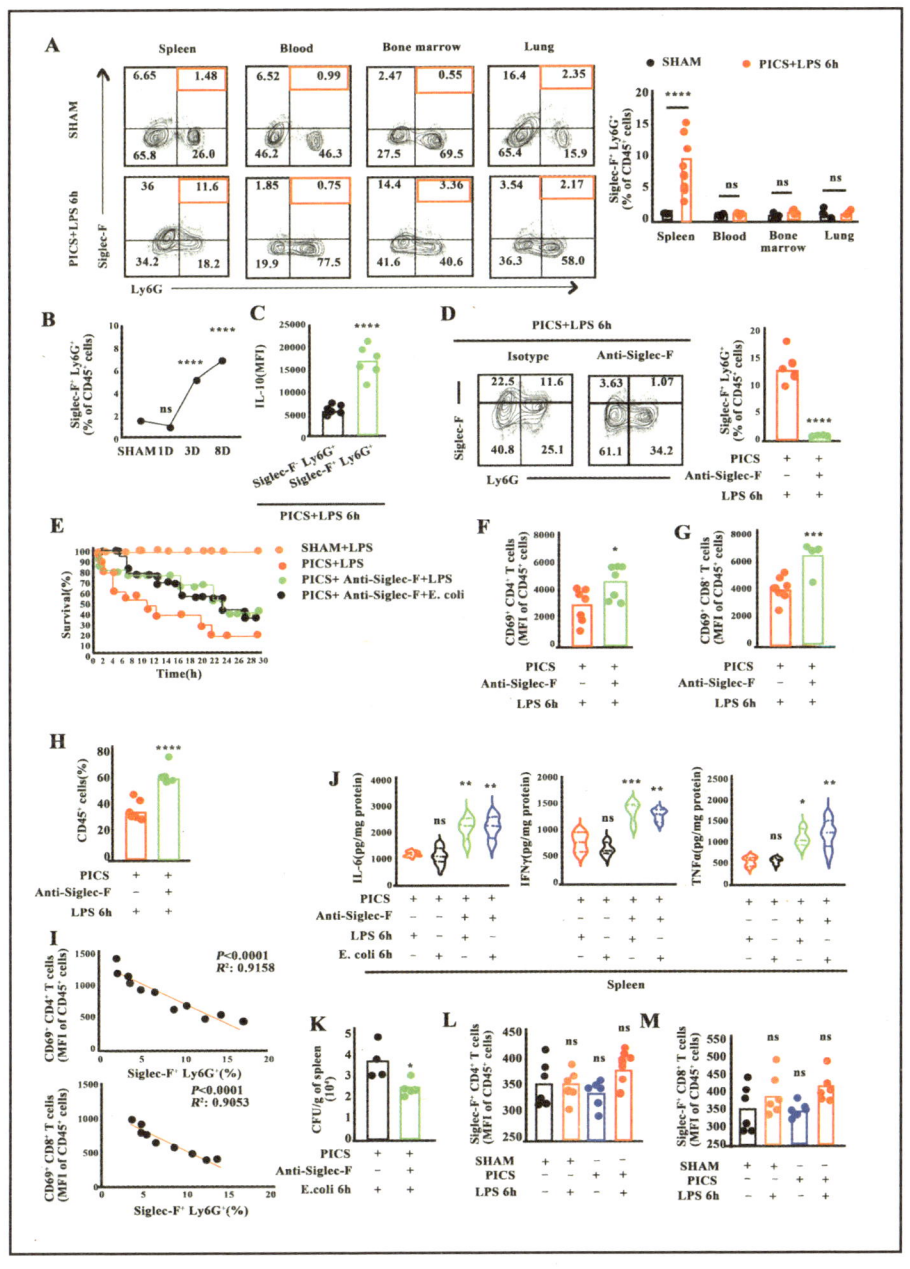

信号通路是什么"鬼"？6

最后他们进行了体外的抑制试验，就是使用 Siglec-F$^+$ Ly6G$^+$ 的中性粒细胞在体外抑制 T 淋巴细胞。结果发现在 LPS 诱导下，Siglec-F$^+$ Ly6G$^+$ 中性粒细胞的确能抑制 T 淋巴细胞的活性：

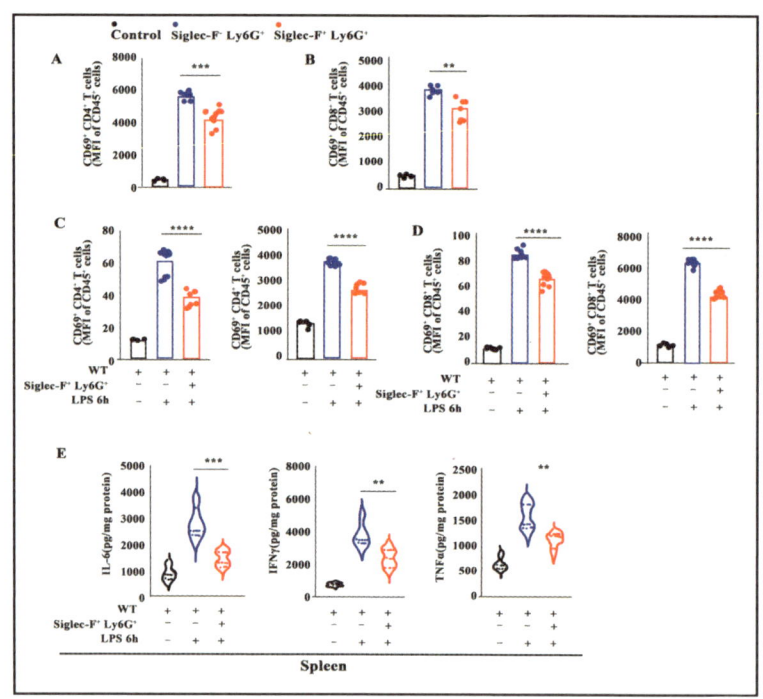

这篇文章其实挺有意思的，他们是在一步步筛选的过程中排查各种可能性。比如刚开始发现了免疫抑制，他们首先排查了 Treg 的活性对于 PICS+LPS 小鼠的影响，结果发现并不是 Treg。接着在发现了 Siglec-F$^+$ Ly6G$^+$ 中性粒细胞后，他们又要排除 Siglec-F$^+$ 嗜酸性粒细胞的功能，在验证之后的确也排除了。通过这样一步步的验证，最终才得到了 PICS+LPS 小鼠脾脏中 Siglec-F$^+$ Ly6G$^+$ 中性粒细胞的招募增多，诱导了对 T 淋巴细胞的抑制，从而导致脓毒症继发性感染小鼠的死亡率升高。

第七章　B 细胞受体信号通路

带你看看什么是 B 细胞受体信号通路

讲完了 T 细胞分化，巨噬细胞极化，就该讲讲 B 细胞了。B 细胞的话，就要从 B 细胞受体信号通路讲起：

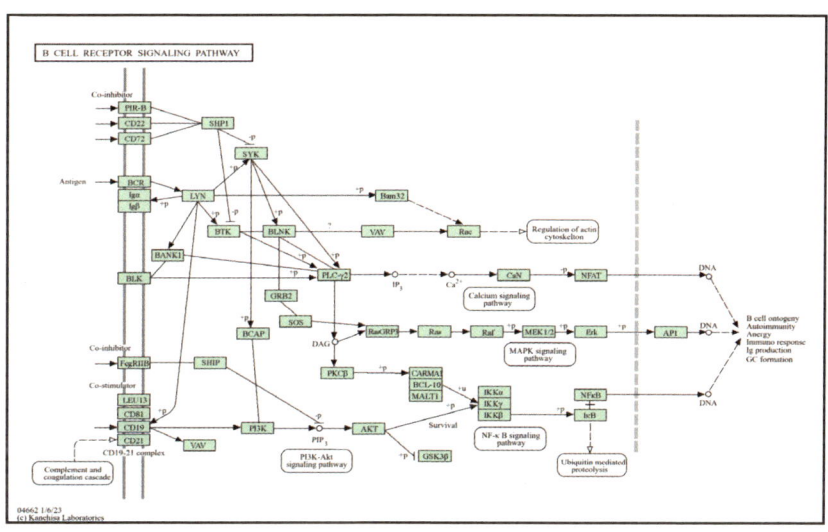

这个图是看上去复杂一点，起关键作用的蛋白其实就是一个大的复合体，也就是下图黄色标识的一整个复合体。这个复合体上的 PLC-γ2、VAV 以及下面橙色的 PI3K，就是 BCR 信号通路中关键的二级信使。

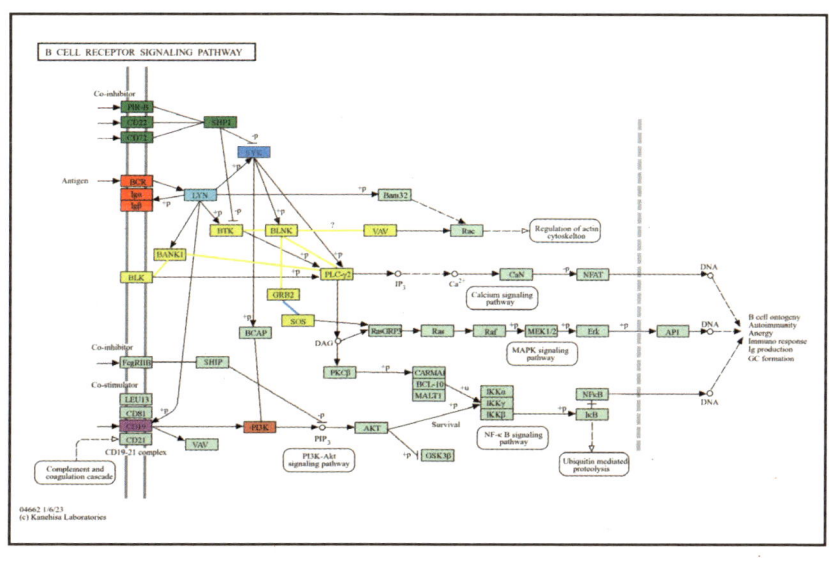

85

信号通路是什么"鬼"？6

为了讲这个，夏老师搜了一篇 67.7 分的 *Nature Reviews Immunology* 上的文章，来给你们讲讲：

> Nature Reviews Immunology
> Regulation of B-Cell Fate by Antigen-Receptor Signals

其实 BCR 受体分成两块，一块是延伸到膜外的 BCR，也就是接受抗原的部分，另一块是 CD79A（Igα）和 CD79B（Igβ）：

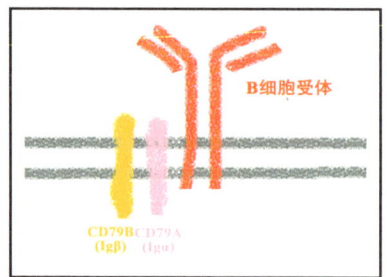

BCR 接受抗原后会聚集起来，BCR 募集 Lyn 后，Lyn 会对 CD79 进行磷酸化：

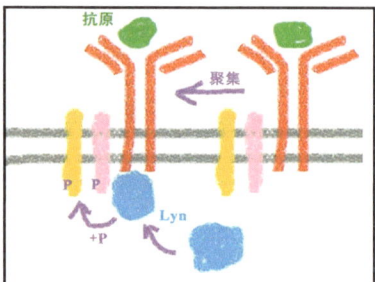

磷酸化激活的 CD79 则会激活 Syk 磷酸化，将信号传递下去：

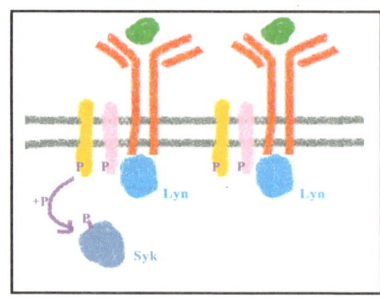

接着就是复合体的激活了，BTK 和 PLC-γ2 会结合到膜上的 IP3 磷脂上，同时 PLC-γ2 会结合到 BANK1 及膜上的 BLK，BTK 和 PLC-γ2 结合 BLNK、VAV、GRB2、SOS 形成复合体。之前被激活的 Lyn 会激活 BTK 磷酸化，Syk 分别激活 BLNK 和 PLC-γ2：

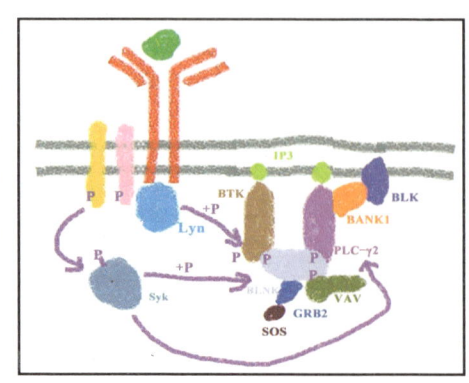

第七章 B细胞受体信号通路

复合体中 SOS 可以激活下游的 Ras/Raf 的 MAPK 信号通路，PLC-γ2 通过将 IP2 转化成 IP3 激活下游的钙离子信号通路，而 PLC-γ2 激活的 DAG 则会激活下游的 NF-κB 信号通路。Syk 则会通过激活 PI3K-AKT 信号通路，激活 NF-κB 信号通路。这些信号通路被激活后，会引发 B 细胞增殖、分化以及 Ig 产生：

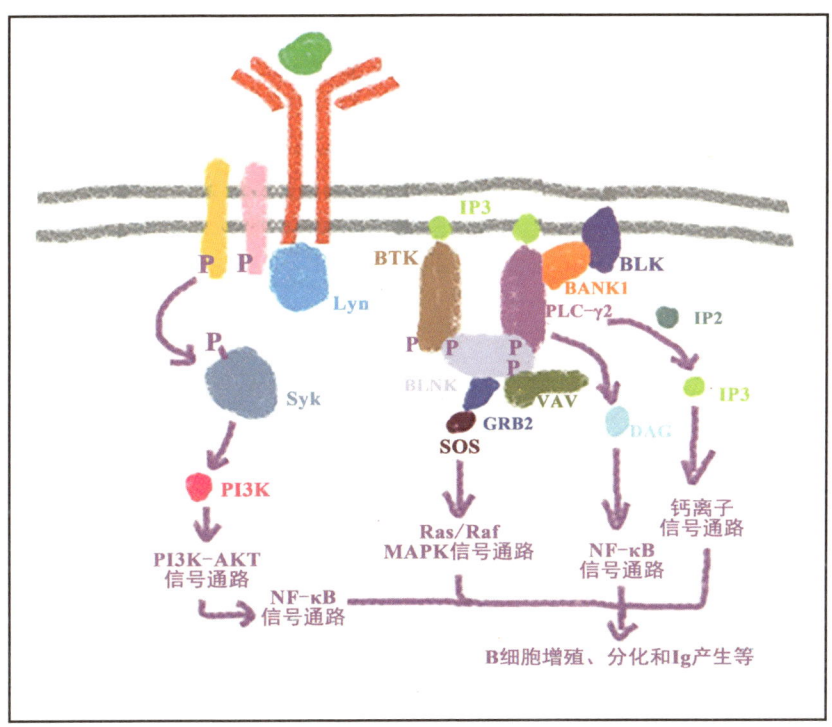

BCR 信号通路还有共激活因子，也就是膜上的 CD19，CD19 被 Lyn 激活后，会激活 VAV 和 PI3K，以此激活 BCR 的下游通路：

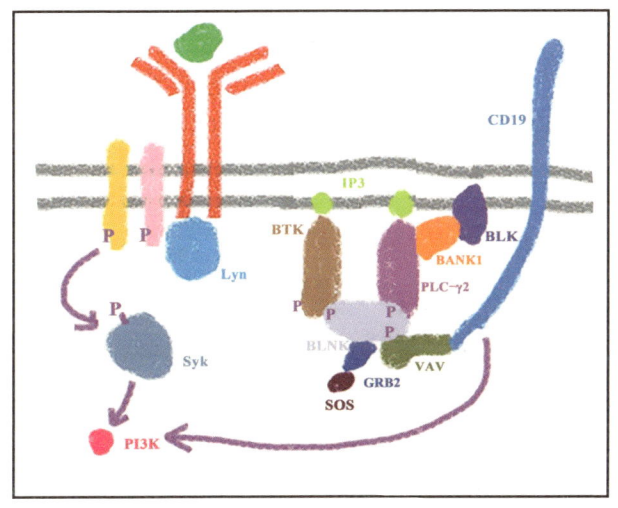

信号通路是什么"鬼"？6

而另一方面，膜上的 PIR-B 及 CD22 所招募的 SHP1 会通过抑制 BTK 和 Syk 起到对 BCR 信号通路的共抑制。而膜上的 FcγRIIB 则会通过招募 SHIP，抑制 PI3K 下游的 PIP3，也起到共抑制的作用：

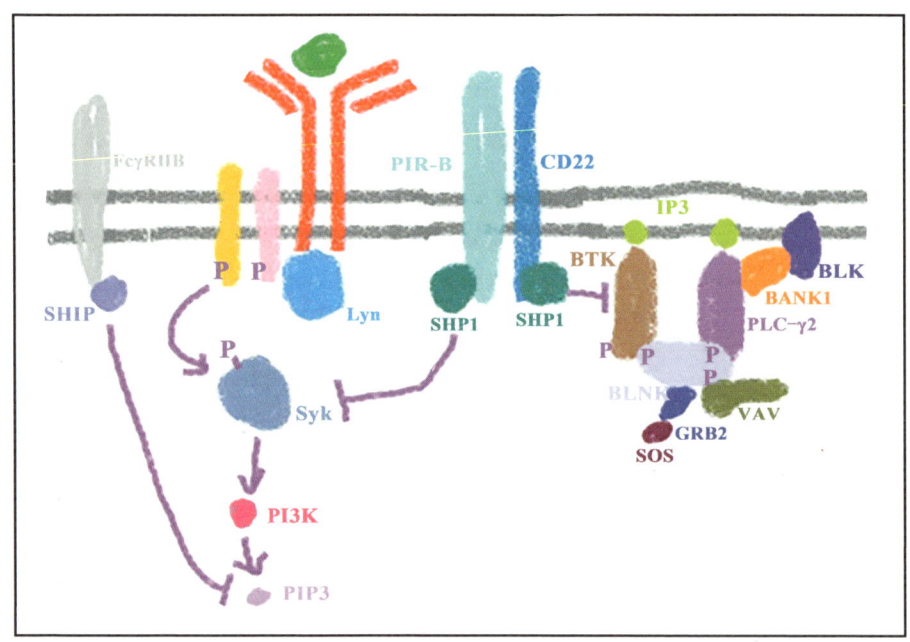

BCR 信号通路基本上就是这样的过程了，接下来我们看看 BCR 信号通路在文献里都是怎么样的吧……

第七章　B 细胞受体信号通路

让你看下 BCR 信号通路能做得多复杂

上一节给你们讲了 B 细胞受体信号通路，要搭配一篇文献。于是夏老师找了篇 50.5 分的 Nature。

> **Nature**
> IFITM3 Functions as a PIP3 Scaffold to Amplify PI3K Signalling in B Cells

但这篇文章挺长，一次讲不完，慢慢讲吧。B 细胞白血病中 IFITM3 这个蛋白表达量会比较高，而正常的静息态 B 细胞中 IFITM3 表达量其实是较低的。IFITM3 的 Y20 位点的磷酸化，是 IFITM3 激活的关键。他们首先用大量的实验验证了 BCR 信号通路位于 IFITM3 的上游。BCR 通路被激活后，下游会激活 PI3K-AKT 信号通路。而 PI3K-AKT 则是 IFITM3 激活的关键，当 BCR 通路被抑制后，IFITM3 表达也会被抑制。同时通过对 IFITM3 启动子区域组蛋白甲基化验证，发现了 IKZF1 能抑制 IFITM3 表达：

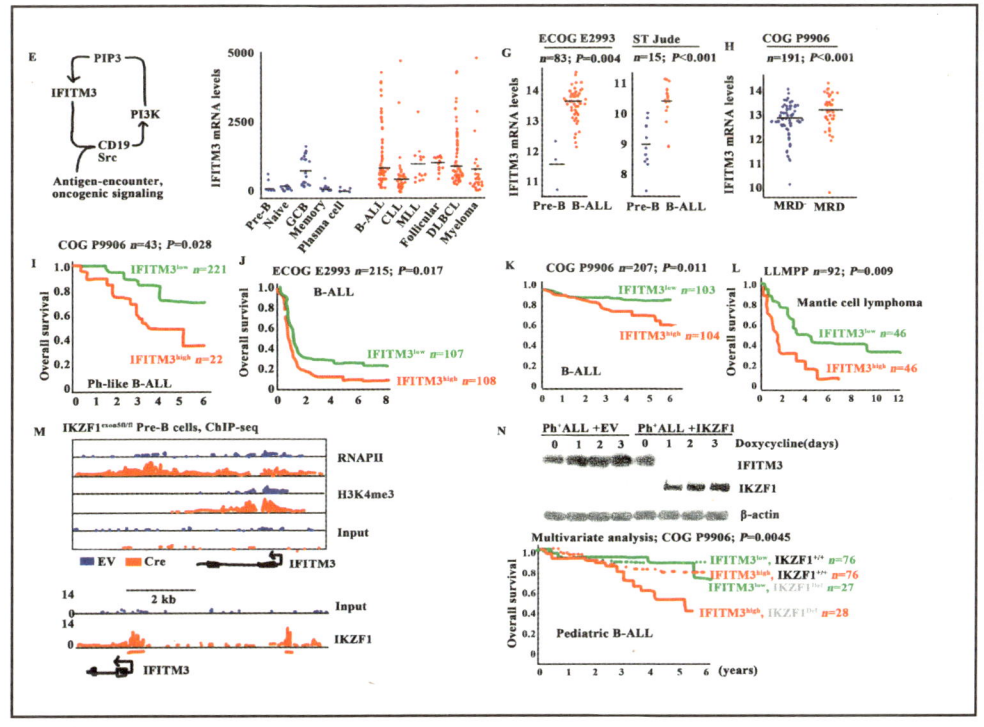

信号通路是什么"鬼"？6

说了这么多，其实……这都还没讲到图1。这是 Extended Data Figure1 里的……感觉都够好几个人毕业了……接着他们做的是 IFITM3 对于 BCR 信号通路的影响，他们做了 IFITM3 缺失，发现缺失了 IFITM3 后，BCR 信号通路以及下游的 PI3K-AKT 信号通路也被抑制了，同时影响了 CD19 和 B 细胞的成熟……而模拟 IFITM3 的 Y20 磷酸化，可以激活下游的 BCR 通路。

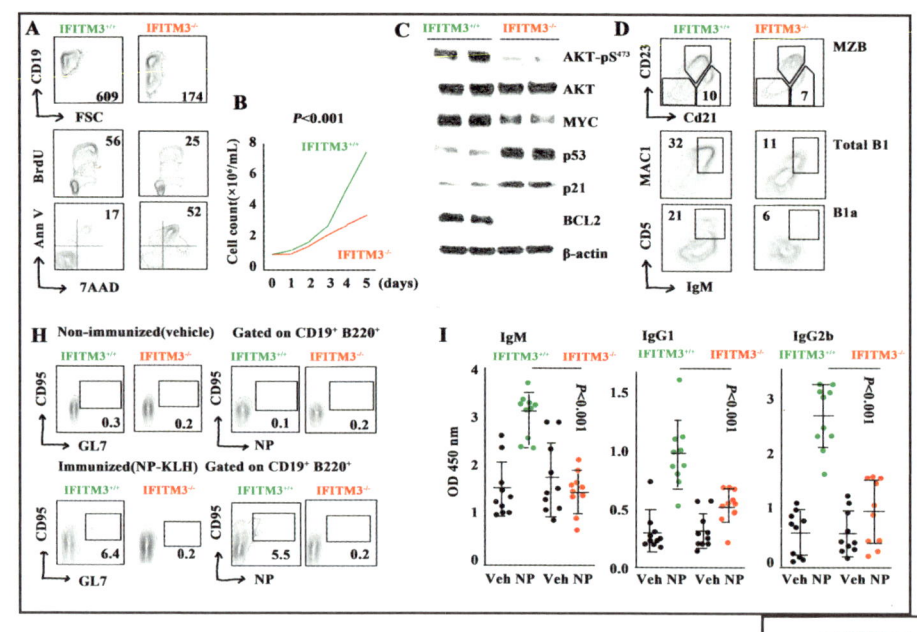

这样就形成了一个环状的通路，也就是文章中写的这样：

要是还记得夏老师之前给你们讲的 BCR 信号通路的话，就应该知道，BCR 通过膜上的整合素激活下游 PI3K-AKT 信号通路，而 CD19 是作为 BCR 信号通路的促进因子存在的：

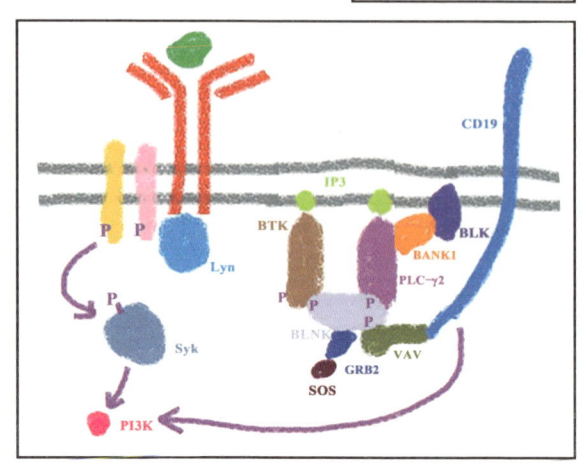

第七章　B 细胞受体信号通路

做到这里，基本上感觉少说也有个十几分了……可是这篇文章还没讲完，他们继续分析了 IFITM3 的 Y20 模拟磷酸化（Y20E，酪氨酸突变为谷氨酸，是可以模拟酪氨酸位点磷酸化的，除此之外，突变为天冬氨酸也可以达到这样的模拟磷酸化效果；但如果突变为丙氨酸，则该位点无法被磷酸化）对肿瘤表型的影响：

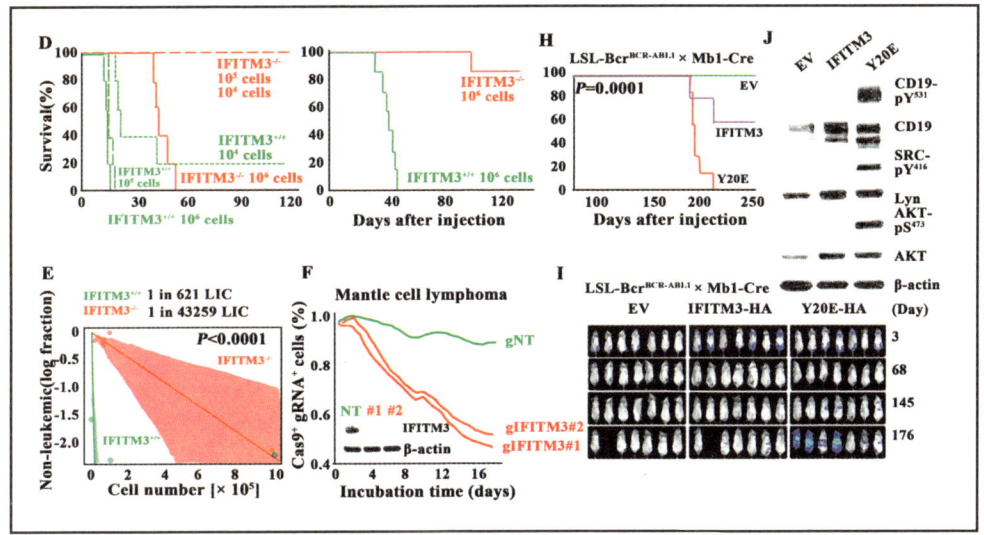

而对于机制的研究，他们分析了 IFITM3 的 Y20E 模拟磷酸化后，蛋白结合情况的变化，结果发现 IFITM3 的 Y20E 模拟磷酸化后，能结合整合素以及 BCR 信号通路相关蛋白，同时还能结合 PI3K……

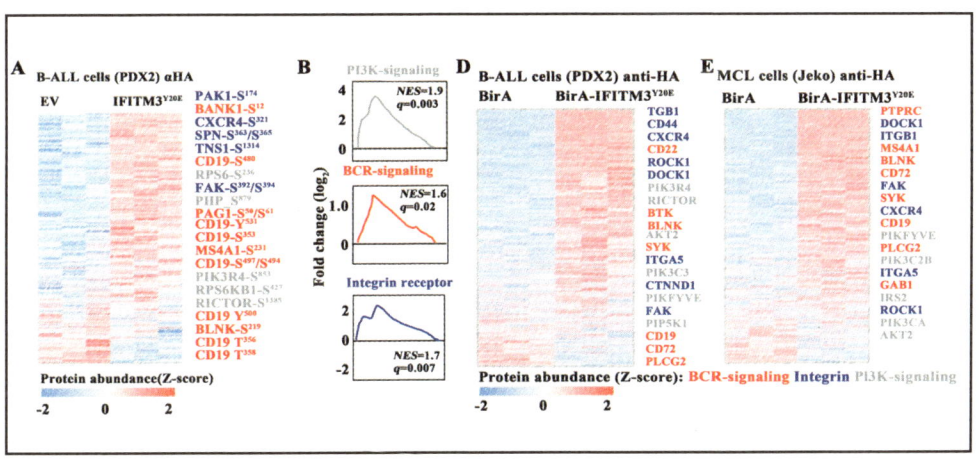

91

信号通路是什么"鬼"？6

结果发现，BCR 信号通路激活了 IFITM3 后，导致 IFITM3 在膜上表达增多，而增多的 IFITM3 能促进整合素、BCR 信号通路以及 PI3K 信号通路的结合：

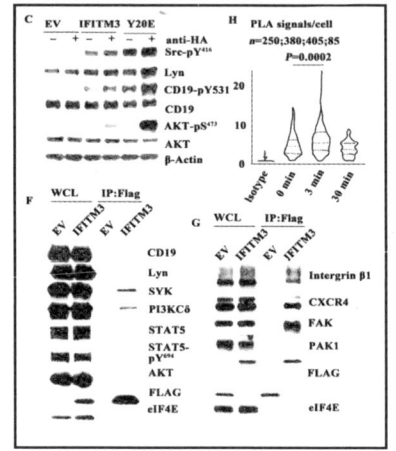

讲到这里还没结束，下节继续讲。

第七章　B 细胞受体信号通路

发觉做个信号通路都不是那么简单

上一节中，我们讲了这篇 50.5 分的 Nature 的前半截，虽然做的 BCR 信号通路，但工作量属实是巨大的。

> Nature
> IFITM3 Functions as a PIP3 Scaffold to Amplify PI3K Signalling in B Cells

他们从 IFITM3 被 BCR 信号通路激活，一直做到 IFITM3 本身也能进一步正反馈激活 BCR 以及下游的 PI3K-AKT 信号通路。并且通过缺失 IFITM3，观察 Pulldown 蛋白的变化，发现了 IFITM3 能与 BCR、整合素以及 PI3K-AKT 信号通路相关的蛋白结合：

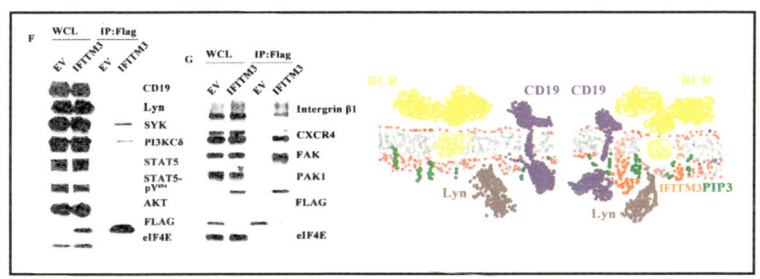

要是还记得夏老师之前讲的 BCR 信号通路的话，应该知道 BCR 和膜上的整合素会通过 Lyn 激活下游的 Syk，然后激活 PI3K-AKT 信号通路。而 PI3K 被激活后，则会促进 PIP3 形成，PIP3 在质膜上结合 CD19 相关的复合体，则会促进 PI3K 的激活：

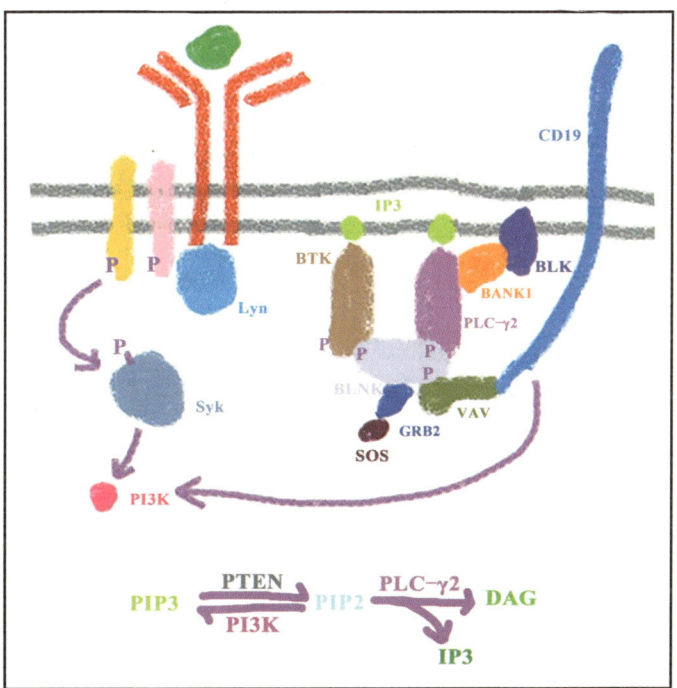

93

信号通路是什么"鬼"？6

在这篇文章中，IFITM3 可能在 BCR 信号通路中起到了更关键的直接的作用。因为缺失 IFITM3 后，强制过表达 CD19，并没能恢复 IFITM3 缺失导致的表型。也就是说，IFITM3 可能并不是通过 CD19 这条途径促进 BCR 信号通路的：

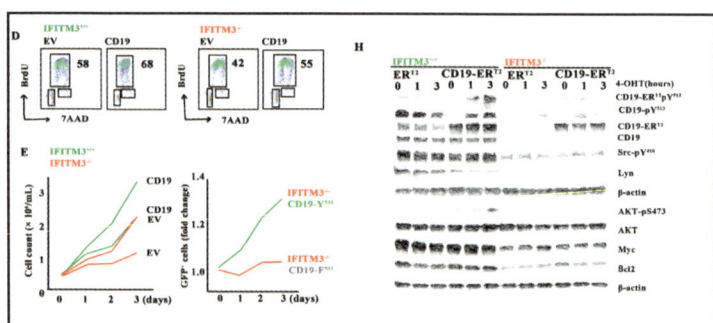

缺失了 IFITM3，使得细胞的黏附性降低，这结果同之前验证的 IKZF1 负调控细胞黏附及 IKZF1 负调控 IFITM3 是一致的。

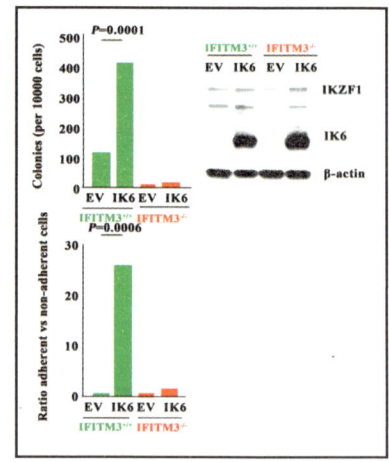

BCR 结合 IFITM3 能增加细胞膜的刚性，缺失了 IFITM3 后，细胞膜的刚性明显下降，这个也与细胞黏附相关。而只有在缺失 IFITM3 后，强制增加 PIP3，能恢复 IFITM3 缺失造成的细胞膜刚性下降。也就是说 IFITM3 可能会通过结合 BCR 信号通路中的脂质，对细胞膜产生一定的影响：

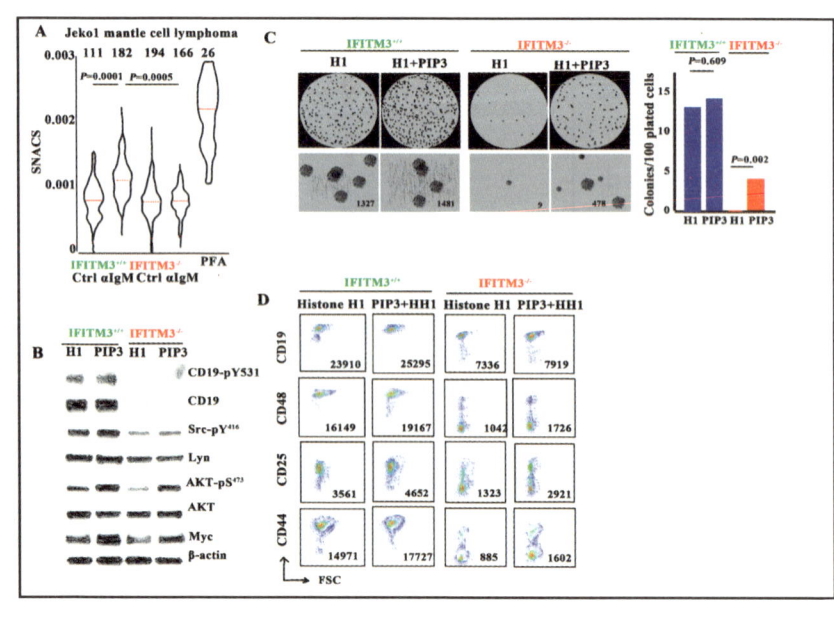

第七章　B 细胞受体信号通路

那具体是结合了什么脂质呢？他们分别筛选了 16 种膜上的脂质，发现 IFITM3 主要结合 PIP3：

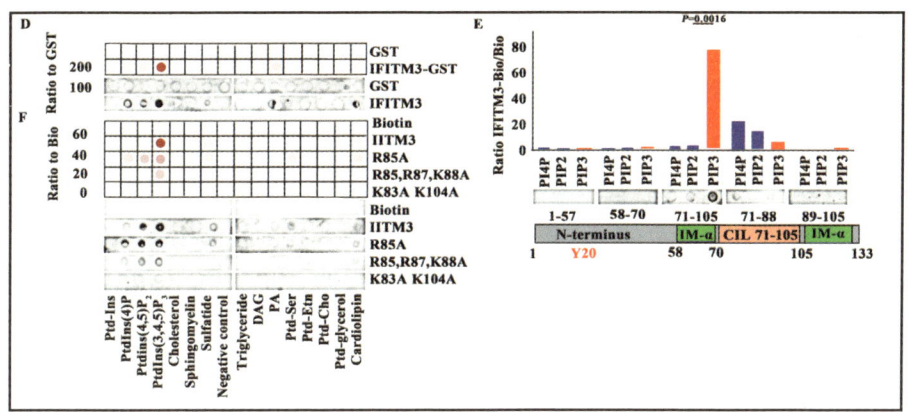

并且通过分子对接以及分段式的蛋白 IP，验证了 IFITM3 具体的结合位：

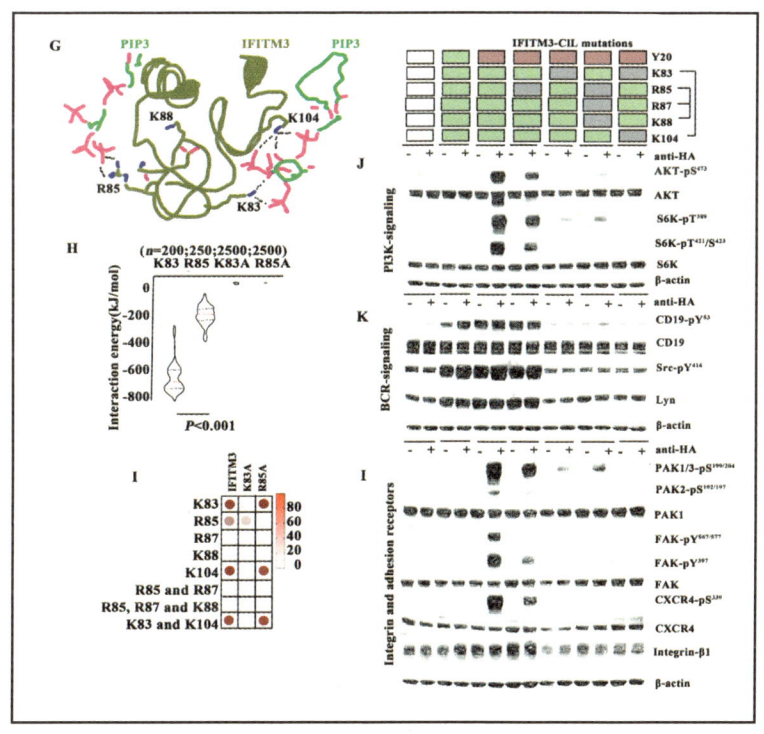

那这个故事就变得更复杂了，BCR 激活 IFITM3，而 IFITM3 同时也能正反馈激活 BCR 信号通路及 BCR 信号通路下游的 PI3K，而 PI3K 则促进 PIP3 的产生。PIP3 在膜上增多，并与 IFITM3、BCR 及整合素结合。IFITM3 同时作为 PIP3 支架和 PI3K 信令的中央放大器，促进了肿瘤的恶化。回头看看这篇文章的总体工作量，感觉都够十几个人毕业了……

信号通路是什么"鬼"？6

来看看什么是 PPAR 信号通路

PPAR（过氧化物酶体增殖物激活受体）信号通路其实最近几年应该算是研究慢慢热起来了，为什么呢？因为 PPAR 信号通路一方面和脂肪酸代谢有关，和脂肪酸氧化有关系，那就和线粒体以及代谢重编程关系紧密了；另一方面和巨噬细胞以及其他免疫细胞有关，那就又戳中了最近大家研究的"心巴"。所以夏老师就找了篇吉林大学发表在 6.6 分的 *Clinical Nutrition* 上的综述，来给你们讲讲 PPAR 信号通路：

> **Clinical Nutrition**
> Peroxisome Proliferator-Activated Receptors: A Key Link Between Lipid Metabolism and Cancer Progression

其实 PPAR 信号通路在 KEGG 上就是这样的，看上去密密麻麻的。但实际上呢，这个信号通路特别简单，简单到只分三步。第一步是配体与 PPAR 结合并激活 PPAR（下图红框），第二步是 PPAR 和 RXR 结合启动转录（下图蓝框），第三步就是靶基因的转录，启动功能（下图黄框）：

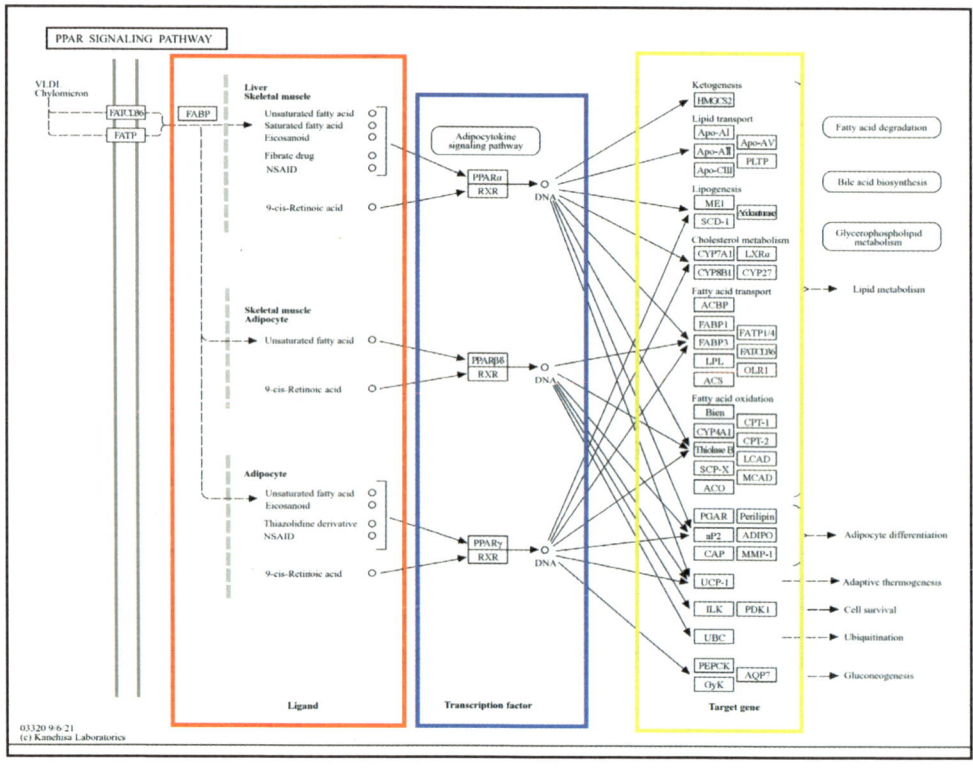

96

第八章 PPAR 信号通路

这个信号通路的关键，其实也就是 PPAR，PPAR 一共分成三组，共四种：

表1 PPAR亚型、表达位点、天然配体和生物学效应

目标	表达位点	天然配体	生物学效应
PPARα	肝脏、棕色脂肪组织、心脏、肠道、骨骼肌、肾脏	花生四烯酸、亚油酸、二十碳五烯酸、二十二碳六烯酸、前列腺素J2	控制脂肪酸转运、氧化和生酮，促进对禁食的适应性反应
PPARβ/δ	分布广泛，主要存在于骨骼肌、脂肪组织、皮肤、肝脏、心脏和炎症细胞中	花生四烯酸、棕榈酸、棕榈油酸、油酸、硬脂酸、二十碳四烯酸、二十二碳六烯酸、前列腺素A1	通过上调线粒体功能和脂肪酸去饱和度来增加葡萄糖和脂质代谢
PPARγ	白色和棕色脂肪组织、肝脏、肠道、骨骼肌、巨噬细胞	15-脱氢前列腺素J2、视黄酸、卡前环素、15-羟基花生四烯酸乙炔、9-羟基十八碳二烯酸乙炔	促进脂肪细胞分化、脂肪酸摄取和脂滴储存，从而增加全身胰岛素敏感性并减少异位脂质沉积

PPARα 主要是控制脂肪酸转运、氧化和生酮，促进对禁食的适应性反应；PPARβ/δ 通过上调线粒体功能和脂肪酸去饱和度来增加葡萄糖和脂质代谢；PPARγ 促进脂肪细胞分化、脂肪酸摄取和脂滴储存，从而增加全身胰岛素敏感性并减少异位脂质沉积。PPAR 的结构是这样的，分成 A/B、C、D 和 E/F 四个区域：

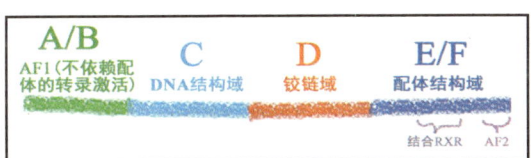

PPAR 的 N 端的 A/B 结构域是 AF1（具有配体非依赖转录激活功能 1），A/B 结构域可以通过自磷酸化影响 PPAR 的转录活性，也能调控 C 结构域。C 结构域又叫 DBD（DNA 结合结构域），主要是结合启动子上的 DNA 序列的。D 结构域是一个铰链结构域，这个铰链结构域主要是在 PPAR 和受体之间相互作用，共激活蛋白被募集时，作为 C 结构域和 E/F 结构域的停靠点。E/F 结构域是 LBD（配体结合结构域），E/F 结构域中含有与 RXR（视黄醇 X 受体）互作的区域。E/F 结构域中还有一段 AF2（具有配体非依赖转录激活功能 2），这个是结合转录共激活因子的。

微环境中的缺氧和细胞外酸化毒性都会调节癌细胞中的 PPARα 活性。PPARα 通过调节许多参与脂质代谢的基因，如 ACSL、CPT1、FABP、PDK4 等，在脂质代谢中充当脂质传感器和中枢调节剂：

信号通路是什么"鬼"？6

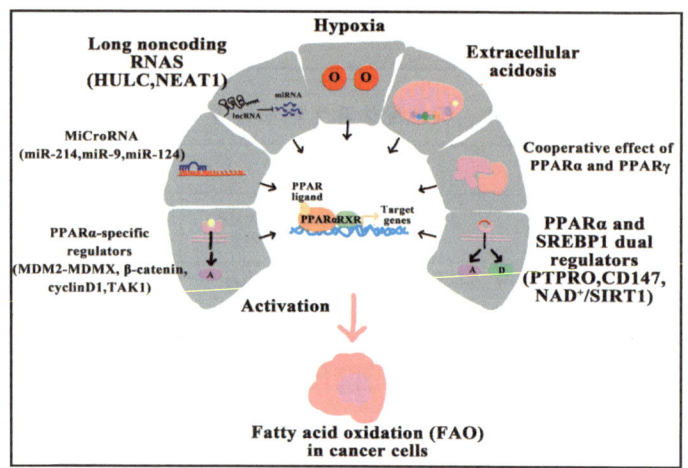

PPARβ/δ 和脂质代谢的研究，主要是通过 PPARβ/δ 在肿瘤细胞中代谢重编程的作用。也就是，肿瘤细胞可以通过 PPARβ/δ 将代谢方向从糖酵解转变为脂质和谷氨酰胺代谢。PPARβ/δ 蛋白水平升高，可触发胆固醇合成并激活 Hedgehog 信号通路。免疫细胞的代谢重编程与免疫细胞的毒性及存活都有很重要的关联：

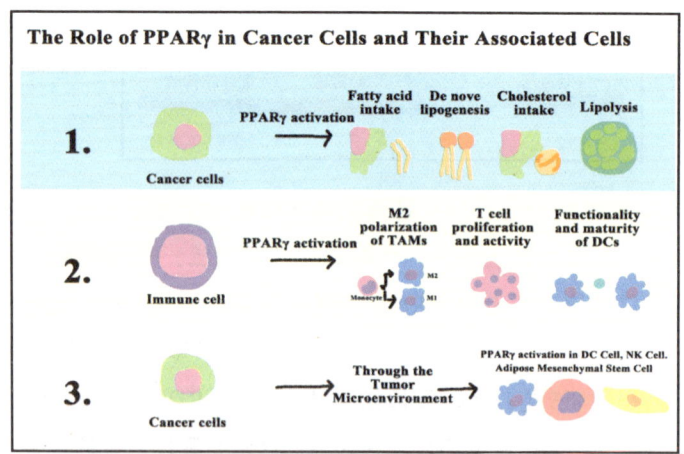

虽然 PPAR 信号通路主要靶基因是和 FAO（脂肪酸氧化）及脂质代谢相关的，但是在肿瘤和免疫细胞中 PPAR 也有很重要的作用，特别是细胞的代谢重编程、脂滴形成（这个现在和铁死亡关联性较强）、巨噬细胞分化等。

第八章　PPAR 信号通路

看看 PPAR 信号通路和免疫细胞之间的关系

讲完 PPAR 信号通路，应该讲讲 PPAR 信号通路在实际研究过程中的应用了。虽然大多数研究都和减肥、脂肪肝等有关，但实际上与 PPAR 信号通路关系比较大的，还有免疫细胞。于是夏老师就随便找了一篇复旦大学发表在 7.9 分的 *Clinical and Translational Medicine* 上的文章，这篇文章讲的就是 PPARγ 和巨噬细胞 M2 极化之间的关系，以及巨噬细胞 M1 和 M2 极化平衡的故事：

> Clinical and Translational Medicine
> Low-Dose Decitabine Promotes M2 Macrophage Polarization in Patients with Primary Immune Thrombocytopenia Via Enhancing KLF4 Binding to PPARγ Promoter

这篇文章研究的是 ITP（原发性免疫性血小板减少症），一般治疗方法是使用 HD-DXM（高剂量地塞米松），但是会有复发和长期用药不耐受的风险。所以他们想到了换一种 DAC（地西他滨）来治疗，DAC 是一种治疗骨髓增生异常综合征的去甲基化方案，可以增加 ITP 中的血小板计数。

首先，他们要看看 HD-DXM 治疗后，ITP 患者完全缓解（CR）会有什么样的单核细胞变化。他们发现，CR 患者体内 CX3CR1 单核细胞会产生更多 M2 巨噬细胞的标志物：CD68 和 CD163。也就是说 CR 组在常规的 HD-DXM 治疗后，M2 的单核细胞明显增多。

由于 PPARγ 是 M2 巨噬细胞的关键转录因子，所以他们也分析了一下 PPARγ 的表达情况。结果发现，ITP 组中 PPARγ 的表达被破坏，HD-DXM 治疗后，CR 组患者恢复 PPARγ 表达。于是他们就 ITP 治疗过程中 PPARγ 和 M2 巨噬细胞之间的关联性提出了假设：

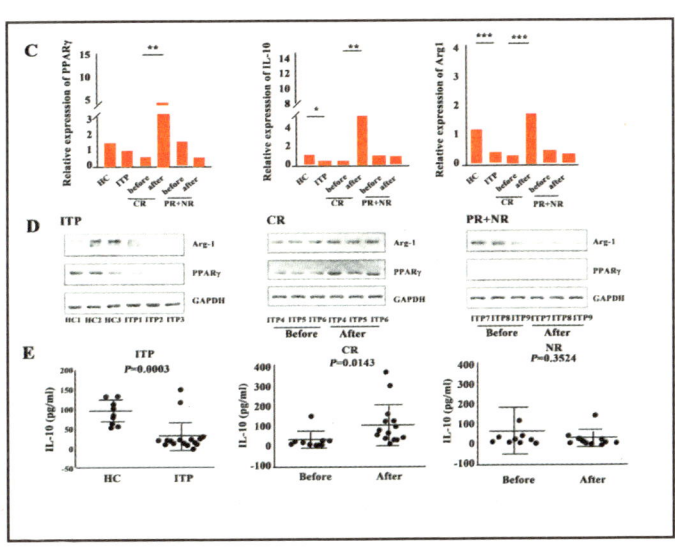

信号通路是什么"鬼"？6

接着，既然假设 ITP 治疗过程中 PPARγ 和 M2 巨噬细胞之间存在关系，同时他们又要使用新的治疗方法，也就是低剂量 DAC 治疗，那么他们的假设就变成了 DAC 也可以通过 PPARγ 促进 M2 巨噬细胞增多。所以他们接着使用柯霍氏法则进行验证，就要敲减掉 PPARγ，然后看看 DAC 对巨噬细胞的影响。结果发现敲减了 PPARγ 后，DAC 无法再促进巨噬细胞的增殖：

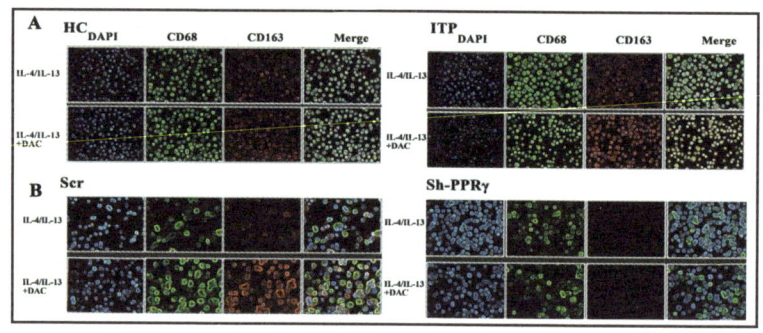

敲减了 PPARγ 后，DAC 对于巨噬细胞的 M2 极化被抵消了。也就是说 DAC 在 ITP 患者中促进的 M2 巨噬细胞累积，是 PPARγ 依赖的。这里我有点没看明白，他们还做了个敲减 PPARγ 后，DNMT3b 的表达，这个是甲基化转移酶，其实应该算是 DAC 调控的蛋白。但在这里也可以看出 PPARγ 能影响 DNMT3b 的 mRNA 表达：

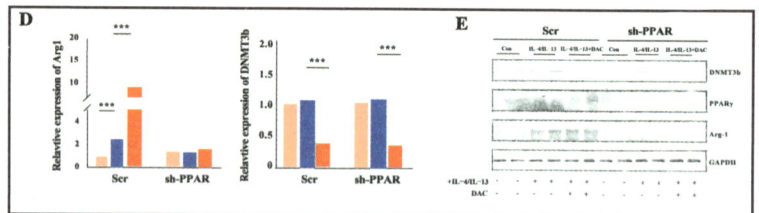

由于 DAC 和甲基化有一定的关联性，于是他们假设 DAC 通过 PPARγ 启动子的甲基化影响了 PPARγ 的转录，导致了下游的 M2 巨噬细胞极化。所以他们分析了一下 ITP 患者的 CX3CR1 单核细胞中，PPARγ 启动子中 CpG 位点的甲基化水平。PPARγ 启动子的 CpG 岛上具有功能性的转录因子 KLF4 结合位点，而 ITP 患者 PPARγ 的整体甲基化水平较高。一旦 ITP 患者使用 DAC，则会增强 KLF4 与 PPARγ 启动子的结合（红框，Cut & Tag 实验），从而促进 M2 巨噬细胞极化：

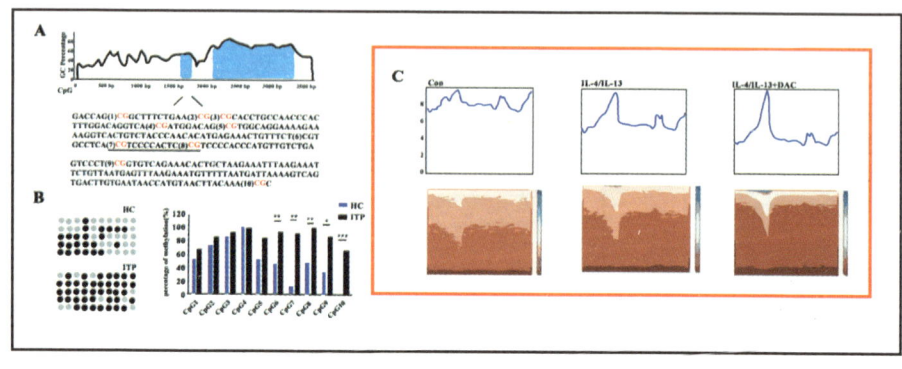

接着他们建立了由巨噬细胞吞噬作用增强和促炎引起的被动 ITP 小鼠模型，以此来分析低剂量 DAC 对这样的 ITP 小鼠模型的巨噬细胞影响。结果发现低剂量 DAC 恢复了 ITP 小鼠体内 M1 极化巨噬细胞和 M2 极化巨噬细胞的平衡，将两种巨噬细胞恢复到了接近健康小鼠的状态：

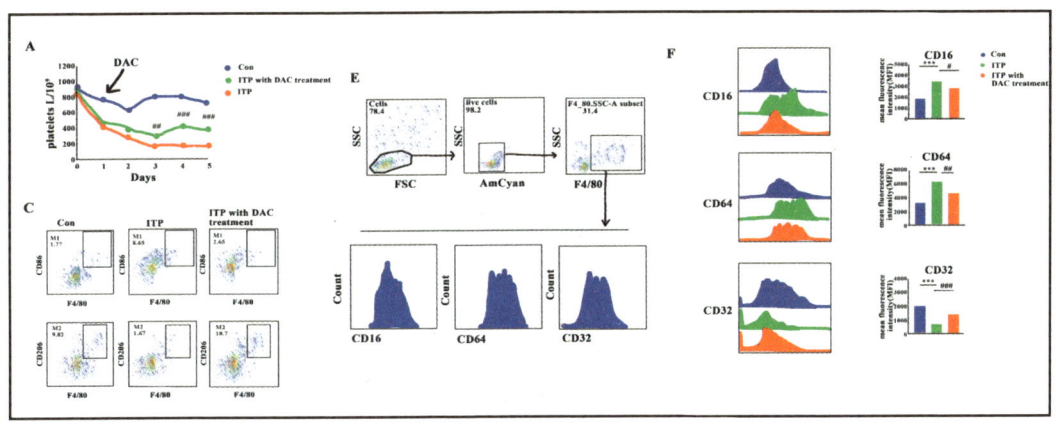

虽然巨噬细胞在低剂量的 DAC 作用下能够恢复 M2 极化的巨噬细胞的增殖，那么是否会影响 M2 极化的巨噬细胞的免疫功能呢？他们通过检测 $CD4^+$ T 细胞的分化和增殖，来检测 M2 巨噬细胞的免疫调节。来自 DAC 组的 M2 巨噬细胞促进了 $CD4^+$ T 细胞的 Treg 分化（其实这个在之前的 T 细胞分化里都讲过了）。也就是受 DAC 诱导的 M2 极化的巨噬细胞是具有 M2 极化的巨噬细胞免疫功能的：

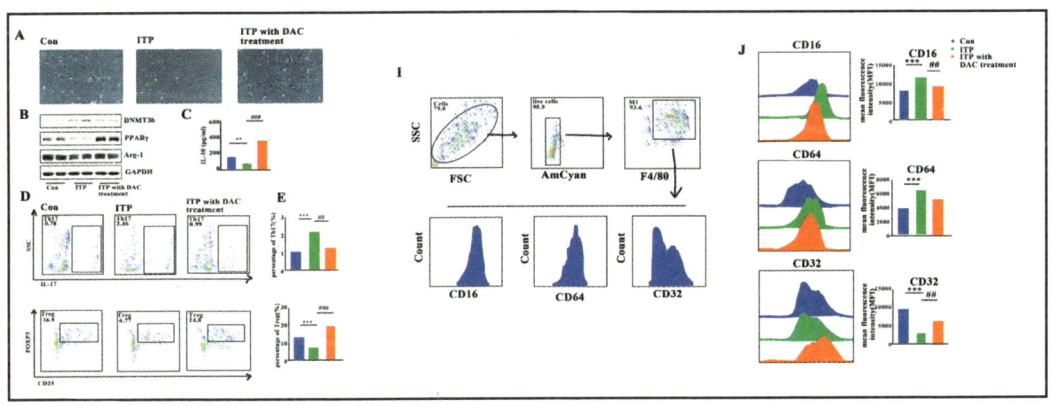

其实这一步验证过程还缺少了一个关键的环节，如果加进去的话，可能会更有说服力。你知道是什么吗？接着他们继续分析 PPARγ 是如何调控 M2 巨噬细胞极化的，在这里他们找了几篇文献，一个是 PPARγ 能抑制 NLRP3（熟悉 NOD 样受体信号通路、焦亡和坏死性凋亡的话，应该对 NLRP3 这个蛋白很熟悉了），另一个是 NLRP3 可能会激活巨噬细胞的 M1 极化：

信号通路是什么"鬼"？6

> **Theranostics**
> Inhibitory Effect of PPARγ on NLRP3 Inflammasome Activation

> **Theranostics**
> NLRP3 Inflammasome Mediates M1 Macrophage Polarization and IL-1β Production in Inflammatory Root Resorption

PPARγ 的敲除增加了巨噬细胞中 NLRP3 和 NLRP3 依赖性 Caspase1 激活的表达（炎性小体通过水解并激活 Caspase1 产生功能，这个发生在 NOD 样受体信号通路中）。NLRP3 炎症小体的激活可以由危险信号触发，例如 ROS，低剂量的 DAC 也能抑制这样的 ROS 产生：

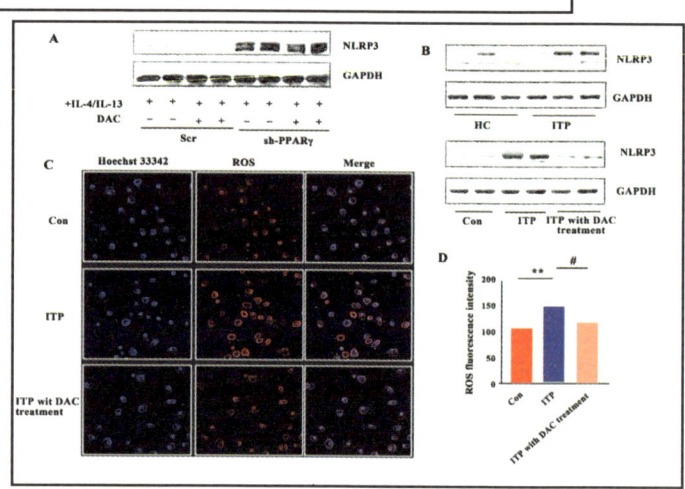

最后他们形成了这样一个示意图，DAC 通过抑制 PPARγ 启动子上的 KLF4 结合位点甲基化，促进了 PPARγ 表达，而 PPARγ 能抑制 NLRP3 炎性小体功能。同时低剂量的 DAC 治疗也可抑制 ROS 产生，从而抑制 NLRP3 炎性小体。NLRP3 被抑制后（NLRP3 激活，其实就涉及 NOD 样受体信号通路等和炎症相关的通路，所以 NLRP3 炎性小体的激活和巨噬细胞的 M1 极化密切相关），巨噬细胞无法极化成 M1 巨噬细胞，则转而进行了 M2 巨噬细胞极化，使得 ITP 患者得到了治疗。

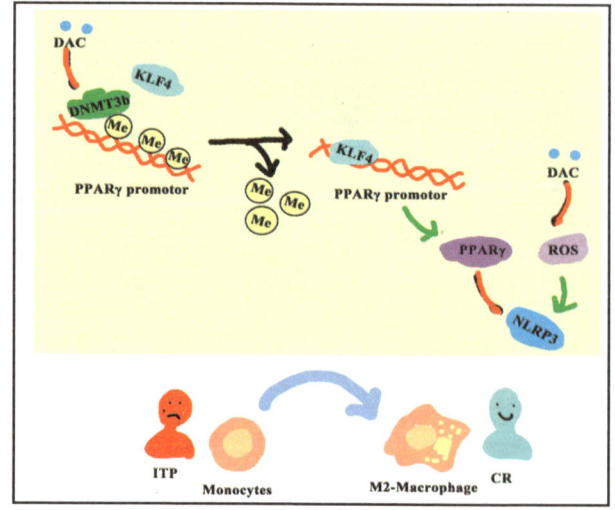

这篇文章虽然在各个环节中都进行了验证，但是一些验证过程还可以细化。

第八章 PPAR 信号通路

看看 PPAR 信号通路和线粒体功能

上次讲了 PPAR 信号通路对巨噬细胞 M2 极化的诱导，但实际上 PPAR 信号通路涉及更多的应该是脂肪酸代谢和线粒体功能。于是夏老师就随便找了一篇深圳大学和武汉理工大学发表在 10.7 分的 *Redox Biology* 上的文章，这篇文章讲的还是单体化合物的研究：

> **Redox Biology**
> Protective Effects of Luteolin Against Amyloid Beta-Induced Oxidative Stress and Mitochondrial Impairments Through Peroxisome Proliferator-Activated Receptor γ-Dependent Mechanism in Alzheimer's Disease

这篇文章主要研究的是 AD（阿尔茨海默病）。AD 最明显的病理特征，就是海马体、新皮质和其他对认知功能至关重要的大脑区域中 Aβ（淀粉样蛋白 β）的积聚。Aβ 的沉积可能会引起一系列下游级联反应，比如氧化应激、内质网应激、线粒体功能障碍和神经元凋亡等。Lut（木犀草素）作为一种黄酮类的天然化合物，在之前的研究中发现可以通过 PPARγ 来改善大脑的缺血／再灌注诱导的炎症和自噬：

> **BMC Complementary Medicine and Therapies**
> Luteolin Alleviates Inflammation and Autophagy of Hippocampus Induced by Cerebral Ischemia/Reperfusion by Activating PPAR Gamma in Rats

于是他们想试试看 Lut 对于 AD 是否有作用，所以他们首先对 3×Tg-AD 小鼠腹腔给予 Lut，然后对 AD 小鼠进行认知实验。结果发现 Lut 可以减弱 AD 小鼠的认知障碍：

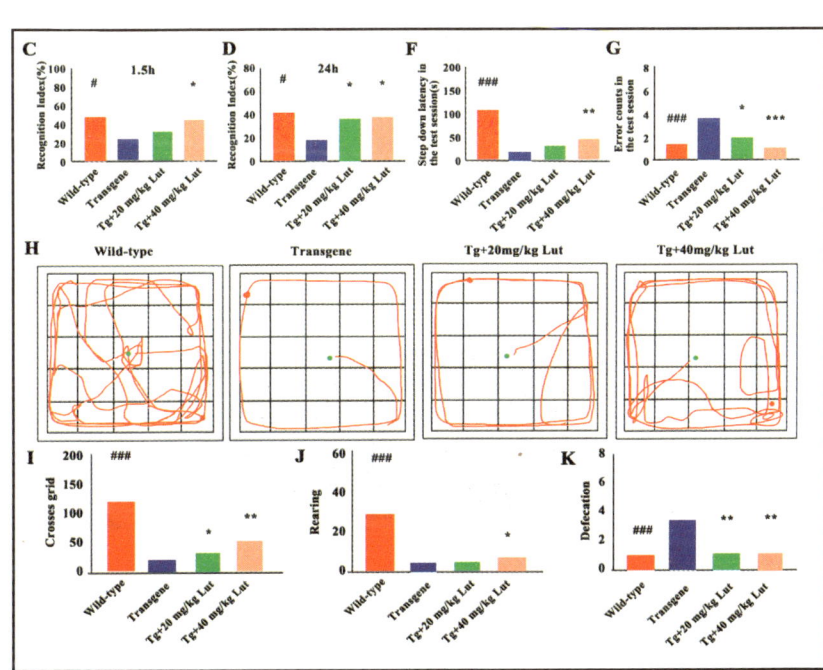

信号通路是什么"鬼"？6

那既然 Lut 对于 AD 小鼠有缓解认知障碍的功能，那么是不是 Lut 会影响小鼠的 Aβ 的累积呢？于是他们分析了用药后，小鼠海马体内的 APP、BACE1、Aβ 和 IDE（这几个都是 Aβ 合成过程中关键的蛋白，APP 是 Aβ 的前体，BACE1 是调节 Aβ 产生的限速酶，IDE 则能降解 Aβ）蛋白表达水平，结果发现 Lut 减少了 AD 小鼠和原代培养的神经元中 Aβ 的产生和积累：

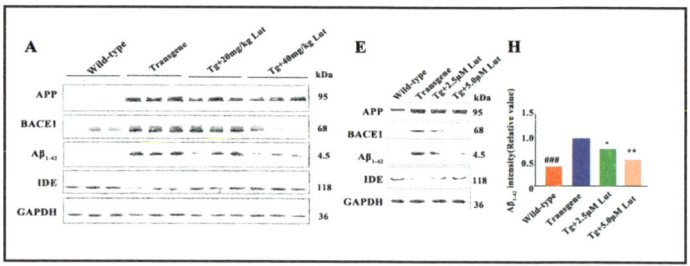

通过 Western blot 的结果，可以看出 Lut 可能是通过降低 BACE1 的表达水平及上调 IDE 的水平来减少 Aβ 沉积的。刚才也说了，Aβ 沉积会导致下游的氧化应激、线粒体功能障碍等。于是他们就接着分析了一下，使用 Lut 后 AD 小鼠海马体和原代培养神经元中的氧化应激情况。这里就检测了几个指标，一个是检测 MDA，另一个是 DCFH-DA 荧光探针检测。UCP2 是氧化损伤的关键介质，所以他们也检测了这个指标。结果都显示出 Lut 可以抑制 AD 小鼠和原代培养神经元细胞中的氧化应激：

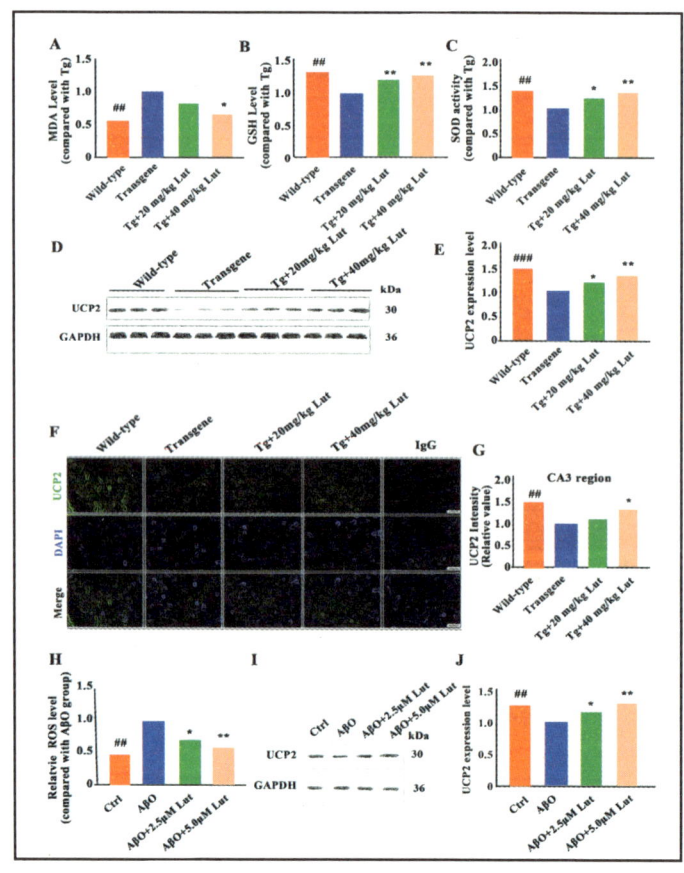

第八章　PPAR 信号通路

那么 Lut 对线粒体的功能是否也有影响呢？于是他们使用 AD 小鼠和原代培养的神经元分析了与线粒体发生相关的基因 PGC-1α（过氧化物酶体增殖物激活受体 γ 共激活因子 1α）、NRF1（核呼吸因子 1）、NRF2（核呼吸因子 2）和 TFAM（线粒体转录因子 A）的表达。结果发现，在 AD 小鼠和原代培养的神经元细胞中，Lut 能增强线粒体生物发生：

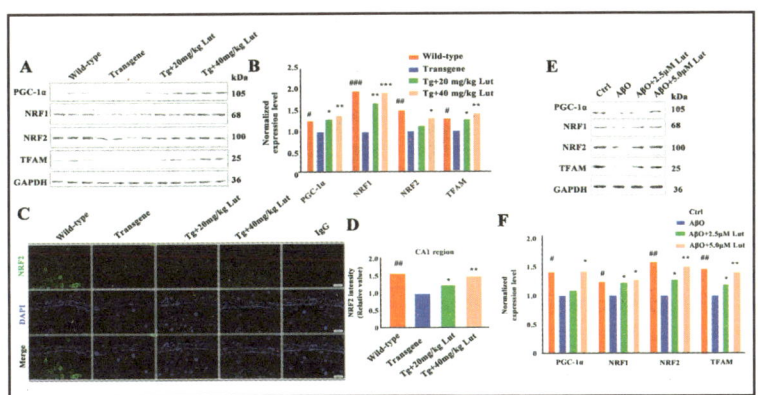

线粒体动力学相关的蛋白指标，也表明了 Lut 在 AD 小鼠和原代培养的神经元细胞中能增强线粒体动力学。同时 Lut 还改善了线粒体的膜电位，也就是说 Lut 能挽救 AD 小鼠中的线粒体功能：

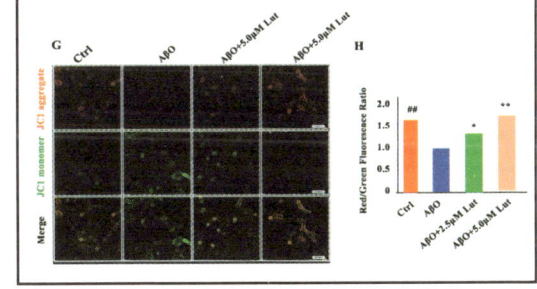

AD 的线粒体如果受到 Aβ 沉积导致的氧化应激引发障碍，特别是 ROS 的累积，很容易就走到凋亡这一步。于是他们分析了一下凋亡相关的蛋白，比如 Bcl-2、Bax、CytC 和 Caspase3 等。结果发现 Lut 也能抑制 AD 小鼠和原代培养的神经元细胞中的神经元凋亡：

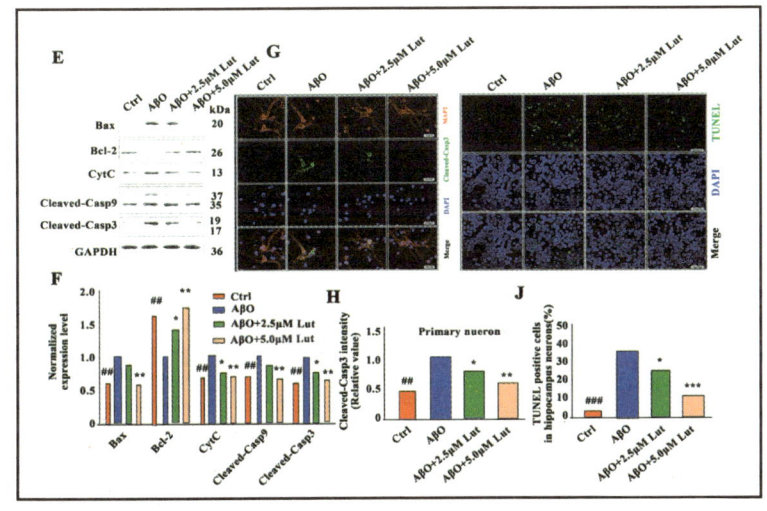

信号通路是什么"鬼"？6

之前的文献也表明Lut很可能是通过PPARγ发挥作用的，于是他们分析了Lut对PPARγ活性的影响，结果发现Lut增强了AD小鼠和原代培养的神经元的PPARγ表达及活性：

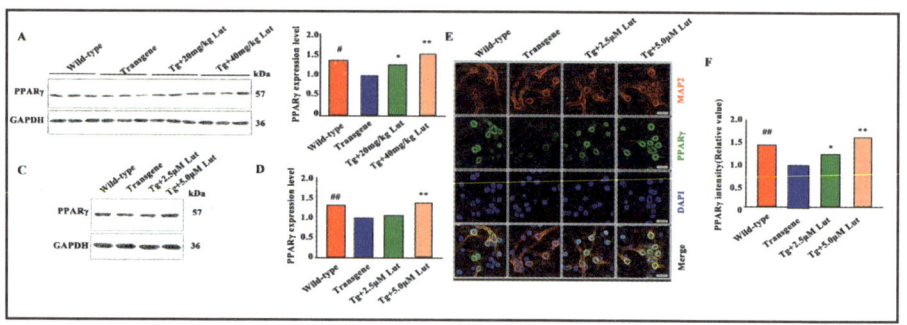

那 Lut 和 PPARγ 是怎么作用的呢？在这里他们就做了 Lut 和 PPARγ 的分子对接：

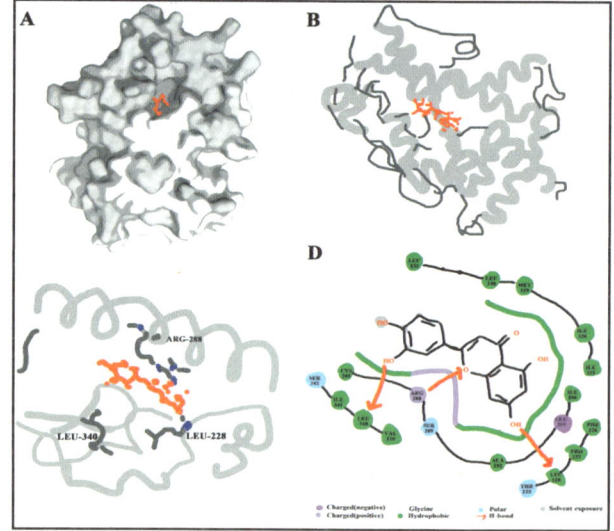

为了确定 Lut 通过 PPARγ 产生作用，他们使用了 GW9662（有效的 PPARγ 拮抗剂）进行下游抑制处理。他们通过这样的实验，验证了 Lut 是通过 PPARγ 的激活起到抑制 Aβ 生成、线粒体功能障碍和神经元凋亡的作用的：

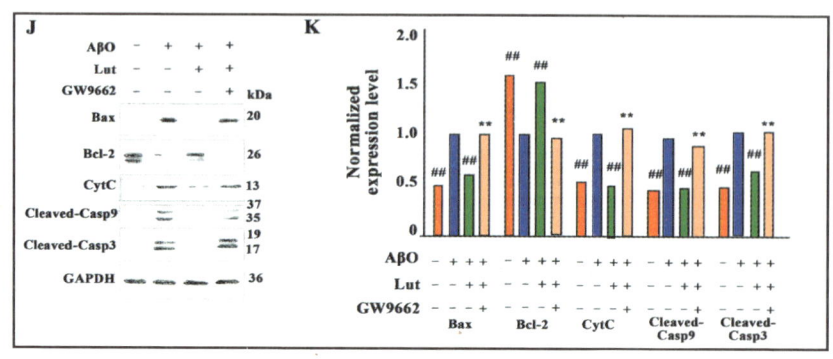

第八章 PPAR 信号通路

同样，敲减 PPARγ 也产生了类似的结果，其实这个和 GW9662 的效果应该是一致的：

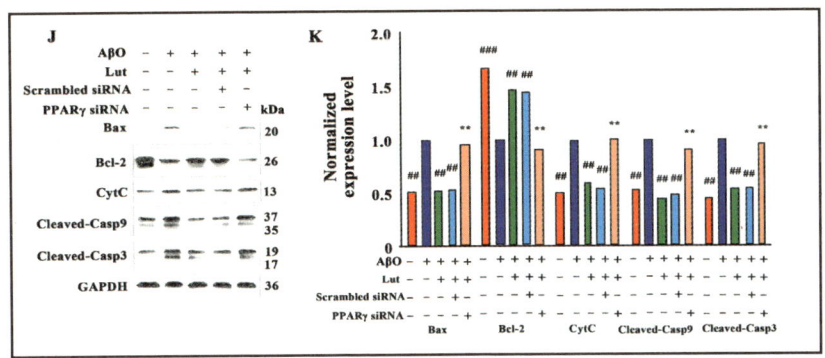

最后他们形成了这样的一个示意图，即 Lut 会通过与 PPARγ 结合抑制 Aβ 合成，阻止 Aβ 沉积后导致的下游氧化应激及线粒体功能障碍等，缓解 AD 小鼠的认知障碍：

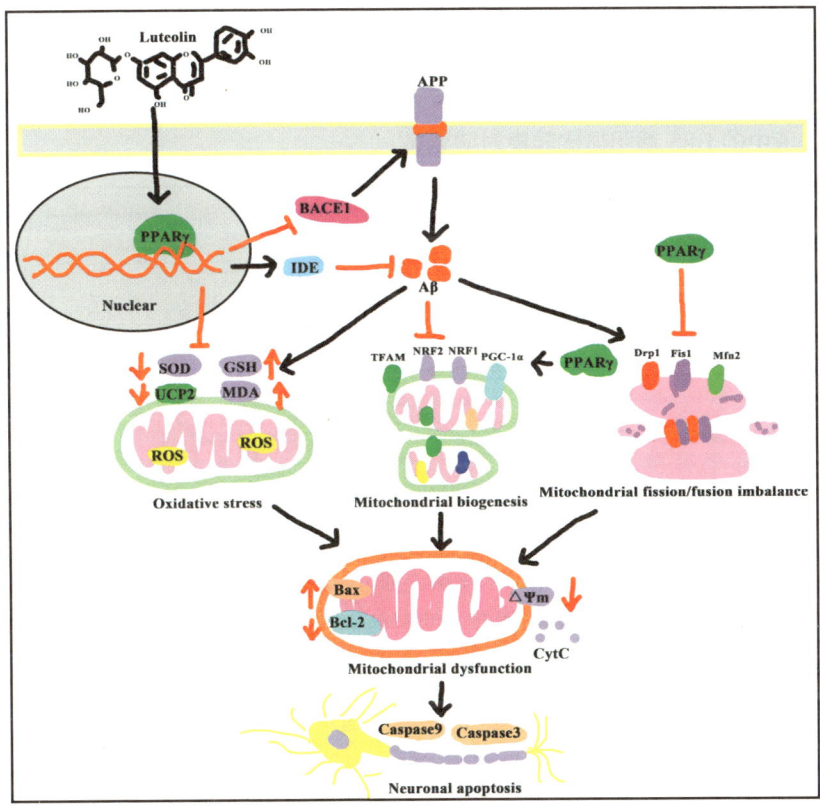

实际上，这篇文章用了大量的篇幅分析 Lut 对于 Aβ 沉积后下游损害的缓解。在 Lut 和 PPARγ 之间的促进功能上，其实验证过程还可以进一步细化，以避免一些逻辑上的漏洞，那样的话这篇文章的档次应该更高。

107

信号通路是什么"鬼"？6

看看 PPARα 和自噬相关的脂质代谢

夏老师看了一下这篇南京医科大学发表在 10.8 分的 *Environmental Science & Technology* 上的文章，他讲的是 PPAR 信号通路中关于 PPARα 的。之前的文章介绍 PPARγ 的比较多，所以这篇 PPARα 夏老师就看了一下：

> **Environmental Science & Technology**
> PPARα Senses Bisphenol S to Trigger EP300-Mediated Autophagy Blockage and Hepatic Steatosis

这篇文章讲的是 BPS（双酚 S）和脂肪肝病变之间的关系，其实还是有点意思的。NAFLD（非酒精脂肪肝）是油脂在肝脏中累积，BPS 在人体内也是在内脏中累积，而 PPAR 又是脂质代谢有关的通路。这篇文章就把这些都串联了起来，首先他们分析的是 BPS 在人体内的累积，看看 BPS 在 NAFLD 中的累积是否会产生异常。结果显示 NAFLD 患者的血清及尿液中的 BPS 都明显比健康对照要多：

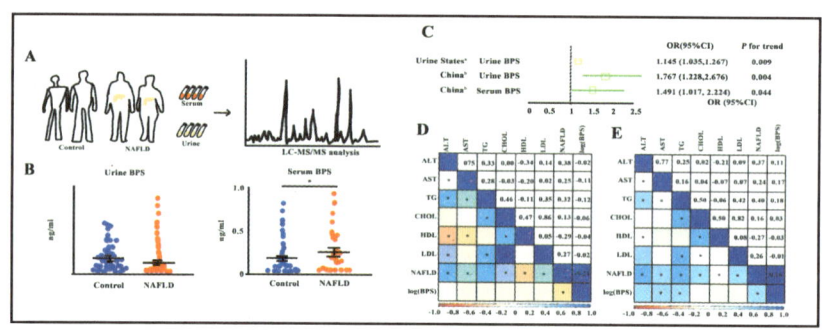

那么增多的 BPS 会引发什么样的结果呢？他们做了小鼠的实验模型，发现饮水中加入 BPS 后，会促进小鼠的肝脏中脂质的累积。同时他们发现，肝脏中自噬溶酶体的形成减少，自噬相关的 p62 和 LC3 的表达水平在 BPS 处理后增加（p62 和 LC3 代表的是自噬体的形成，这里 p62 和 LC3 的累积，说明了自噬被阻滞），这提示了 BPS 可能影响了肝脏自噬的通量：

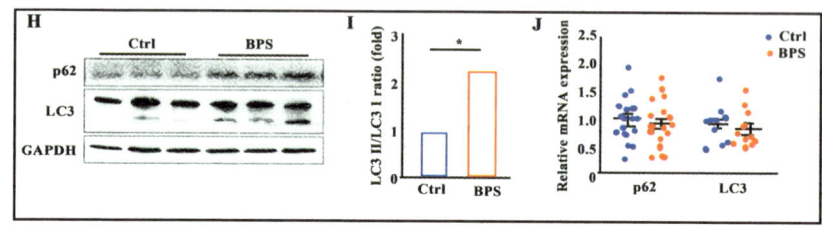

第八章　PPAR 信号通路

那么 BPS 怎么调控自噬的呢？提到自噬，首先想到的调控通路就是 mTOR 信号通路了。mTOR1 复合体会磷酸化 ATG1（就是 ULK），磷酸化后的 ATG1 就无法激活下游的自噬通路了：

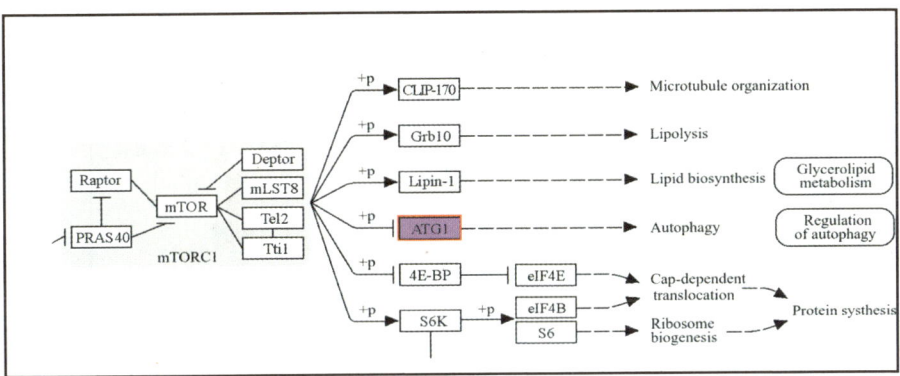

结果显示 mTOR 的磷酸化会在有 BPS 的情况下被激活，同样 mTOR 下游的 ATG1（也就是 ULK）和 S6 的磷酸化也都会在有 BPS 的条件下被激活。而自噬体结合溶酶体这个步骤则被抑制了：

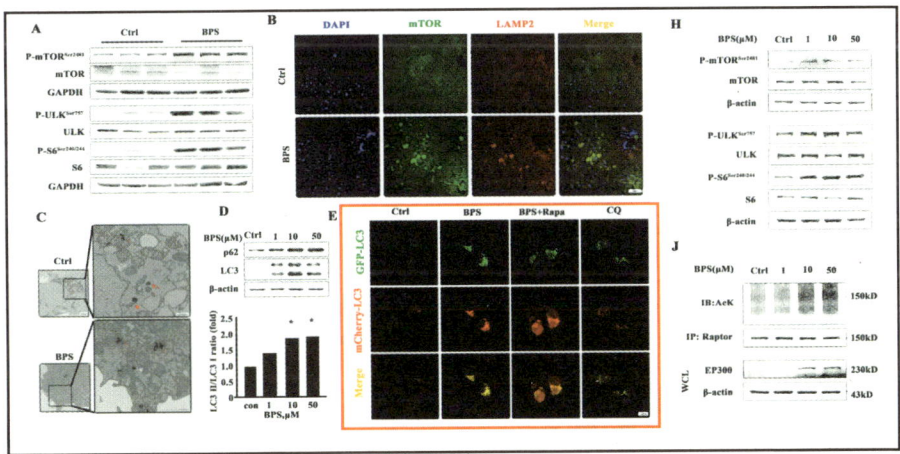

那么 BPS 调控了什么基因呢？于是他们进行了 BPS 处理的二代测序，结果发现 PPAR 信号通路在 BPS 影响下得到了激活。PPARα 的蛋白表达水平又和 BPS 呈剂量依赖。于是他们假设 BPS 能结合 PPARα，然后进行了分子对接，结果发现 BPS 的确能和 PPARα 结合。而作为 PPARα 转录激活的靶基因，他们又找到了 EP300。BPS 可以促进 PPARα 结合 EP300 的启动子区，从而促进 EP300 的转录：

信号通路是什么"鬼"？6

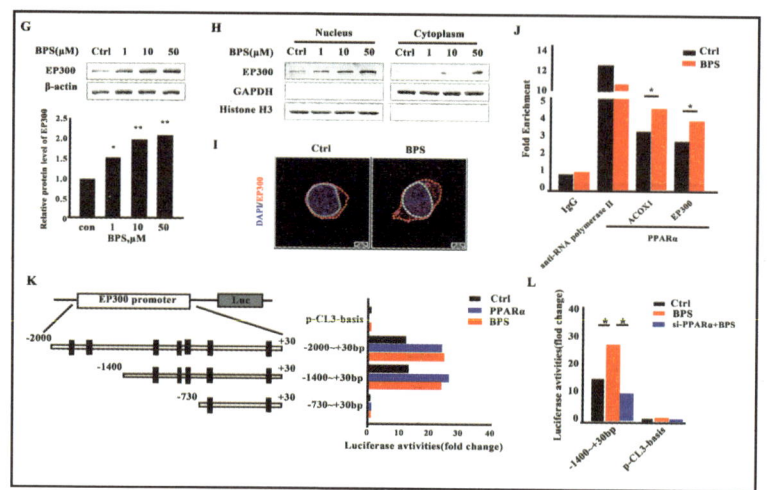

那么EP300又能干什么呢？EP300有一个底物和mTOR信号通路有点关系，就是Raptor。Raptor是形成mTOR1复合体的关键分子之一：

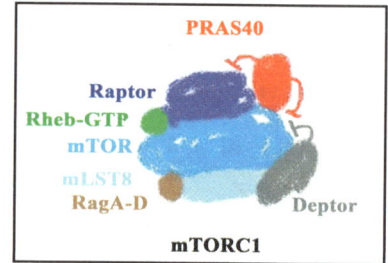

在敲减了EP300后，Raptor的乙酰化降低，即使是有BPS的条件下，mTOR的激活也受到了限制，自噬增多。这里敲减EP300，实际上是想用柯霍氏法则进行验证，但是这样的验证却展示出了一定的不严谨性，也就是可能造成肯定后件的逻辑谬误。但如果把验证的焦点放到BPS和PPARα的结合上，这篇文章应该会比现在这个档次更高一层：

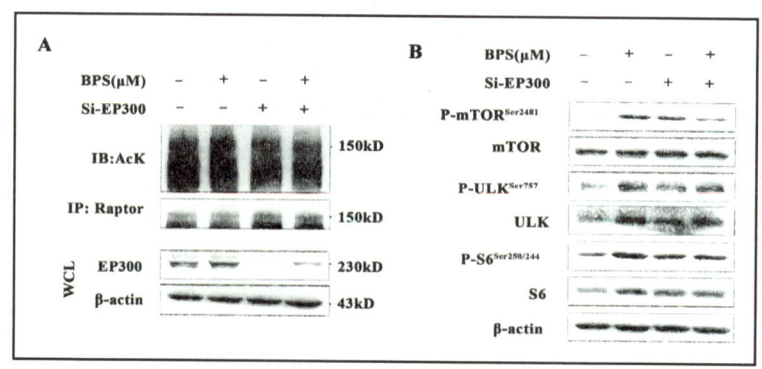

第八章　PPAR 信号通路

结果他们就形成了这样的示意图：

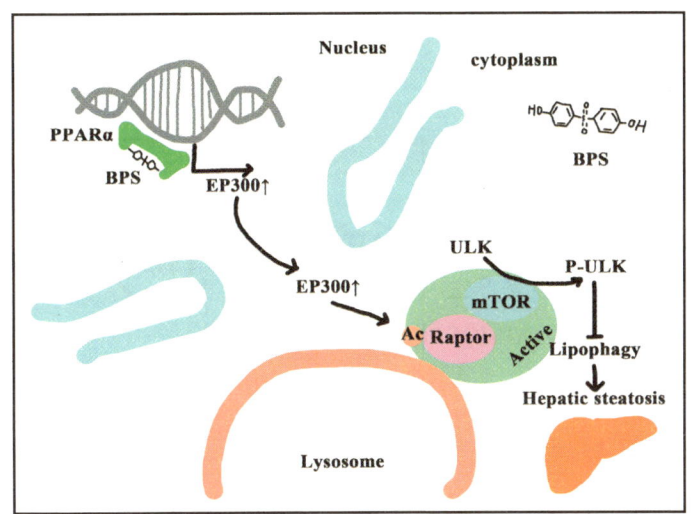

BPS 的累积会结合并激活 PPARα，PPARα 激活了 EP300 的转录，而 EP300 则增强了 mTOR1 复合体中 Raptor 的乙酰化，从而促进了 mTOR1 复合体活性。mTOR1 复合体对 ATG1 进行了磷酸化修饰，从而抑制了 ATG1 的活性，导致自噬无法进行，使得脂质在细胞内累积。好了，这篇文章就讲到这里，其实这篇文章立意是不错的，但是其验证环节还可以做得更好，你能看出来应该怎样设计这篇文章的验证，才能使其更上一层楼吗？

信号通路是什么"鬼"？6

看看 OXPHOS 信号通路是什么"鬼"

之前有粉丝说想要夏老师讲氧化磷酸化，夏老师就讲讲吧。其实糖酵解和氧化磷酸化（OXPHOS）都是生物获得能量的途径，说白了就是产生 ATP 的。糖酵解产能较少，OXPHOS 是通过丙酮酸进行三羧酸循环产生 NADH，接着通过电子传递链耗氧的过程产生更多的 ATP：

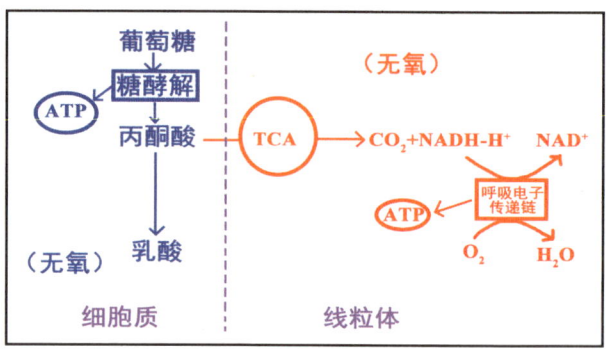

氧化磷酸化在 KEGG 上其实也是有的，而且是为数不多的彩图版的信号通路图：

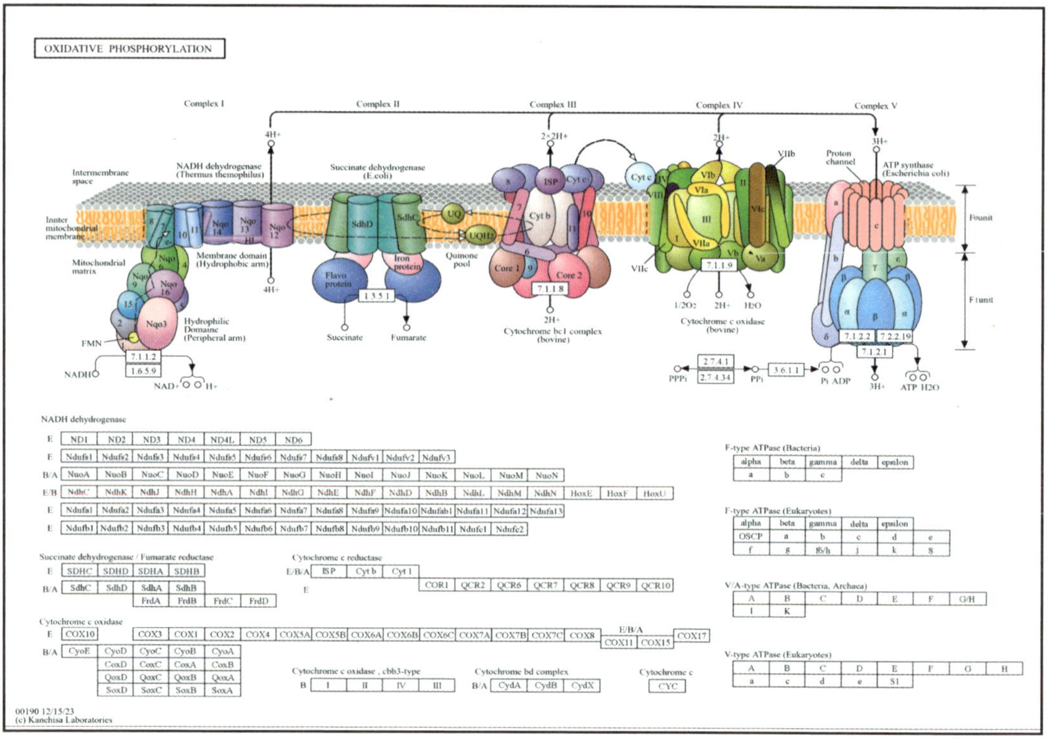

112

第九章 OXPHOS、糖酵解、TCA

大家都知道线粒体是双层的膜结构，电子传递链的氧化磷酸化酶系复合物都是在线粒体内膜上的，这个图的膜上侧是膜间隙，膜下侧是线粒体基质，差不多是这样的：

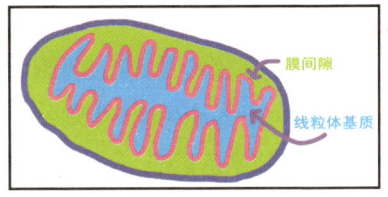

氧化磷酸化，也就是电子传递链，是由五个线粒体内膜上的复合物作用的。第一个复合物，是复合物 I，名字就是这么草率。它在氧化磷酸化中是最大的一个膜蛋白，由 45 个亚基组成。长得有点 L 形，上面的亲水臂是在线粒体基质中的，下侧的疏水臂是在线粒体内膜上的（这里画的和 KEGG 上不一样，KEGG 是倒着的，线粒体基质在上，线粒体膜在下，这样容易看）。

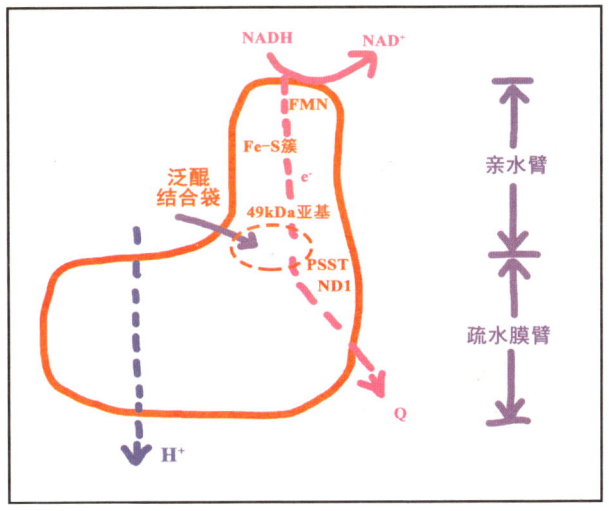

NADH 在亲水臂处被 FMN（黄素单核苷酸）氧化成 NAD，释放一对电子。电子通过 8 个 Fe-S 簇到泛醌结合袋的 49kDa 亚基（NDUFS2）和 PSST 亚基（NDUFS7），电子在这里转移给了泛醌。泛醌是从 ND1 亚基入口，进入到泛醌结合袋的。

复合体 II 包括四个亚基：SDHA、SDHB、SDHC 和 SDHD。亲水部分由 FAD 及 SDHA 和 Fe-S 蛋白簇 SDHB 亚基突出到基质中，而疏水亚基 SDHC 和 SDHD 嵌入线粒体内膜。复合体 II 将 TCA 循环产生的琥珀酸盐氧化为富马酸盐，并通过 FAD 和嵌入 SDHA 中的三个 Fe-S 簇将其电子转化至泛醌。泛醌是在其结合位点（Qp）附近靠近 Fe-S 簇的。

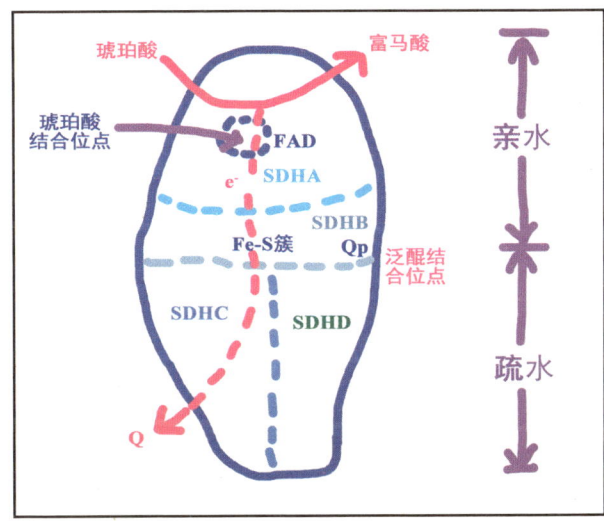

113

信号通路是什么"鬼"？6

复合物III是一种对称的二聚体，主要有三个核心亚基：细胞色素B（Cyt B），具有两个B型血红素（b_L 和 b_H）、细胞色素C1（Cyt C1）和具有 Fe-S 簇的铁硫蛋白（ISP）。Cyt B包含两个不同的醌结合位点（Qi和Qo）位于形成复合物中心的膜。复合物III的功能是通过泛醌循环机制，将两个电子从泛醌转移到细胞色素C上：

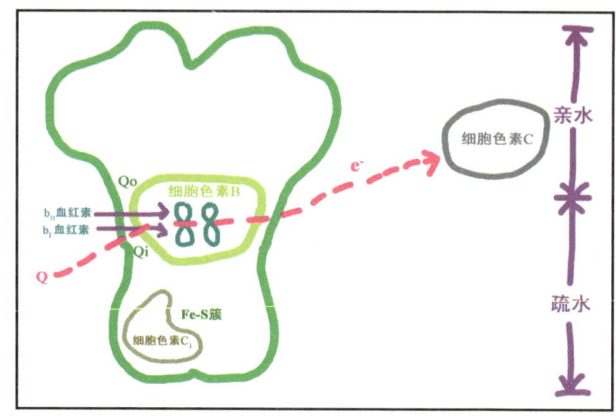

复合物 IV，是从细胞色素 C 转移四个电子到末端电子受体氧（O_2），生成水。复合物 IV 由两种血红素分子（血红素 a 和血红素 a_3）和两个双核铜中心（Cu_A 和 Cu_B）组成。

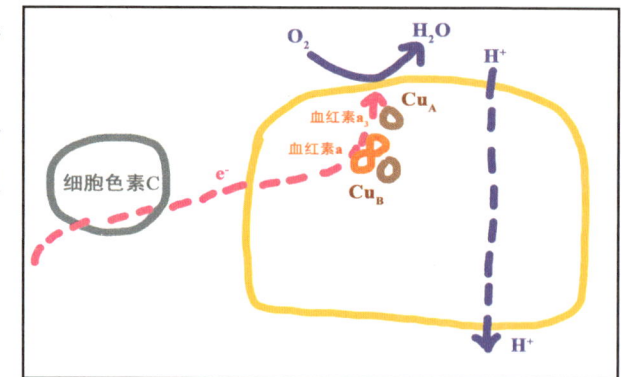

复合物 V 是 ATP 合酶，是由 F_0 和 F_1 组成。F_0 是将质子泵入线粒体的质子泵，F_1 则是在线粒体基质内的部分，除了质子泵作用，它还能产生 ATP。

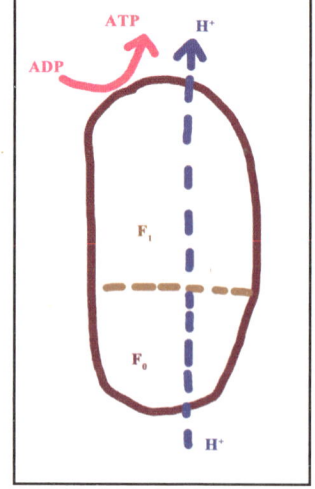

第九章 OXPHOS、糖酵解、TCA

就在复合物 V 上,产生了最终的能量 ATP。在研究过程中,主要会使用几种抑制剂对复合物进行抑制,比如鱼藤酮、抗霉素 A、寡霉素以及解偶联剂 FCCP:

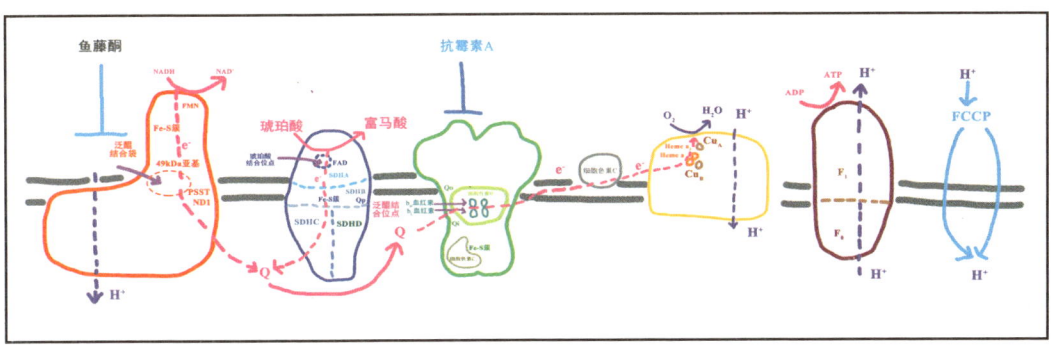

大家应该在《信号通路是什么"鬼"？5》铜死亡的那篇文章中,以及大量研究线粒体或者电子传递链的文章中看到过这样的 OCR 分析,也就是耗氧量分析。用的也就是这些抑制剂的组合,加入解偶联剂 FCCP 后,能增大线粒体内膜对 H^+ 的通透性,消除 H^+ 梯度,解除质子梯度的阻力,电子传递链就满负荷工作了。而后产生的耗氧,其实就是线粒体内部剩余的储备呼吸能力了。这个时候再使用鱼藤酮,那么复合物 I 也就被抑制了,线粒体呼吸完全停滞。

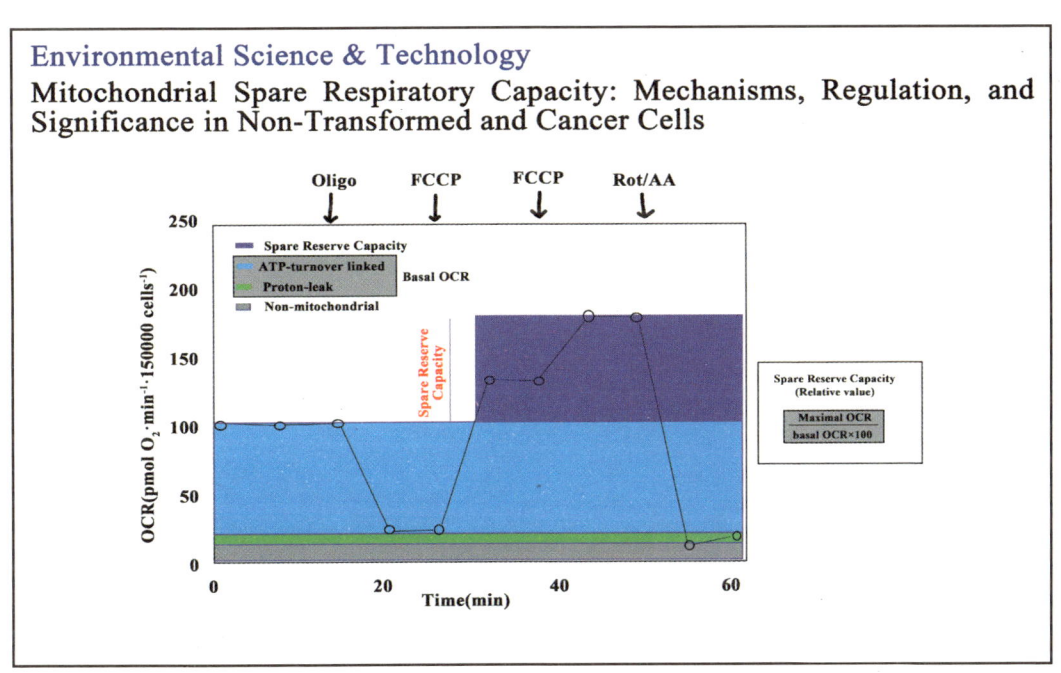

115

信号通路是什么"鬼"？6

也有用培养基来进行分析的，比如用半乳糖培养基，细胞被迫依赖线粒体氧化磷酸化，而不是同时进行氧化磷酸化和糖酵解：

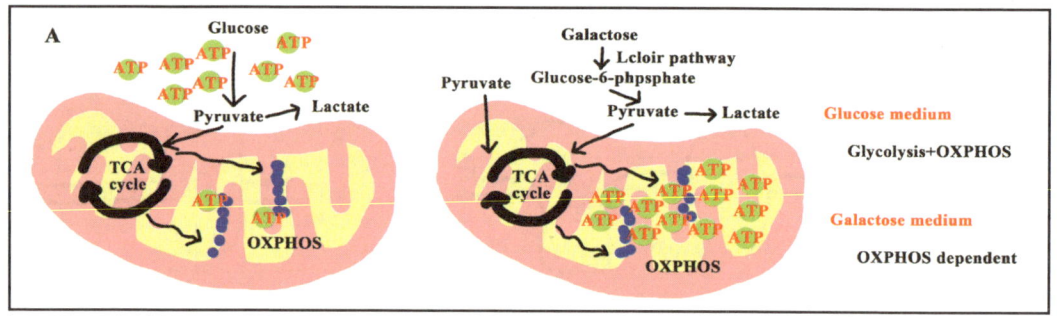

好了，氧化磷酸化就先讲到这里了，最近研究氧化磷酸化的也是不少了，特别是在铜死亡的研究中，以及线粒体相关的研究中。后面再讲讲糖酵解吧，毕竟 Warburg 效应也挺经典的。

第九章 OXPHOS、糖酵解、TCA

看看糖酵解途径对微环境的免疫细胞的影响

上一节中，我们讲了OXPHOS通路，也就是有氧呼吸的电子传递链，那和这个密切相关的另一个生化反应就要一并讲一下了。这个就是和有氧呼吸对应的糖酵解途径以及TCA循环：

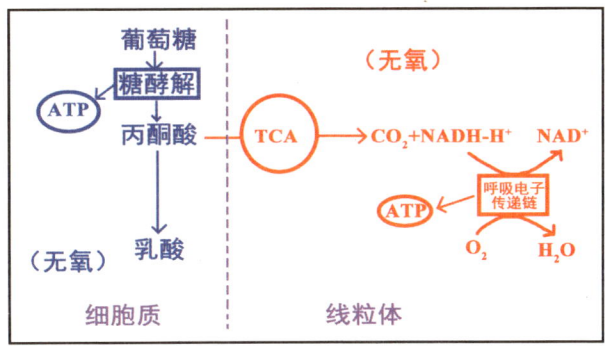

铜死亡影响的就是TCA循环，以及铁硫蛋白。而TCA循环也就是三羧酸循环，和糖酵解途径又是密不可分的。差不多就是这个样子：

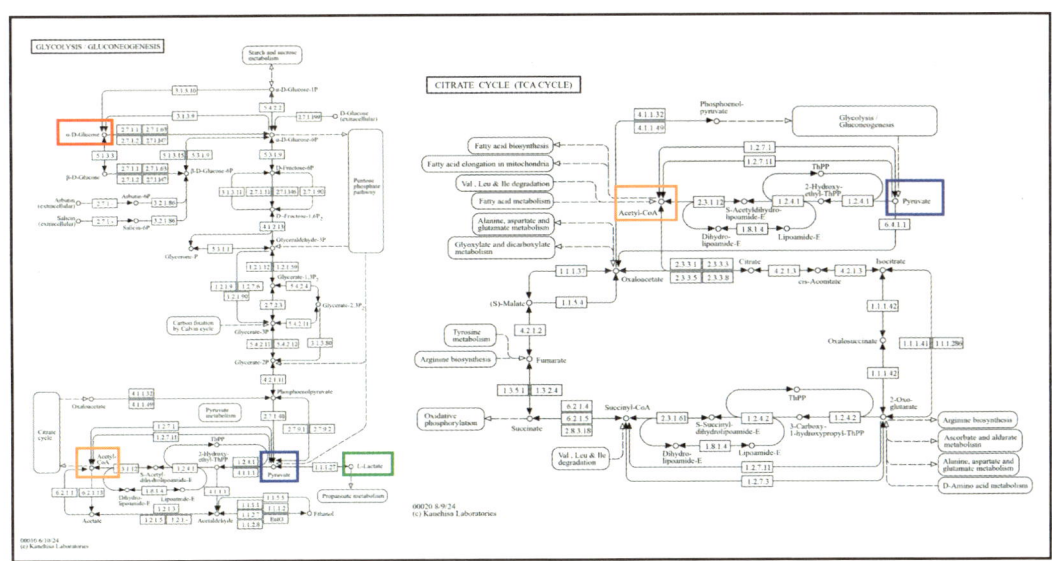

这样估计你们是看不懂的，夏老师给你们拆一拆，先讲糖酵解（感觉生化当年都还给老师了）：

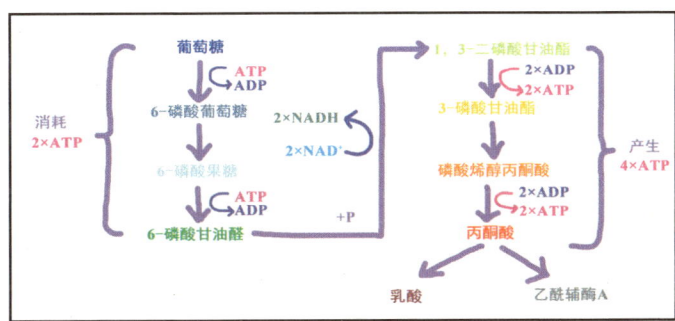

信号通路是什么"鬼"？ 6

葡萄糖通过磷酸酶转化成 3- 磷酸甘油醛的过程中，会消耗 2 个 ATP。3- 磷酸甘油醛转化为 1，3- 二磷酸甘油酯的过程中，加入磷酸，同时生成 2 份的 NADH。1，3- 二磷酸甘油酯形成丙酮酸的过程中，产生 4 份的 ATP。也就是在糖酵解的过程中，会产生总共 2 份的 ATP 能量。最终形成的丙酮酸会通过 LDH（乳酸脱氢酶）形成乳酸，或者是形成乙酰辅酶 A 进入 TCA 循环。TCA 循环就比较简单了，主要是为电子传递链提供 NADH：

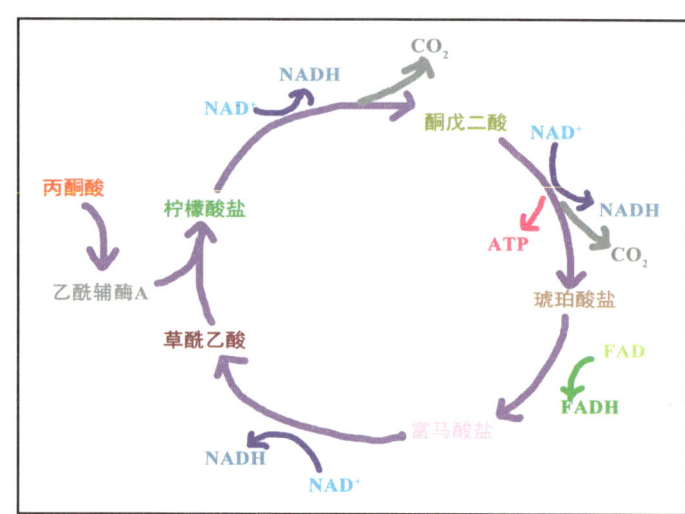

上节也讲过在复合物 I 上，需要 NADH 转化为 NAD^+ 以产生电子，激活电子传递链，同时琥珀酸盐也会通过复合物 II 上的 FAD 转化为富马酸盐：

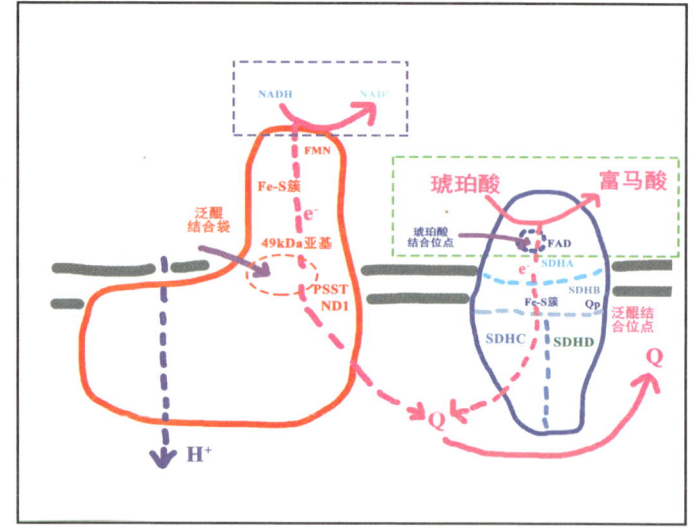

糖酵解的检测方法，一般是检测 ECAR（细胞外酸化率），差不多就是这样：

这个在很多文章中也特别常见，主要检测的就是糖酵解产生的乳酸导致的细胞外酸化的程度。这里会用葡萄糖类似物 2-DG 来终止糖酵解反应。

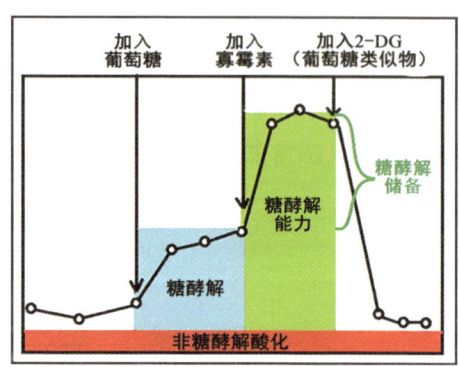

第九章　OXPHOS、糖酵解、TCA

那么糖酵解途径和 TCA 循环到底在细胞内有什么样的作用呢？做过肿瘤的应该都知道 Warburg 效应，也就是肿瘤细胞更容易通过无氧的糖酵解途径产能。肿瘤细胞的代谢紊乱可能来自适应肿瘤微环境的细胞的选择，也可能是由于癌基因激活引起的异常信号传导。这篇 45.5 分的 *Cell* 就讲了一下肿瘤的 Warburg 效应：

> **Cell**
> **Cancer Cell Metabolism: Warburg and Beyond**

许多典型的肿瘤相关信号通路都会诱导代谢的重编程。比如 HIF-1 信号通路激活的靶基因会降低细胞对氧气的依赖性。

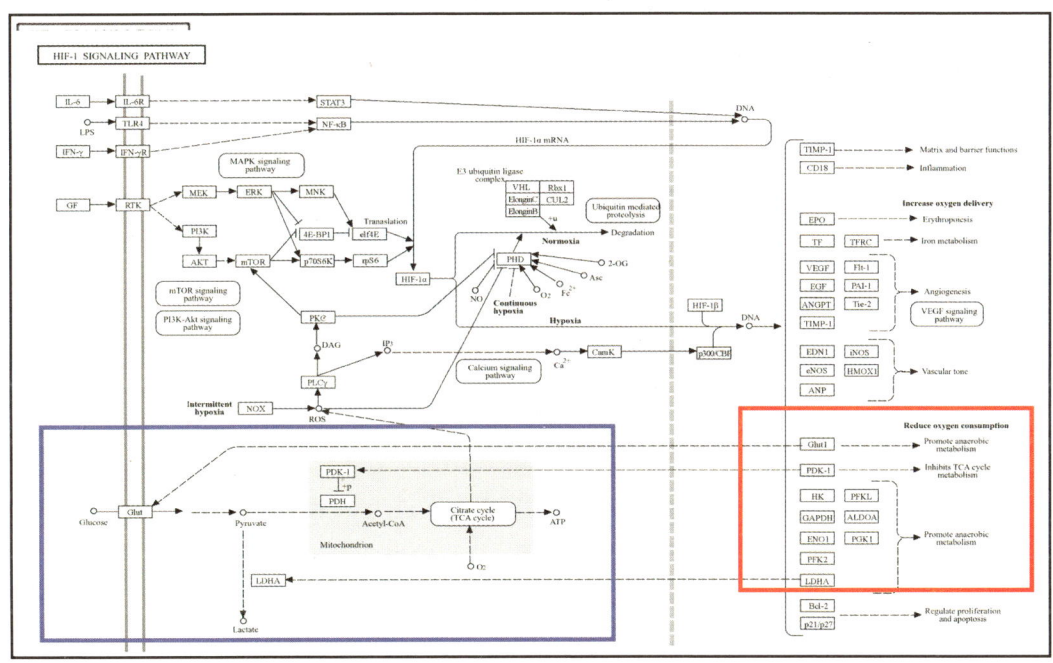

而 Ras，Myc 和 AKT 也可以上调葡萄糖消耗和糖酵解。糖酵解也会通过抑制有氧呼吸，造成对凋亡的抑制。同时由丙酮酸产生的乳酸会通过 MCT1 分泌到细胞外，对微环境产生影响。另一篇 27.7 分的 *Cell Metabolism* 就简单讲了讲糖酵解的大致调控。PI3K-AKT 信号通路及 HIF-1 信号通路促进葡萄糖转运蛋白 GLUT1 mRNA 的表达，以及 GLUT1 蛋白从内膜到细胞表面的易位。同时，HIF-1 信号通路还能激活磷酸化葡萄糖分子的 HK（己糖激酶）等糖酵解关键基因的转录。AKT 增强了 HK 及 PFK（磷酸果糖激酶）的磷酸化激酶活性。

> **Cell Metabolism**
> **The Emerging Hallmarks of Cancer Metabolism**

信号通路是什么"鬼"？6

肿瘤细胞对细胞外葡萄糖和谷氨酰胺的高度利用导致细胞外乳酸的积累，这会影响肿瘤微环境中的许多细胞类型，乳酸会抑制 T 细胞、单核细胞以及 DC 细胞，抑制 M1 巨噬细胞极化，并且促进 Treg 细胞分化，促进 M2 巨噬细胞极化。

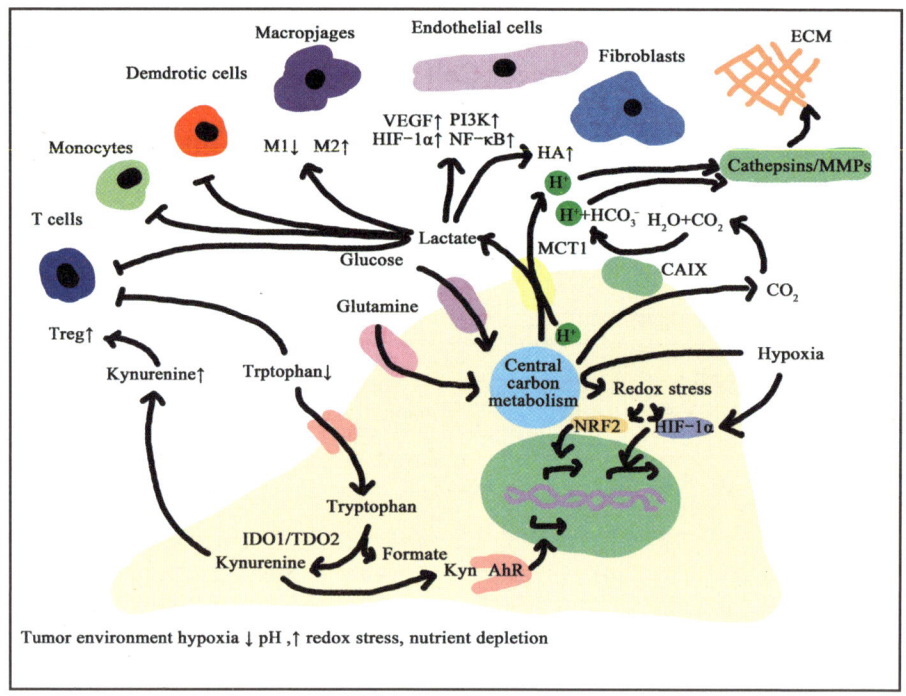

糖酵解不但是低效的能量提供通路，同时可以为通过 TCA 循环进入有氧呼吸的电子传递链提供丙酮酸作为底物。在糖酵解过度激活的细胞中也会引起乳酸的累积，从而影响微环境。果然，每条通路都是相通的呢……

第九章 OXPHOS、糖酵解、TCA

这篇文章讲的是把 TCA 循环做到了临床应用上

之前讲完了 TCA 循环，那么就搭配一篇 TCA 循环的文章来看看吧。这篇文章是发表在 35.5 分的 *Circulation* 上的，核受体 NR1D1 通过靶向线粒体三羧酸循环酶 ACO2 来调节腹主动脉瘤（AAA）的发展：

> Circulation
> Nuclear Receptor NR1D1 Regulates Abdominal Aortic Aneurysm Development by Targeting the Mitochondrial Tricarboxylic Acid Cycle Enzyme Aconitase-2

首先他们分析了腹主动脉瘤中差异表达的基因，这里他们选择了 *NR1D1*：

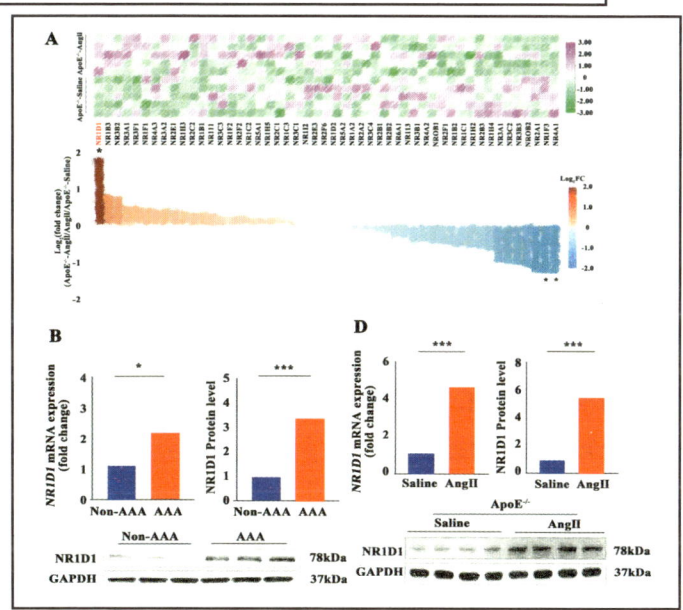

NR1D1 是个核受体，主要作用是和 ROR 相反的，ROR 是促进基因转录（还记不记得，前几章里讲过的 Th17 细胞分化了），NR1D1 是抑制转录的：

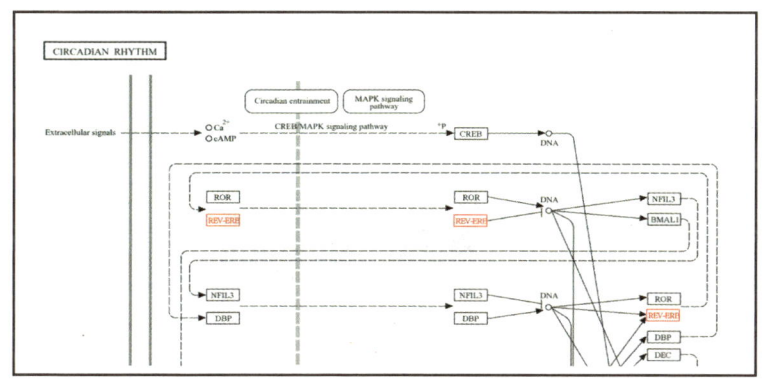

信号通路是什么"鬼"？6

这篇文章这点做得挺好的，他们首先做的是确定 NR1D1 的上调是介导 AAA 损伤，还是作为自我防御的抗 AAA 信号。为了这个，他们做了多种层面的 NR1D1 敲除，比如全局敲除、VSMC（血管平滑肌细胞）特异性敲除、内皮细胞特异性敲除等。

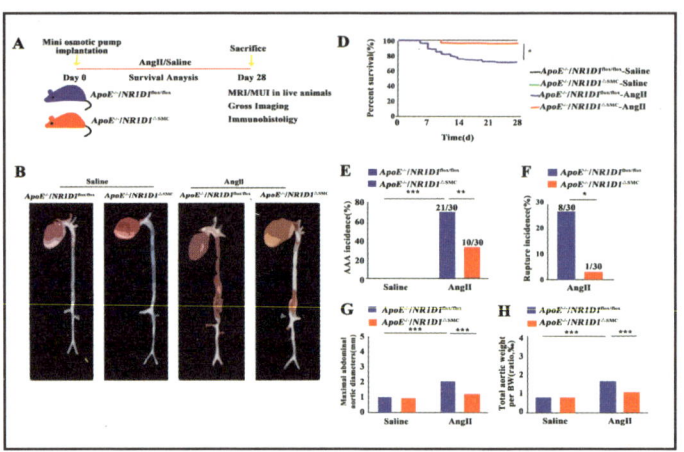

结果发现敲除 NR1D1 能有效抑制 AAA 形成，也就是说 NR1D1 的高表达是介导 AAA 损伤，而不是防御性抗 AAA 的信号。而特异性敲除的实验中又发现，VSMC 中特异性敲除 NR1D1 能有效抑制 AAA。

那么 NR1D1 是通过什么导致疾病的呢？他们通过二代测序发现（因为 NR1D1 是转录抑制相关的蛋白，所以检测转录组），经过对差异基因的富集，NR1D1 主要调控的下游基因可能是 TCA 循环：

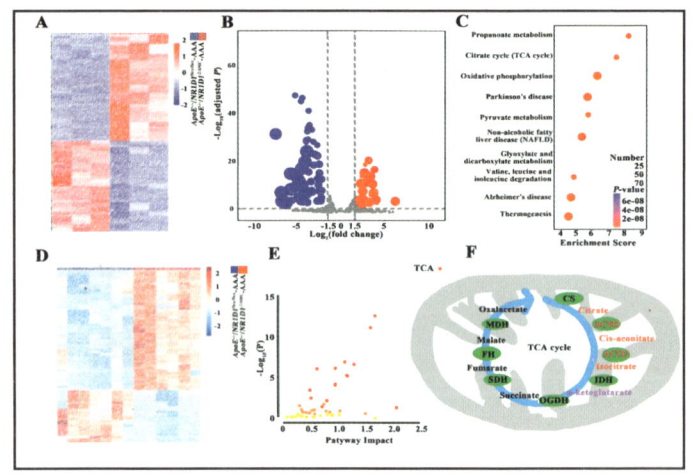

而 AAA 损伤后，TCA 循环中的（异）柠檬酸盐、顺式乌头酸和 αKG 也会产生相应的抑制，这些化合物正是 ACO2 的下游代谢物，而 ACO2 则是 NR1D1 的靶基因之一……于是他们进一步分析了 ACO2 在 AAA 损伤中的表达情况，以及 NR1D1 对其的抑制作用：

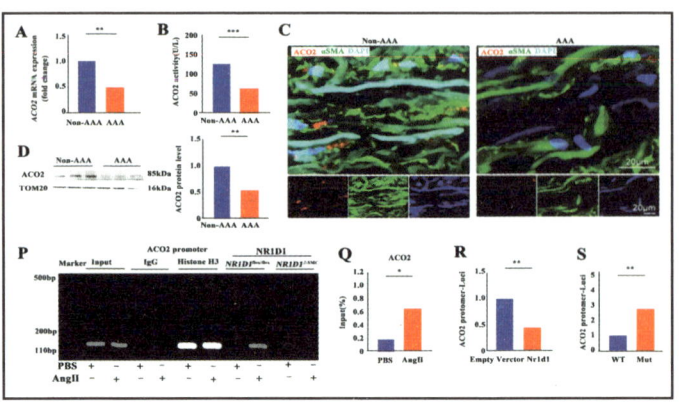

第九章 OXPHOS、糖酵解、TCA

由于 ACO2 是线粒体中 TCA 循环相关蛋白，那 NR1D1 对 ACO2 的抑制势必会导致线粒体及有氧呼吸的损伤。于是他们分析了一下 *NR1D1* 缺失对线粒体及有氧呼吸的影响，结果发现，VSMC 特异性敲除 *NR1D1*，可以调节线粒体相关基因的表达并抑制线粒体 ROS 的产生：

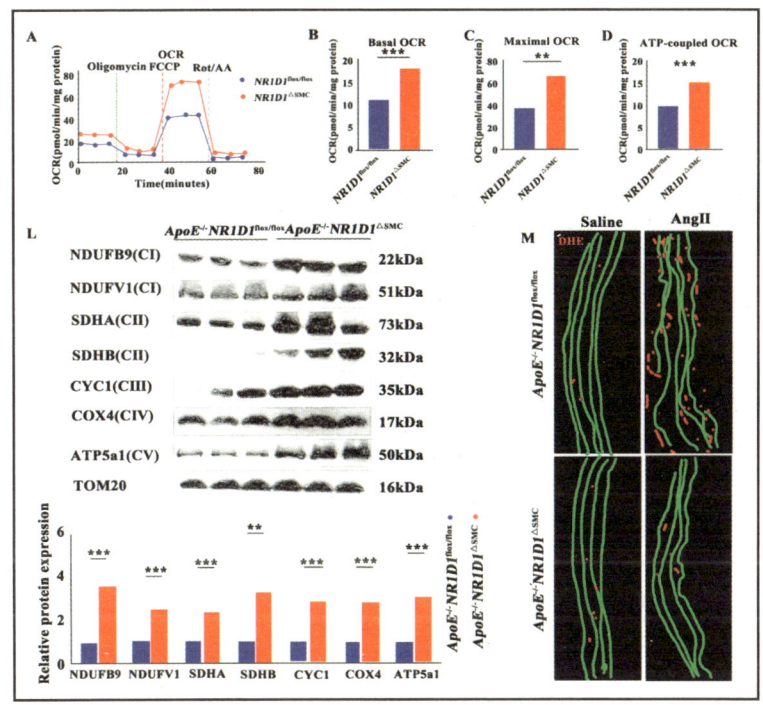

为了分析这些影响是 *NR1D1* 缺失后直接造成的，还是 *NR1D1* 缺失后通过抑制 AAA 引起的，他们收集了缺失 *NR1D1* 后 AAA 病变变化前的样本进行分析，结果发现 *NR1D1* 缺失会直接抑制线粒体 ROS 产生等表型，然后再抑制 AAA 损伤：

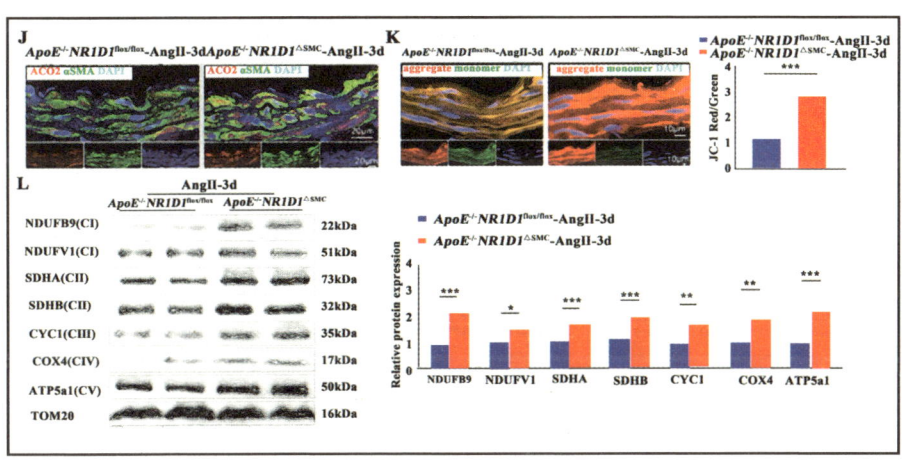

123

信号通路是什么"鬼"？6

接着他们敲减了 ACO2，发现 ACO2 敲减后，NR1D1 的缺失造成的 AAA 损伤抑制被抵消了：

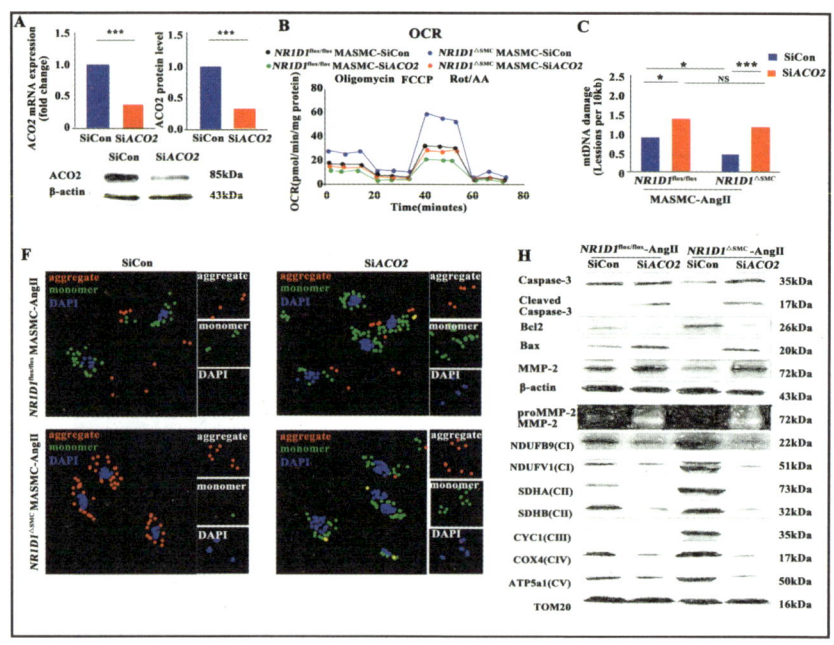

那么 ACO2 是 TCA 循环中关键的一个酶，也就是说如果 ACO2 被抑制后，TCA 循环还能继续运行，是不是就能解决 AAA 损伤了呢？于是他们就对 AAA 模型进行了补充 ACO2 下游代谢产物的实验。结果表明，补充 ACO2 下游代谢物 αKG 可以有效防止 AAA 形成：

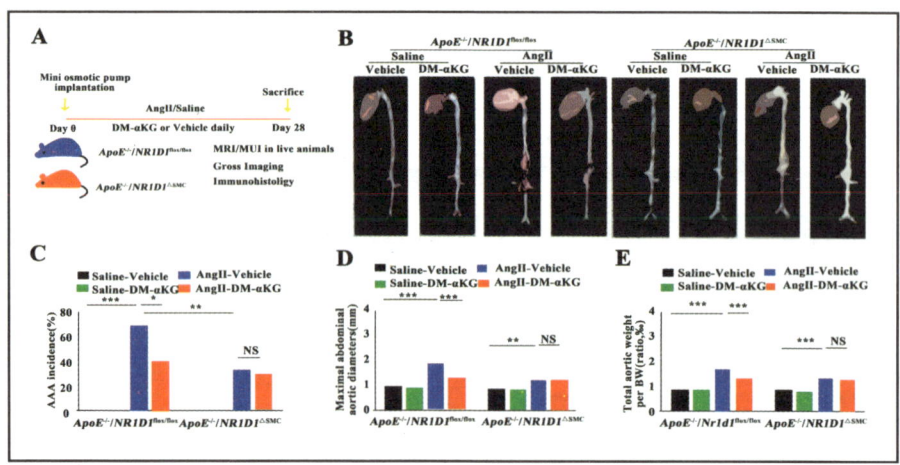

这样连临床的应用都有了，只需要补充 αKG 就能有效抑制腹主动脉瘤，可以实现快速的临床转化了……

第九章 OXPHOS、糖酵解、TCA

这篇 Nature 把 TCA 循环和 cGAS-STING 信号通路做到了一起

上一节中也讲过 TCA 循环了,那么我们今天就随便找一篇 50.5 分的 Nature,其实这篇文章还是挺有意思的,讲的是富马酸盐诱导了线粒体 mtDNA 的囊泡释放激活免疫的故事:

> **Nature**
> Fumarate Induces Vesicular Release of mtDNA to Drive Innate Immunity

富马酸水合酶 (FH) 突变,会导致遗传性平滑肌瘤病和肾细胞癌。那具体是怎么导致的呢?首先他们做了一个诱导表达 Fh1 缺失的小鼠,发现在诱导后小鼠的炎症反应明显增强:

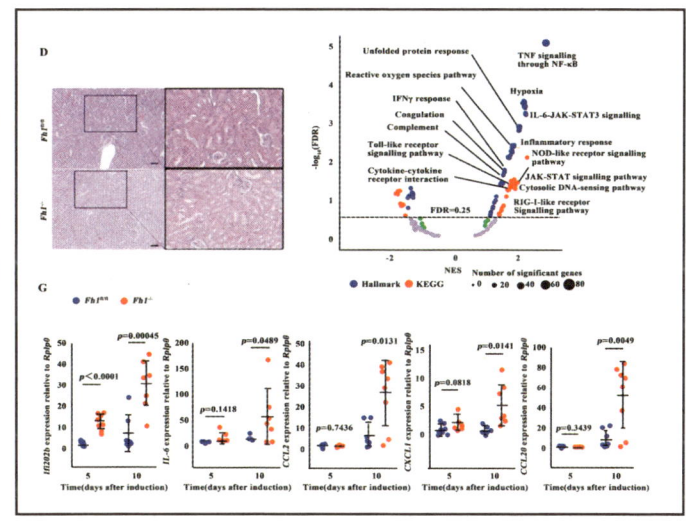

与此同时,Fh1 缺失后,会导致富马酸盐的累积。要是还记得 TCA 循环的话,应该大概知道富马酸盐的位置,也就是琥珀酸盐转化成富马酸盐这个环节。而富马酸盐在 Fh1 的作用下会继续转化成苹果酸盐,从而维持这个循环:

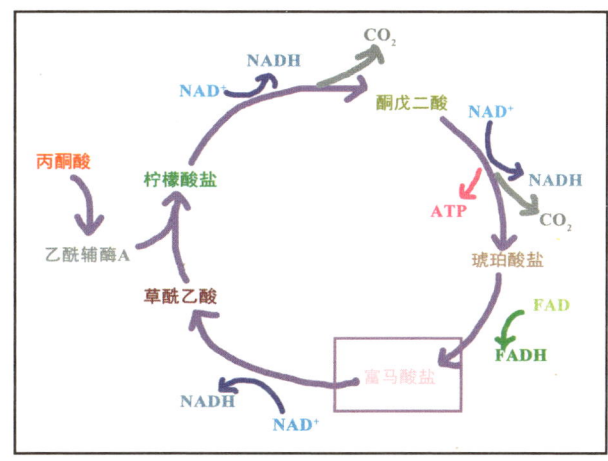

125

信号通路是什么"鬼"？6

而 *Fh1* 缺失后，TCA 循环会受到影响，没有办法转化成苹果酸盐的富马酸盐就会累积起来。那么 *Fh1* 缺失后，是通过什么途径激活炎症的呢？于是他们做了二代测序，发现TBK1 被激活了。大家应该还记得 cGAS-STING 信号通路吧，其中 TBK1 激活也就意味着 cGAS-STING 信号通路被激活了：

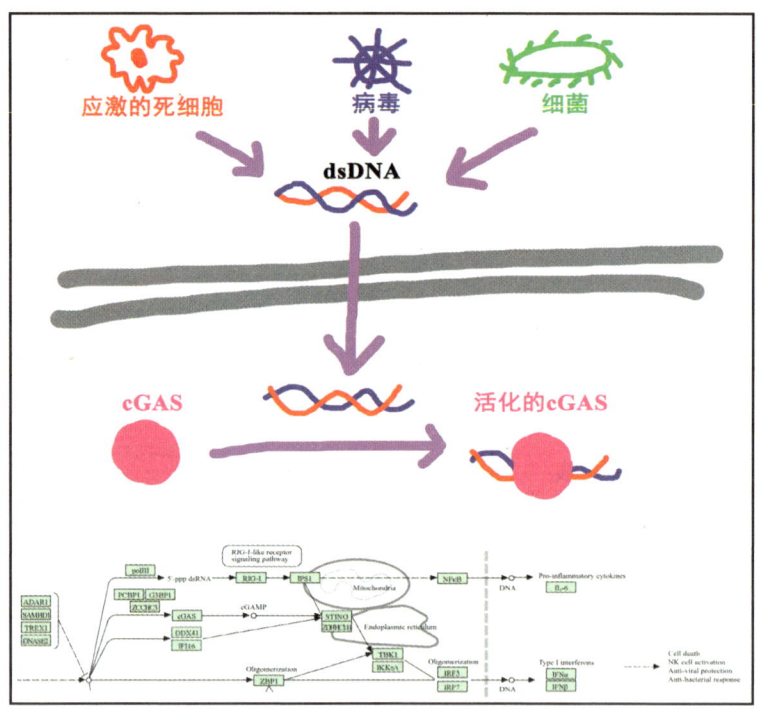

而游离的 dsDNA（双链DNA）会激活 cGAS。通过对 *Fh1* 诱导缺失的小鼠进行分析，他们发现缺失了 *Fh1* 后，会有大量的 mtDNA（线粒体DNA）通过囊泡释放出去：

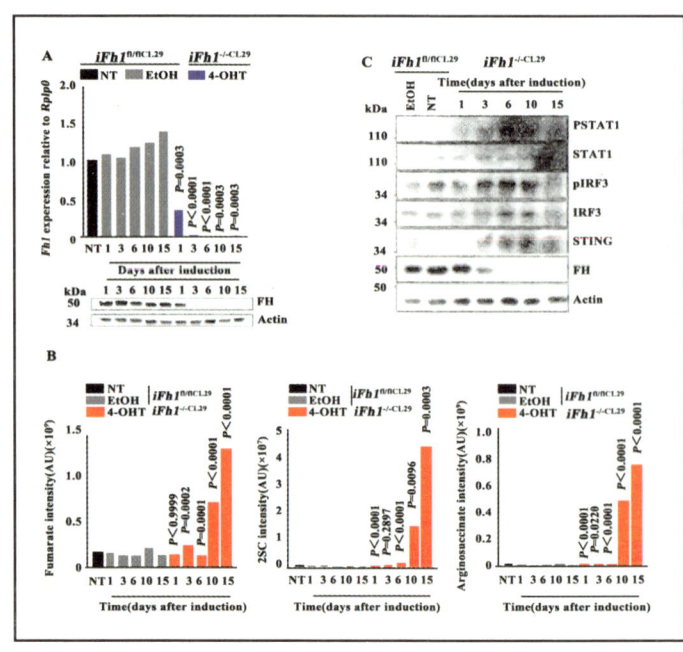

第九章 OXPHOS、糖酵解、TCA

而同是 TCA 循环中的 SDH（琥珀酸脱氢酶）缺失，并不能激活这样的炎症反应，这就说明了 *Fh1* 缺失是通过富马酸盐的累积，而不是通过阻滞 TCA 循环，诱导的炎症反应。那富马酸盐是不是直接诱导 mtDNA 释放的关键呢？他们使用了 MMF（富马酸单甲酯，仅增加富马酸盐的细胞水平而不会显著影响其反应性），发现 MMF 也能促进 mtDNA 的释放，并激活 cGAS-STING 信号通路（说实话你们真应该好好复习这些基本的信号通路）：

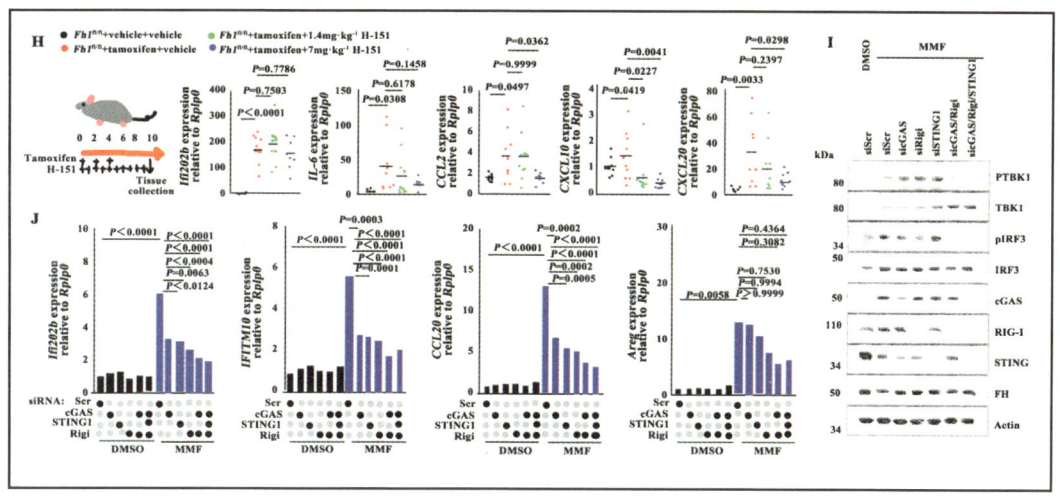

那富马酸盐到底是通过什么来促进 mtDNA 的囊泡释放的呢？他们用了 siRNA 筛库……这种方法在之前的《列文虎克读文献》里也介绍过，和 CRISPR 筛库差不多，就是通过批量敲减单个基因来分析具体是哪个基因起到了关键作用。他们在这里找到了 SNX9 这个蛋白：

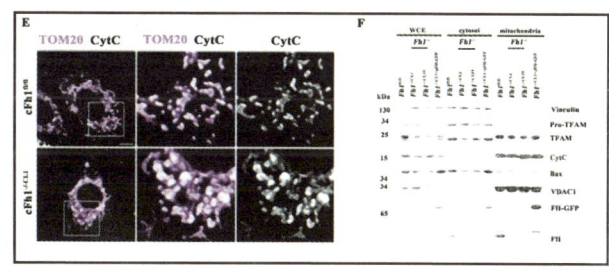

通过对 SNX9 的敲减验证，也就是柯霍氏法则验证，他们发现敲减了 SNX9 会抑制 mtDNA 进入 MDV（线粒体衍生囊泡），也就阻止了 mtDNA 的释放，无法再激活 cGAS-STING 信号通路了：

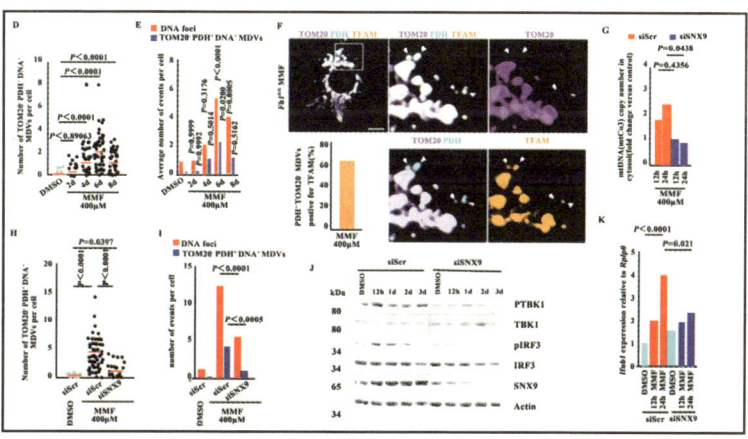

信号通路是什么"鬼"？6

通过电镜可以看到，mtDNA 正是通过 MDV 释放传递到细胞质中的。

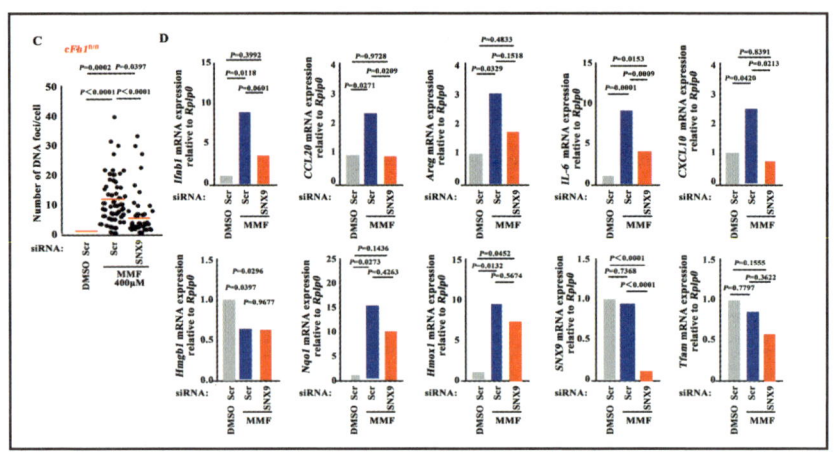

最后他们分析了 *Fh1* 缺陷的肿瘤组织和炎症表型之间的关联性：

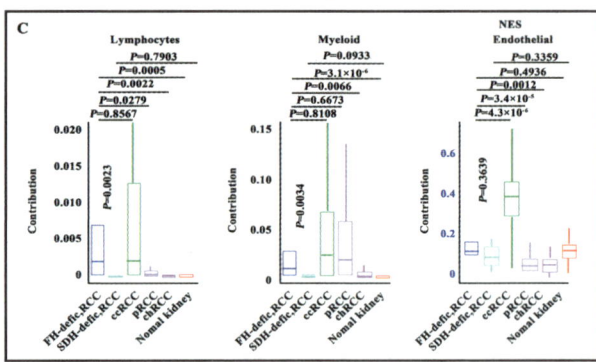

并最终形成了这样的示意图：

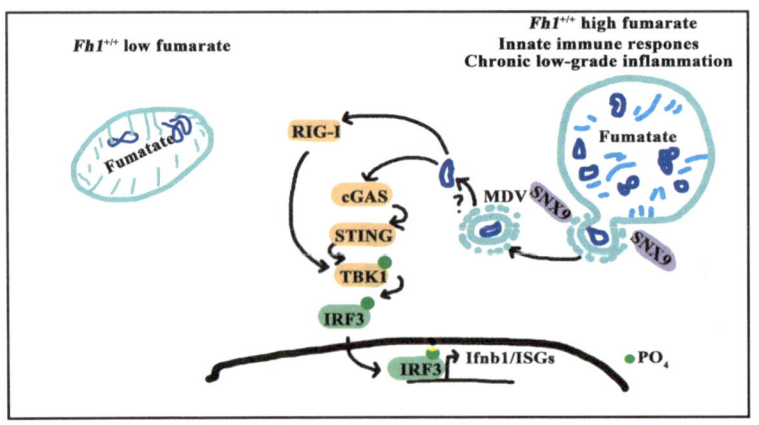

Fh1 缺失后的富马酸盐累积，导致了 SNX9 促进 mtDNA 进入到 MDV。mtDNA 则通过激活 cGAS-STING 信号通路，激活了炎症反应。

第九章 OXPHOS、糖酵解、TCA

这篇文章把糖酵解和 OXPHOS 做得有来有去

讲完 TCA 循环的文章，接下来就要讲讲糖酵解了。糖酵解的文章一般都集中在 Warburg 效应上，特别是在微环境中研究得比较多，但还是找了一篇 40.8 分的 *Signal Transduction and Targeted Therapy* 上的文章：

> Signal Transduction and Targeted Therapy
> Suppression of PFKFB3-driven Glycolysis Restrains Endothelial-to-Mesenchymal Transition and Fibrotic Response

这篇文章讲的是 EndoMT（内皮-间充质转化）。一旦 EC（内皮细胞）进入 EndoMT 过程，EC 就会被重新编程以减少内皮特异性蛋白的表达，同时通过表达 α-SMA（α 平滑肌肌动蛋白）和分泌纤连蛋白和原纤维胶原获得间充质特异性表型，从而启动纤维化反应。

他们使用的是 SAC（丹参酸 C）来治疗心脏细胞 EndoMT 导致的纤维化，结果发现 SAC 能通过抑制 TGF-β1 诱导的 EndoMT 来缓解心脏细胞纤维化：

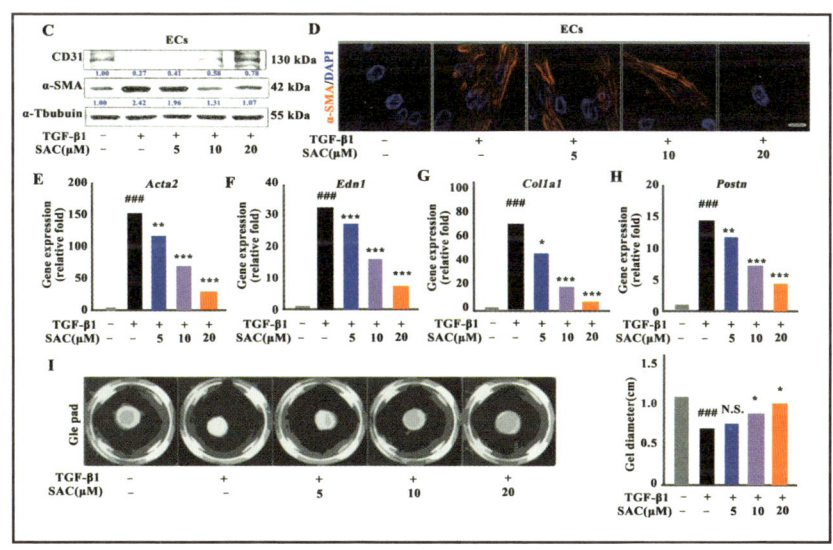

由于 TGF-β1 能刺激增强有氧糖酵解，表现为细胞外酸化率（ECAR）和乳酸生产能力提高，氧化磷酸化的氧消耗率（OCR）下降。SAC 则可以阻止这样的糖酵解增强：

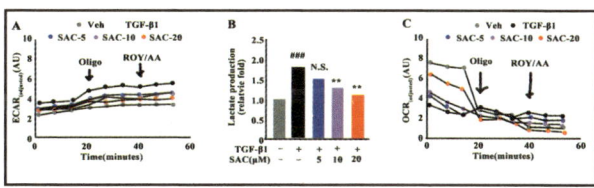

信号通路是什么"鬼"？6

听得有点晕了是吧，无氧呼吸和有氧糖酵解到底是怎么样的？oxPPP 是怎么回事？生化的确没学好。糖酵解其实就是通过葡萄糖的转化形成丙酮酸或者乳酸的过程。和糖酵解对应的，葡萄糖代谢的过程，是 PPP 途径（磷酸戊糖途径），PPP 途径又分为氧化分支（oxPPP）和非氧化分支（noxPPP）。oxPPP 中，G-6-P 通过 G6PD（6-磷酸葡萄糖脱氢酶）等转化为 5-磷酸核糖，生成二氧化碳和 $2\times$NADPH。而在 noxPPP 中，通过转酮醇酶和转醛醇酶合成 5-磷酸核糖，不会产生 CO_2 或 NADPH。

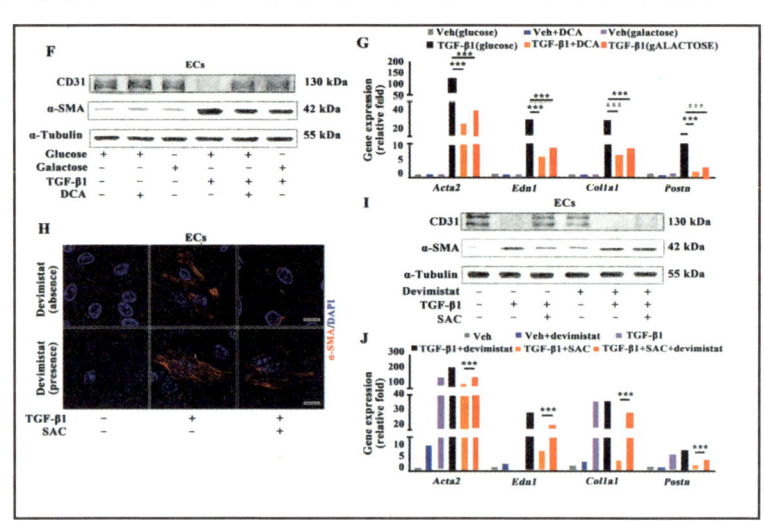

这里的 SAC 是通过靶向 TGF-β1 恢复糖酵解和氧化磷酸化之间的平衡来缓解 EndoMT 的。他们分析了 TGF-β1 激活的糖酵解途径上的各种酶，发现 PFKFB3 是受到 TGF-β1 调控的。接着他们就又分析了一下 SAC 的作用，发现 SAC 恰巧能抑制 PFKFB3：

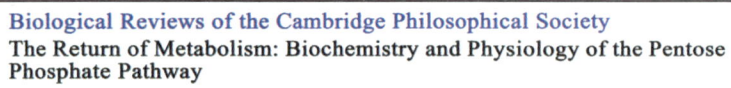

还记得刚刚说过的 PPP 途径和糖酵解吗？然而，TGF-β1 增强糖酵解衍生的乳酸产生，同时会降低细胞内 NADPH 含量并降低了 NADPH 与 NADP 的比率，这些都会被 SAC 逆转。SAC 能通过 oxPPP 途径增加 NADPH 的量：

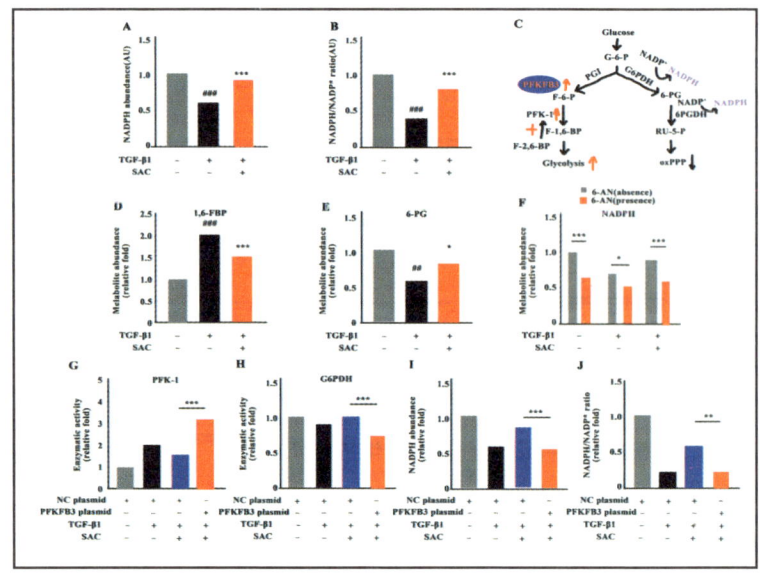

第九章 OXPHOS、糖酵解、TCA

另一方面，TGF-β1 是抑制氧化磷酸化的，大家要是还记得之前讲过的 OXPHOS 信号通路的话，在复合物 I 和复合物 II 上，铁硫蛋白簇是关键亚基：

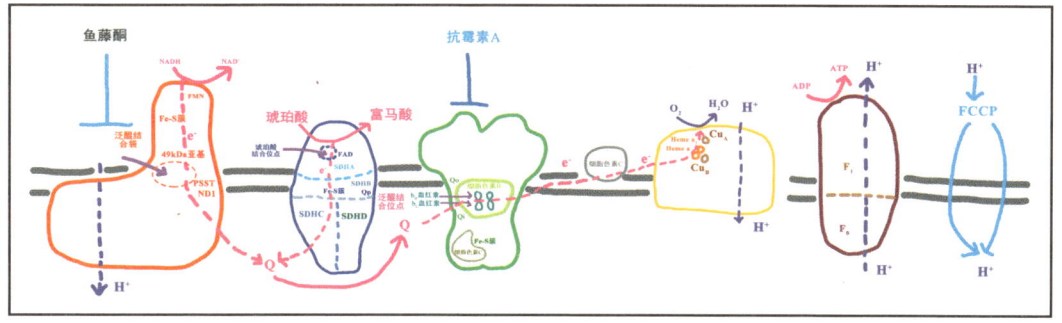

SAC 对 OXPHOS 的激活，则是通过维持铁硫蛋白簇完成的：

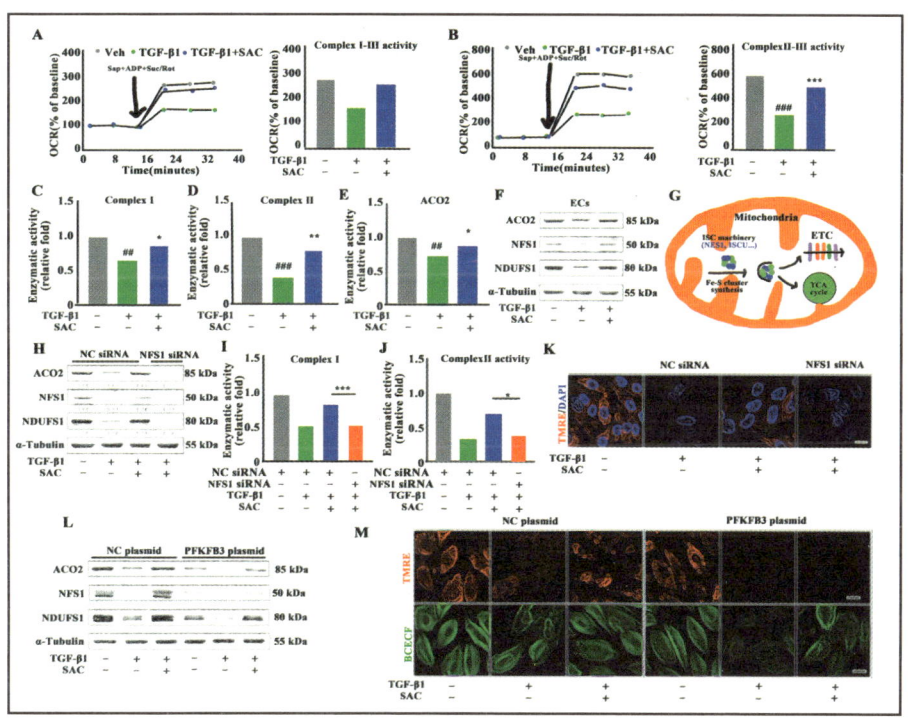

NADPH 则是铁硫蛋白簇获得电子并维持 OXPHOS 通路的关键，而 SAC 通过 oxPPP 维持了 NADPH 的量。也就是说 SAC 通过维持 NADPH 的量维持了铁硫蛋白簇以及 OXPHOS 通路：

信号通路是什么"鬼"？ 6

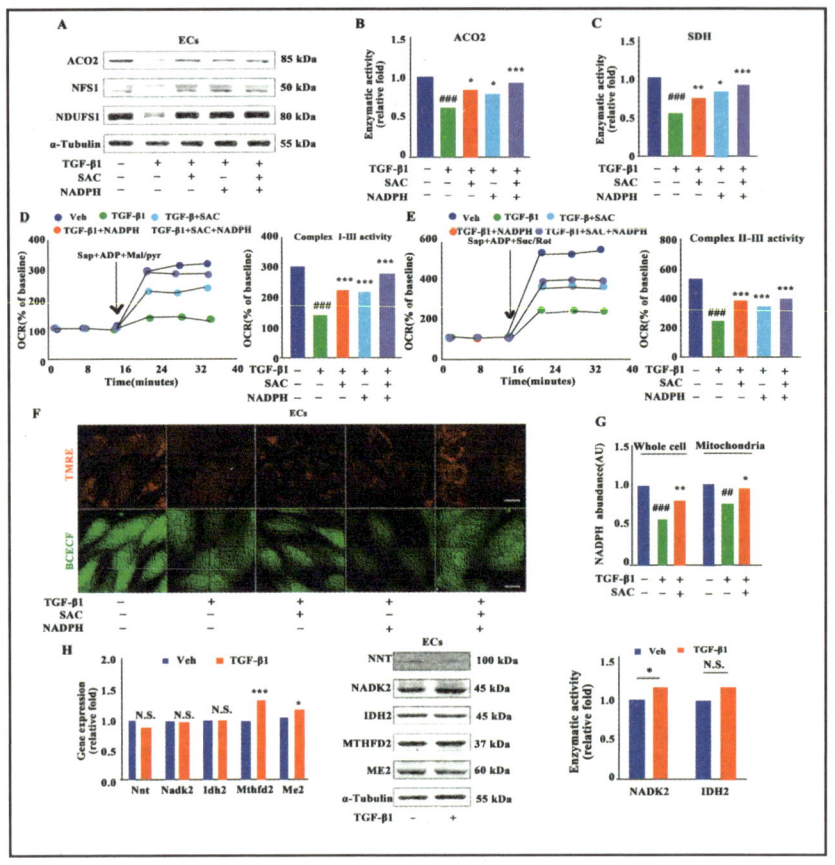

TGF-β1 抑制了 oxPPP 途径，减少了细胞质内的 NADPH，而线粒体内的 NADPH 会通过异柠檬酸盐/α-酮戊二酸（α-KG）穿梭补充到细胞质内：

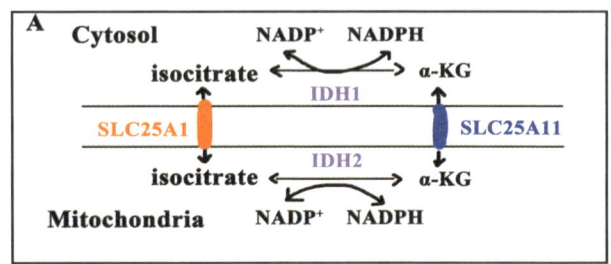

线粒体内的异柠檬酸盐及 α-KG 平衡受到了影响，是导致 OXPHOS 受到影响的另一个重要因素（TCA 循环的底物没了）：

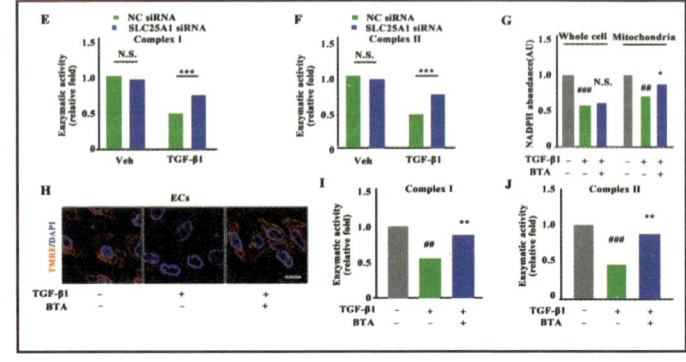

第九章 OXPHOS、糖酵解、TCA

最后他们做了一个小鼠的体内实验，过表达 PFKFB3，来抵抗 SAC 的抑制作用：

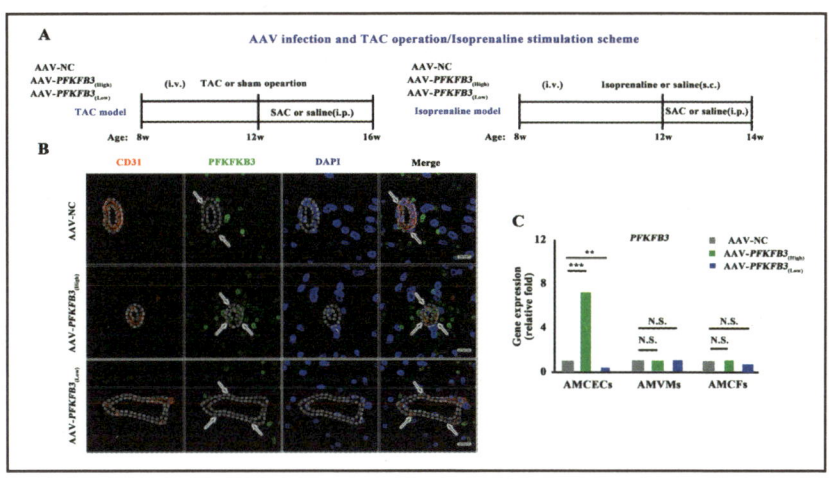

最后形成了这样的信号通路示意图：

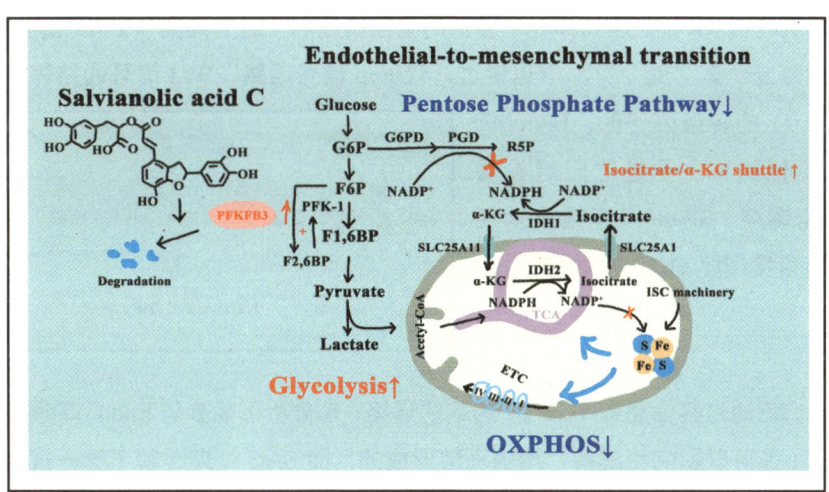

EndoMT 的特征是 PFKFB3 的表达增加，导致异常糖酵解并劫持 PPP 途径中的葡萄糖通量，从而损害细胞质 NADPH 的产生。线粒体 NADPH 通过异柠檬酸盐/α-KG 穿梭的外排，补充了细胞质 NADPH 池，但同时会阻碍线粒体铁硫蛋白簇合成以及 TCA 循环，从而损害线粒体呼吸。SAC 通过加速 PFKFB3 的降解来破坏其稳定性，以此缓解 EndoMT。虽然这篇文章做得不太紧凑，但还是挺有意思的。

信号通路是什么"鬼"？6

看完这篇糖酵解/OXPHOS 平衡的文章，我的 CPU 都给干冒烟了

上一节中，我们看完这篇 40.8 分的 *Signal Transduction and Targeted Therapy* 上的文章的思路及验证过程，其实都算是比较好的了。夏老师就带你们再看一遍，这篇文章到底是怎么样的一个验证过程：

> Signal Transduction and Targeted Therapy
> Suppression of PFKFB3-driven Glycolysis Restrains Endothelial-to-Mesenchymal Transition and Fibrotic Response

这篇文章是围绕着 SAC（丹参酸 C）对于 EndoMT 相关的内皮细胞纤维化的缓解来展开的。首先 SAC 是会产生缓解血管内皮细胞纤维化表型的，同时 SAC 也能抑制 EndoMT 的相关靶标表达。TGF-β1 是 EndoMT 激活的直接诱导剂（这个其实和 EMT 信号通路类似，在《信号通路是什么"鬼"？》中也讲过，TGF-β 信号通路、Wnt 信号通路等，都是可以直接激活 EMT 的转录因子的，EndoMT 其实也是类似的），于是他们想看看 SAC 是否能调控 TGF-β1，但结果发现 SAC 并不能直接调控 TGF-β1 的表达。

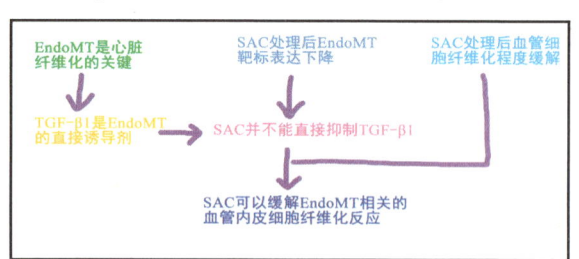

于是他们想通过其他受到 TGF-β1 影响的通路，来分析可能参与 EndoMT 调控的机制。首先 TGF-β1 是可以影响糖酵解、增强乳酸形成的，而 SAC 处理缓解了这一现象。于是他们首先假设糖酵解是 EndoMT 的关键。于是通过抑制糖酵解并促进 OXPHOS（氧化磷酸化，也就是前几节中讲过的电子传递链），来分析 EndoMT 的变化。结果发现糖酵解的确是 EndoMT 的关键因素，而 SAC 无法抑制糖酵解促进后的 EndoMT 现象，也就是说糖酵解位于 SAC 的下游。于是他们假设 SAC 会调控糖酵解与 OXPHOS 的平衡：

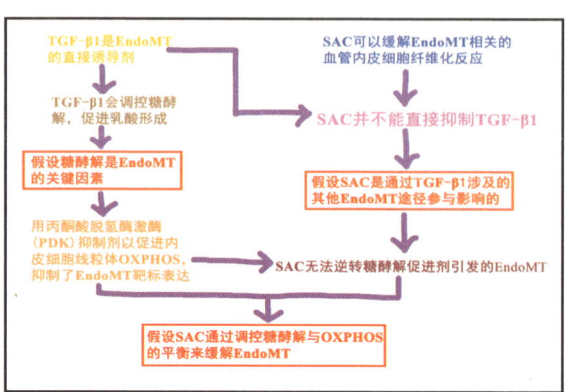

第九章 OXPHOS、糖酵解、TCA

那 SAC 是如何调控糖酵解的呢？他们分析了几个糖酵解相关的关键酶，发现其中 PFKFB3 是受到 SAC 调控的。而通过柯霍氏法则验证发现，PFKFB3 在 SAC 调控糖酵解与 OXPHOS 的平衡，以及缓解 EndoMT 中起到了关键作用。TGF-β1 会降低细胞内 NADPH，同时 SAC 能逆转这个现象。oxPPP（氧化分支的磷酸戊糖途径）是 NADPH 形成的关键，于是他们假设 SAC 抑制了 PFKFB3，从而导致了糖酵解和 oxPPP 途径之间产生了分流：

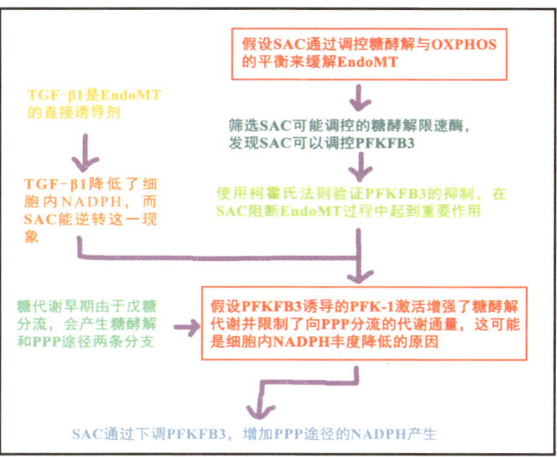

糖酵解和 PPP 途径，本身就是不同的葡萄糖代谢分支：

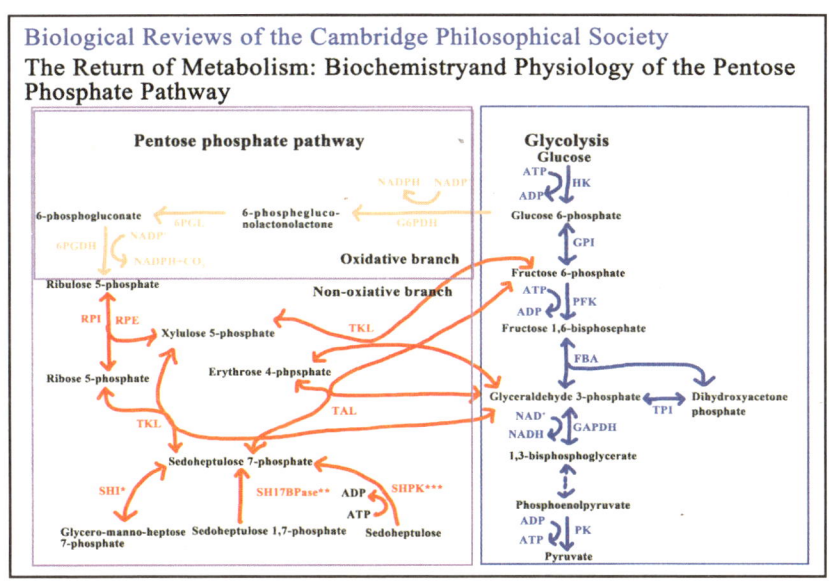

如果糖酵解被抑制，葡萄糖就可能通过 PPP 途径代谢并产生 NADPH：

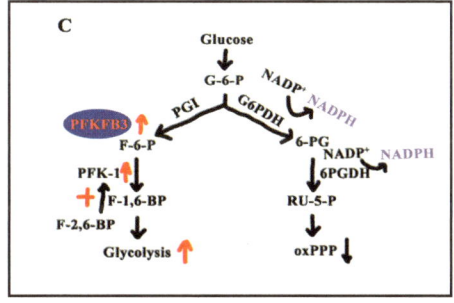

信号通路是什么"鬼"？6

NADPH 的产生可能会影响 OXPHOS 中复合物 I、II 中关键亚基铁硫蛋白簇的表达，于是他们假设 SAC 会影响铁硫蛋白簇。结果发现 TGF-β1 会影响铁硫蛋白表达，而 SAC 能恢复这一现象。由于 SAC 可以调控 NADPH，于是他们假设 SAC 通过维持 NADPH 浓度影响了铁硫蛋白簇：

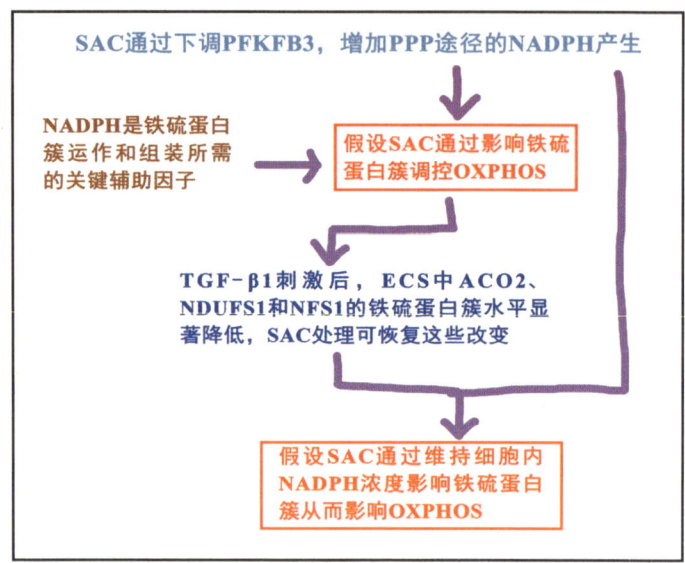

铁硫蛋白及 NADPH 都能影响 OXPHOS 通路：

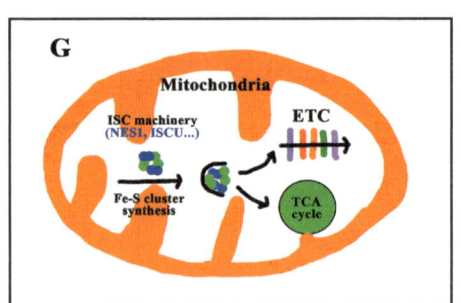

但是 NADPH 无法进入细胞膜及线粒体内膜，进入线粒体内膜会通过异柠檬酸盐及 α-KG 穿梭实现胞质及线粒体内 NADPH 的平衡。

那 SAC 维持的胞质内 NADPH 浓度到底是不是能影响线粒体内的 OXPHOS 呢？于是他们给细胞补充外源的 NADPH 以确定胞质 NADPH 对线粒体 OXPHOS 的影响。同时分析了 NADPH 对异柠檬酸盐及 α-KG 穿梭的影响，结果证实 SAC 将糖代谢引流至 PPP 途径，同时抑制了糖酵解。从而维持胞质中 NADPH 的浓度，促进了线粒体 OXPHOS。因此 SAC 可缓解内皮细胞 EndoMT 造成的细胞纤维化：

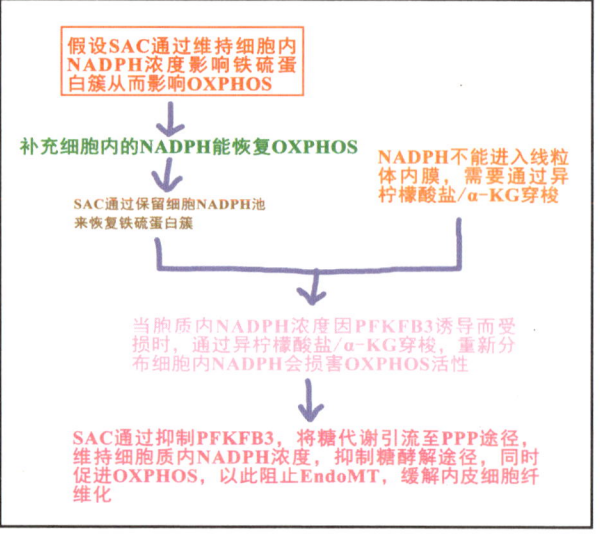

第九章 OXPHOS、糖酵解、TCA

现在再看这张示意图，是不是觉得他们验证的每一步都很扎实了呢……

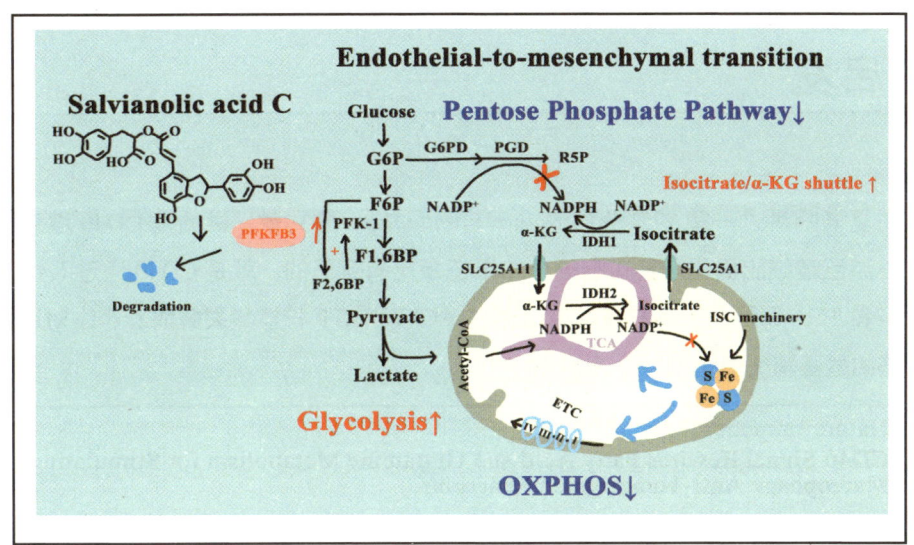

信号通路是什么"鬼"？6

代谢酶的隐藏功能？来看看这篇综述，多少能有点启发

以前夏老师讲过一篇 27.7 分的 *Nature Immunology* 的文章，讲的是 CD40 激活代谢途径影响下游巨噬细胞极化。其实有一个结果还是挺有意思的，就是 CD40 通过 FAO（脂肪酸氧化）和 TCA 循环产生的柠檬酸盐，通过 ACLY（ATP 柠檬酸裂解酶）产生对组蛋白乙酰化修饰的酰基辅酶 A：

> **Nature Immunology**
> CD40 Signal Rewires Fatty Acid and Glutamine Metabolism for Stimulating Macrophage Anti-Tumorigenic Functions

这其实就涉及了代谢途径中的酶的一些隐藏功能。于是夏老师就又找了篇 27.7 分的 *Cell Metabolism* 上的综述来看了看，其实这里面内容还是很多的，这篇综述也能多少给你们一些启发：

> **Cell Metabolism**
> The Evolving Landscape of Noncanonical Functions of Metabolic Enzymes in Cancer and Other Pathologies

代谢酶参与的代谢途径，基本上就是这么几块。其实在之前的信号通路中，也都给你们讲过。也就是 FAO（脂肪酸氧化）、TCA 循环，OXPHOS（氧化磷酸化）、磷酸戊糖途径和糖酵解途径。在这里，还额外加了氨基酸合成中的甲硫氨酸合成，因为这个毕竟是和甲基化相关的：

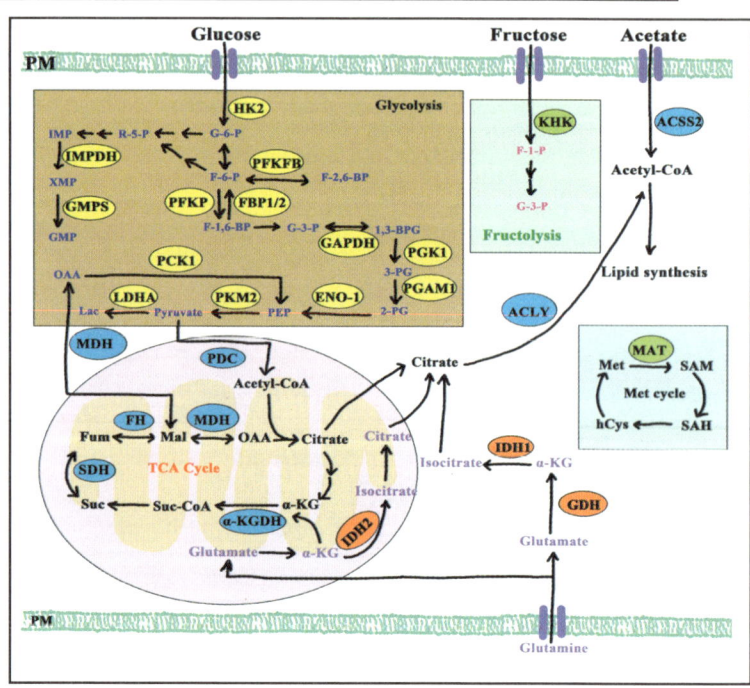

第十章 乳酸化、琥珀酰化、棕榈酰化

DNA 或者染色质结构的改变会调节基因的转录,这里就涉及 DNA 甲基化、组蛋白甲基化。而柠檬酸盐通过 ACLY 产生的酰基辅酶 A 则会引发组蛋白乙酰化。除此之外,棕榈酰辅酶 A、巴豆酰辅酶 A 可以分别导致组蛋白的棕榈酰化或巴豆酰化。其他代谢酶如 PKM2(丙酮酸激酶)和 OGT(N-乙酰氨基葡萄糖转移酶)也会参与组蛋白的磷酸化和 O-GlcNAc 糖基化修饰:

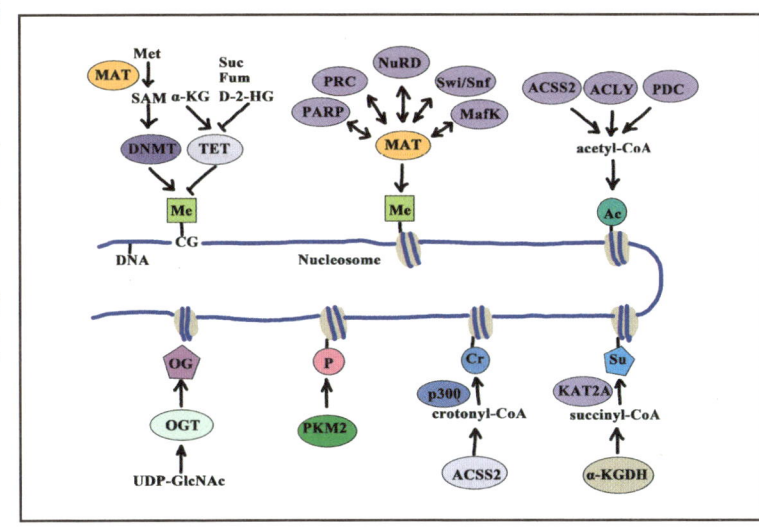

组蛋白和 DNA 甲基化由甲基转移酶(DOT1L 或 DNMT)和去甲基酶(JMJC 或 TET)调控,这个过程会受到代谢物的影响,比如 Suc(琥珀酸盐)、Fum(富马酸盐)和 α-KG(α-酮戊二酸)的调控。FH(富马水合酶)在 DNA 损伤区局部生成 Fum,通过抑制组蛋白 H3 去甲基化促进 DNA 修复(这里是 NHEJ 修复,也就是非同源末端连接修复):

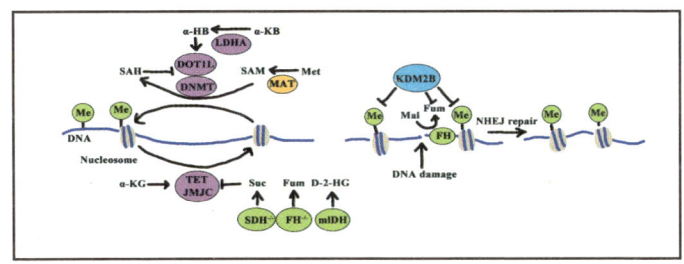

ACSS2(乙酰辅酶 A 合成酶 2)与 TFEB(转录因子 EB,自噬/溶酶体-核信号通路的中枢调控因子)、CBP 或 HIF-2α 复合,通过促进组蛋白乙酰化,分别调节溶酶体和自噬基因,记忆相关神经元基因和 EPO 的表达:

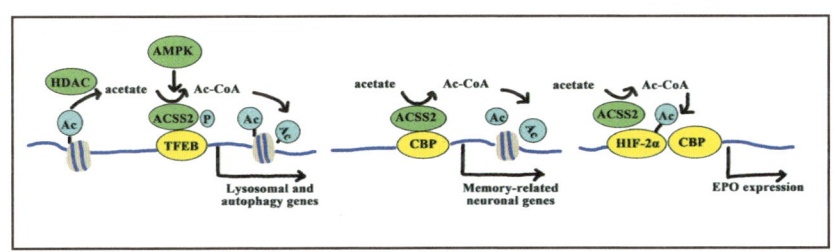

信号通路是什么"鬼"？ 6

　　ACLY 除了通过柠檬酸盐产生的酰基辅酶 A 对组蛋白乙酰化激活，也能结合 ChREBPβ 或 β-catenin 之类的转录因子，促进基因表达。同时 ACLY 引起的组蛋白乙酰化也对 DNA 的损伤修复有促进作用。但这里仅限于 HR 修复，就是同源重组修复：

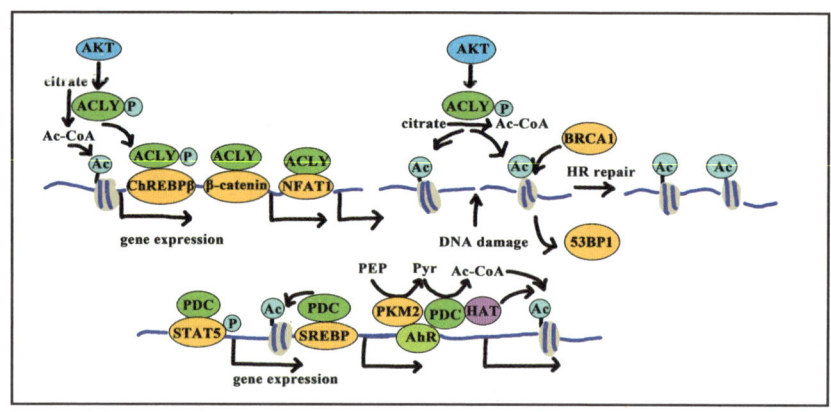

　　此外，TCA 循环中的 PDC（丙酮酸脱羧酶）也能调节 STAT5 和 SREBP 依赖性基因表达。PDC 与 PKM2 的复合物，也能协调乙酰化组蛋白并激活 AhR（芳香烃受体）靶向或细胞周期进展相关基因的表达。

　　在肿瘤的微环境中，PKM2（丙酮酸激酶）其实也起到了很大的作用，包括参与 Wnt 信号通路、JAK-STAT 信号通路、HIF-1 信号通路等，促进靶基因转录。PKM2 同时也能促进 DNA 损伤的 HR 修复，并能在线粒体中磷酸化激活 Bcl2 抑制凋亡。

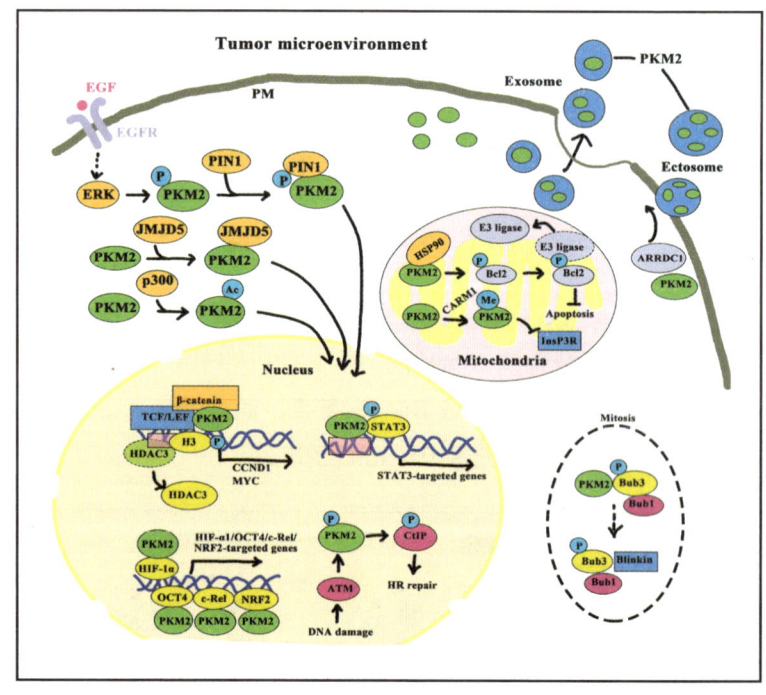

第十章 乳酸化、琥珀酰化、棕榈酰化

除了PKM2这样多功能的代谢酶，代谢酶中的PFK2（磷酸果糖激酶2）、HK（己糖激酶）、HMGCL（3-羟基-3-甲基戊二酰辅酶A裂解酶）、GDH1（谷氨酸脱氢酶）等，还能直接调节PI3K-AKT-mTOR信号通路、Raf-MEK-ERK信号通路和NF-κB信号通路这些与细胞增殖和存活密切相关的关键信号通路：

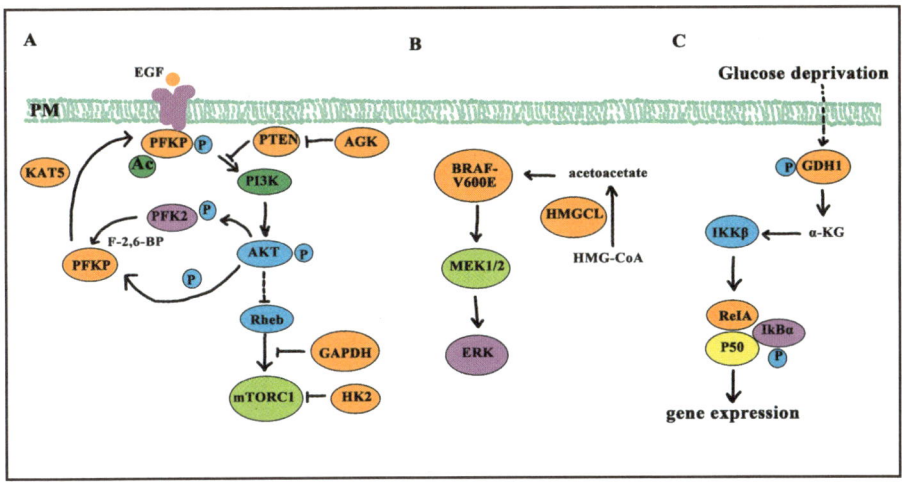

其实能量代谢途径中的代谢酶和代谢产物（如酰基辅酶A、富马酸盐等）都是可以参与到信号通路本身的调控中的，这个方向确实还挺有意思。

信号通路是什么"鬼"？6

这篇文章恨不得把乳酸化、m⁶A、TME 一起上

14.5 分的 *Molecular Cell* 作为 *Cell* 的子刊，其文献的质量其实是很不错的。于是夏老师就随便找了篇 *Molecular Cell* 的文章看了看：

> **Molecular Cell**
> Lactylation-Driven METTL3-Mediated RNA m⁶A Modification Promotes Immunosuppression of Tumor-Infiltrating Myeloid Cells

这篇文章讲的是乳酸化驱动 *METTL3* 介导的 RNA 的 m⁶A 甲基化，促进肿瘤细胞微环境免疫抑制。首先他们分析了肿瘤中 *METTL3* 的表达，发现肿瘤中 *METTL3* 都高表达，同时高表达 *METTL3* 与 T 细胞耗竭特征基因的表达呈正相关，且与免疫浸润及肿瘤进展相关基因呈正相关：

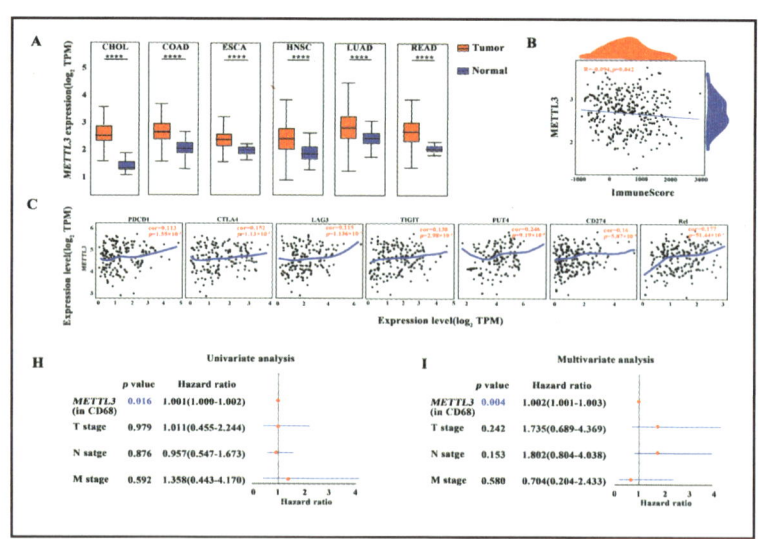

抑制性的 TIM（肿瘤浸润髓系细胞）可能在这里起到了比较大的作用，也就是说，*METTL3* 可能和免疫抑制有一定的关联。他们首先从 TIM 中为什么会高表达 *METTL3* 这点入手，肿瘤微环境中的 TIM 一般会受到肿瘤影响，于是他们就把 TIM 和肿瘤细胞进行了共培养。结果发现共培养后 TIM 中的 *METTL3* 表达量明显增多。

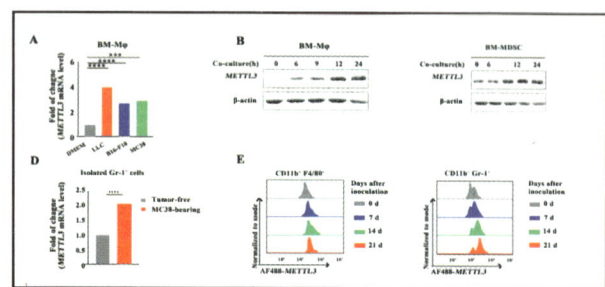

第十章 乳酸化、琥珀酰化、棕榈酰化

而敲除了 METTL3 后的 TIM，会有效抑制肿瘤的增殖和进展：

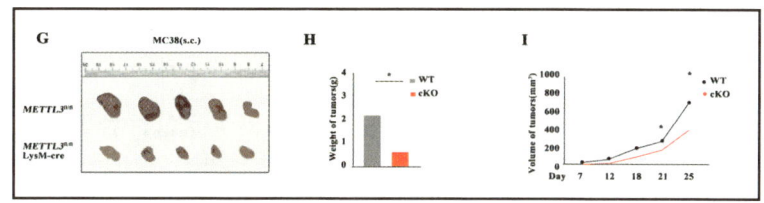

那么髓系细胞 METTL3 缺陷后，会通过什么途径影响肿瘤微环境的免疫抑制呢？他们分析了髓系细胞缺失了 METTL3 后，对于肿瘤微环境的影响，结果发现细胞毒性 $CD8^+$ T 细胞在微环境中增多，而 Treg 细胞在微环境中减少：

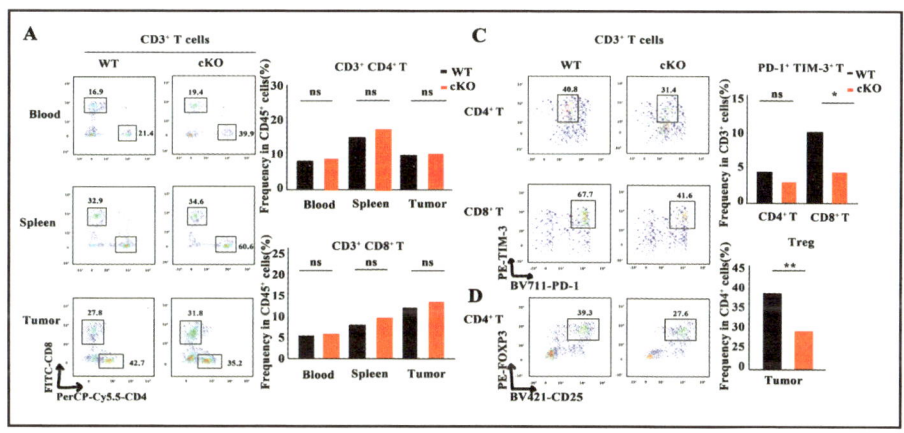

那么 METTL3 是如何造成这样的免疫细胞重塑的呢？他们就分析了一下肿瘤诱导的 METTL3 高表达引发的下游转录情况，发现 JAK-STAT 信号通路受到了影响：

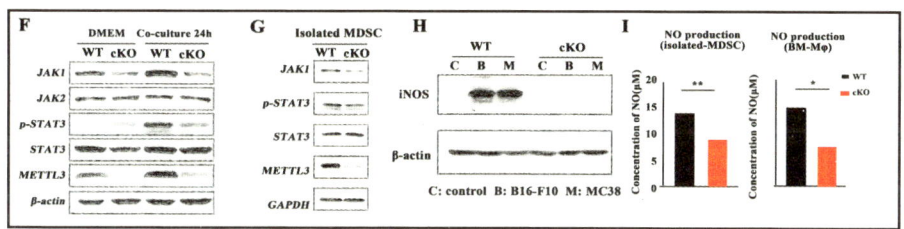

METTL3 作为一个甲基化转移酶，要是能影响 JAK-STAT 信号通路，肯定会与 JAK-STAT 信号通路上的 mRNA 甲基化有一定的关系，于是他们分析了一下 JAK1 的 mRNA，结果发现 METTL3 促进了其 m^6A 甲基化，并使得 YTHDF1 识别后，促进了 JAK1 的翻译：

信号通路是什么"鬼"？6

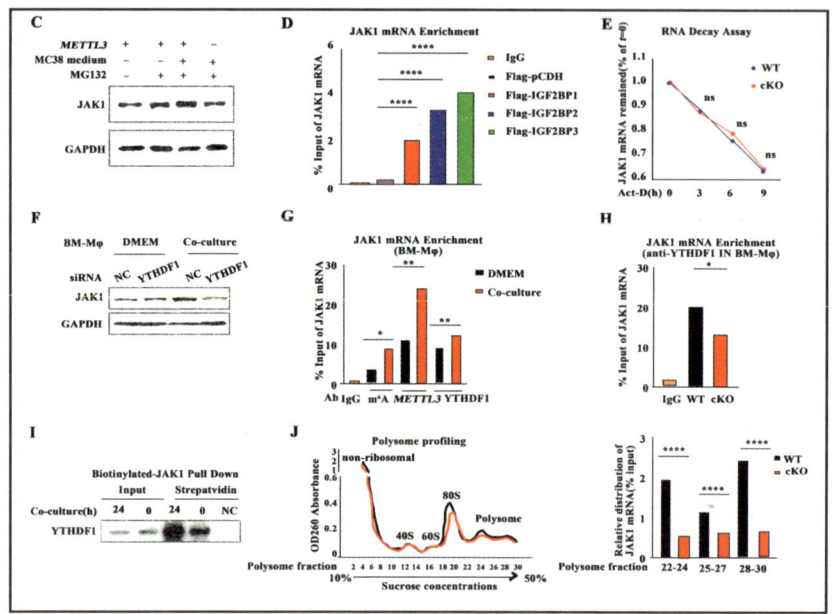

接着他们又把话题扯回到 *METTL3* 的表达为什么会受到肿瘤细胞的影响，看了这么久的文献应该也知道肿瘤的 Warburg 效应会产生乳酸的累积。他们假设是肿瘤细胞分泌的乳酸引发的肿瘤微环境变化，于是分析了乳酸对于微环境中 *METTL3* 和 JAK1 的影响，以及敲除了 LDH（乳酸脱氢酶）或者使用鱼藤酮造成乳酸累积，是否会影响 *METTL3* 的表达。而负责乳酸转运的 MCT1 和 MCT4 也与 *METTL3* 表达正相关：

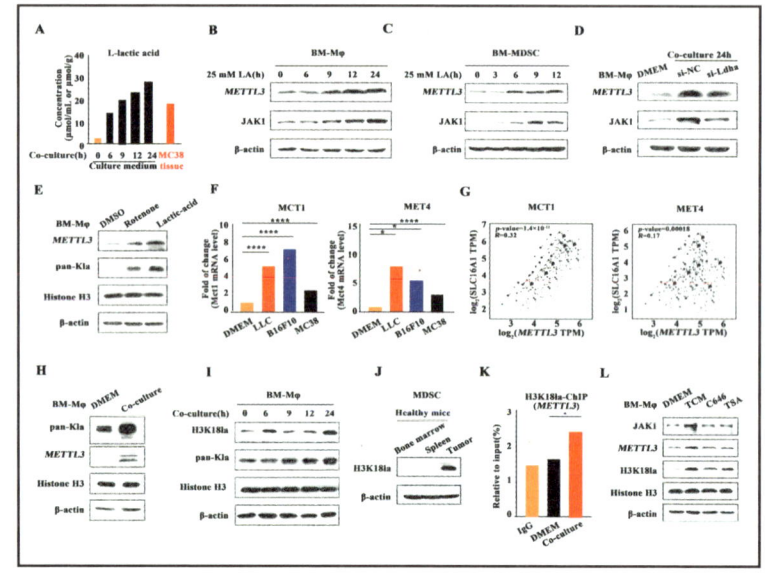

第十章 乳酸化、琥珀酰化、棕榈酰化

结果发现乳酸能促进 METTL3 的表达，同时能增强细胞中的 pan-Kla（泛-赖氨酸乳酸化）。而 METTL3 的启动子组蛋白乳酸化能促进 METTL3 的表达。那乳酸增多对于 pan-Kla 的增强，是否也导致了 METTL3 蛋白上的乳酸化增多呢？他们首先分析了乳酸和 METTL3 蛋白的亲和性，以及蛋白产生的变化，确定了乳酸化的位点。

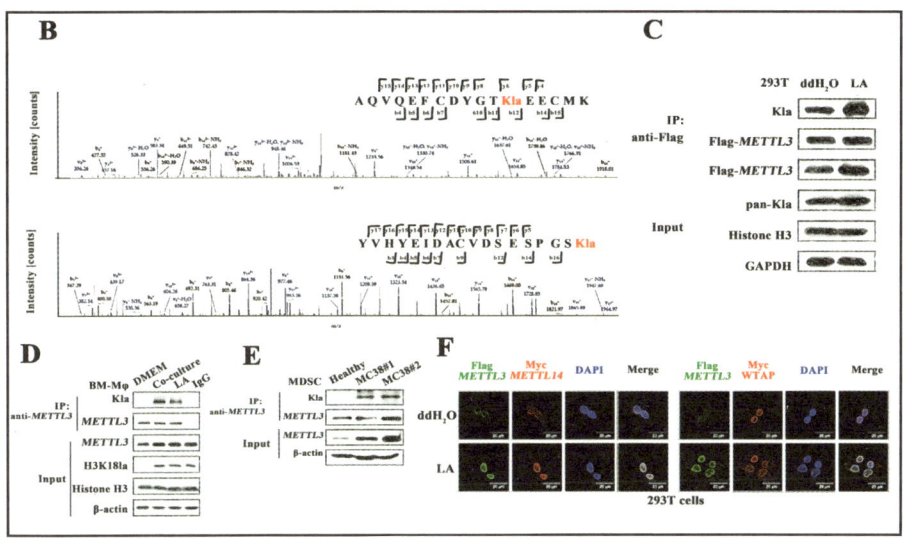

结果发现 METTL3 的蛋白乳酸化会促进 METTL3 结合 mRNA，以此增强 RNA 的 m^6A 甲基化水平：

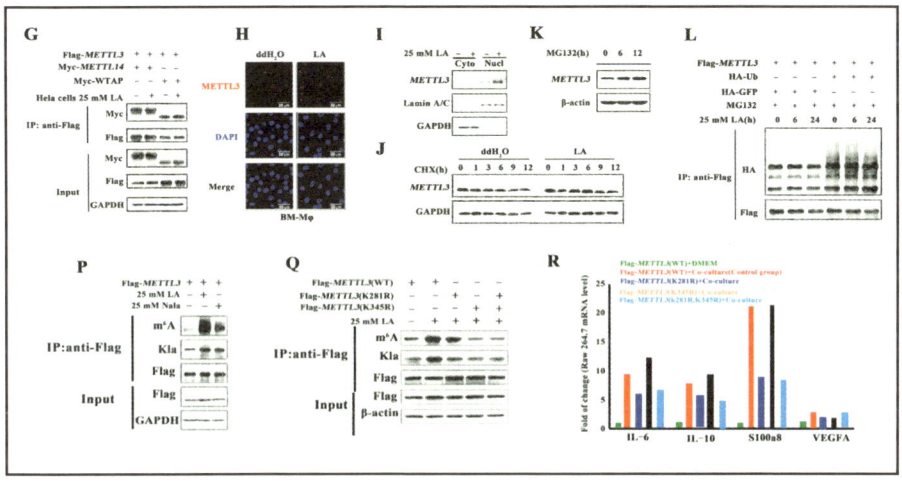

145

信号通路是什么"鬼"？6

最后就形成了这样一个示意图：

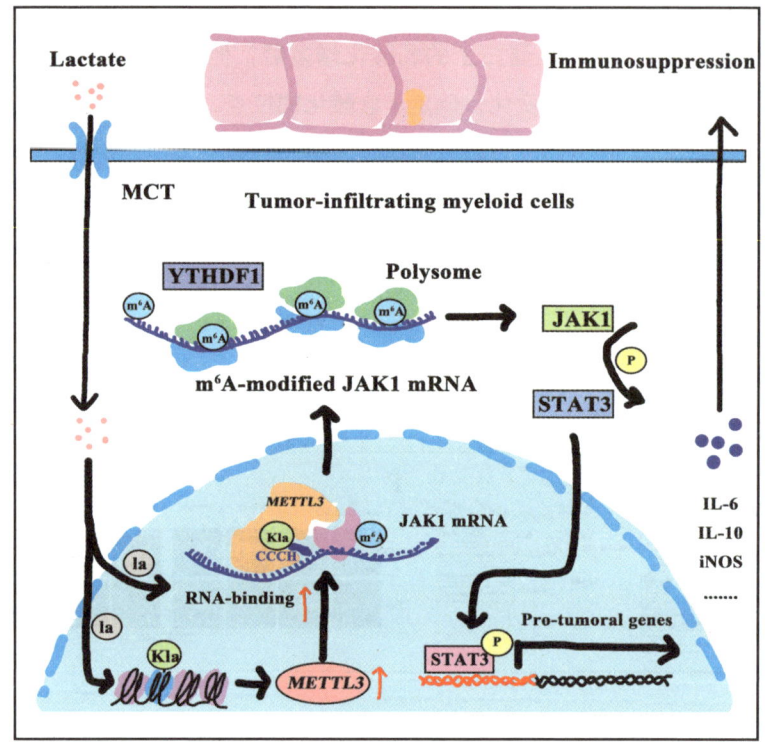

这篇文章给我的感觉是什么呢？就是要说的内容很多，主线其实并不明确。在下一节里，我们继续来分析一下这篇文章吧。

第十章　乳酸化、琥珀酰化、棕榈酰化

这篇文章看上去做得满满登登的，但实际上……

上节我们讲了这篇 14.5 分的 *Molecular Cell*，工作量和内容其实都是不错的，但整体来看的话，整篇文章的内容并不连贯，甚至还有点散乱。我们来看看这篇文章到底有什么样的问题：

> **Molecular Cell**
> Lactylation-Driven METTL3-Mediated RNA m6A Modification Promotes Immunosuppression of Tumor-Infiltrating Myeloid Cells

首先我们来看看文章自己描述的亮点，一共是四条：

> **Highlights**
> H3K18 lactylation increases Mettl3 expression in tumor-infiltrating myeloid cells
> H3K18乳酸化增加TIM细胞中的METTL3表达
> METTL3-mediated m⁶A modification on Jak1 mRNA promotes its protein translation
> METTL3介导的m⁶A甲基化对Jak1的mRNA的修饰，促进了其蛋白质翻译
> METTL3/m⁶AJAK1/STAT3 axis strengthens immunosuppressive functions of myeloid cells
> METTL3/m⁶A/JAK1/STAT3轴增强髓系细胞的免疫抑制功能
> Lactylation on zinc-finger domain of METTL3 enhances its capture of m⁶A-modified RNA
> METTL3锌指结构域上的乳酸化，增强了其对m⁶A甲基化修饰mRNA的捕获

这四条虽然说看上去都有点儿意思，但是这几条内容并不连贯，要么是没能证明关键作用，要么是没能证明通路的具体存在。我们一点点来分析，首先他们分析发现 *METTL3* 与肿瘤及髓系细胞的免疫抑制相关。然后他们提出了两个假设：

（1）假设肿瘤细胞分泌的因子会诱导髓系细胞 *METTL3* 高表达；
（2）假设髓系细胞受到诱导后高表达的 *METTL3* 是引起肿瘤免疫抑制的关键。

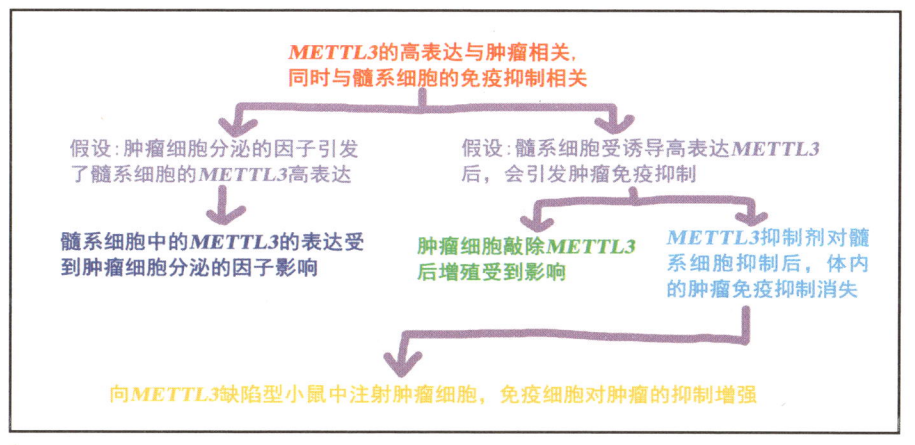

147

信号通路是什么"鬼"？6

通过实验验证发现，髓系细胞中的 *METTL3* 的表达受到肿瘤分泌的因子影响。而向 *METTL3* 缺陷型小鼠注射肿瘤细胞后，免疫细胞对于肿瘤的抑制增强。接着他们分析了 *METTL3* 是如何影响髓系细胞免疫的，他们就分析了一下髓系细胞在敲除 *METTL3* 后下游的转录组，结果发现 JAK-STAT 信号通路可能受到了 *METTL3* 的影响。由于 *METTL3* 是甲基化转移酶，所以他们迭代了假设，假设 *METTL3* 通过 m^6A 甲基化影响了 JAK-STAT 信号通路：

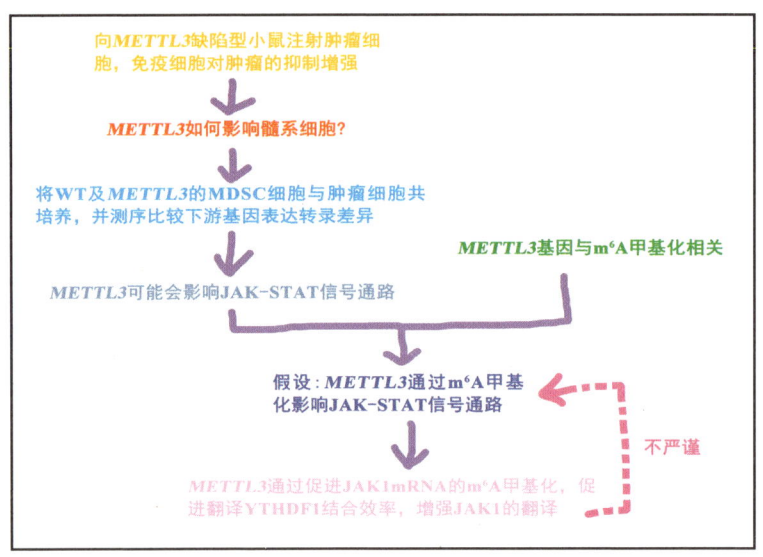

结果他们发现 JAK1 的 mRNA 会受到 *METTL3* 的影响，产生 m^6A 甲基化，并且增强了其与 YTHDF1 的结合，增强了翻译。但这一步结果并不严谨，为什么这么说呢？因为这一步存在着肯定后件的逻辑谬误。这一步想要做到严谨，就需要通过突变 JAK1 的 m^6A 甲基化位点，再看 *METTL3* 是否还能影响 JAK-STAT 信号通路才行。

你们可以这样思考，*METTL3* 作为一个广谱的甲基化转移酶，是否真的仅仅通过 JAK1 的 m^6A 甲基化对下游的 JAK-STAT 信号通路产生影响，并且影响髓系细胞的免疫功能呢？也就是说，这步如果不严谨，那么亮点 3 中所谓的 "*METTL3* → m^6A → JAK1 → STAT3 → 免疫抑制"轴就不一定存在。

接着他们又分析了 *METTL3* 的上游，分析到底是什么样的肿瘤细胞分泌物引起了 *METTL3* 的表达增强？由于肿瘤代谢的 Warburg 效应，他们首先选择了乳酸，结果发现乳酸的确能通过启动子组蛋白的乳酸化影响 *METTL3* 的转录表达。并且乳酸促进了 *METTL3* 的锌指结构域乳酸化，促进了其与 mRNA 的结合。这两点其实都做得可以，但是，这只能说明存在这样的现象，并不能说明这个现象在整个"乳酸

第十章 乳酸化、琥珀酰化、棕榈酰化

→ *METTL3* → m⁶A → JAK1 → STAT3 →免疫抑制"轴中的关键作用。要把这两块结合到整个轴上,就需要将这个作为中项的环节,至少周延一次,也就是说,除非乳酸仅调控 *METTL3* 的启动子组蛋白乳酸化或者仅调控 *METTL3* 的蛋白锌指结构域,才能把这条轴完善起来,否则这个结果就是孤立的:

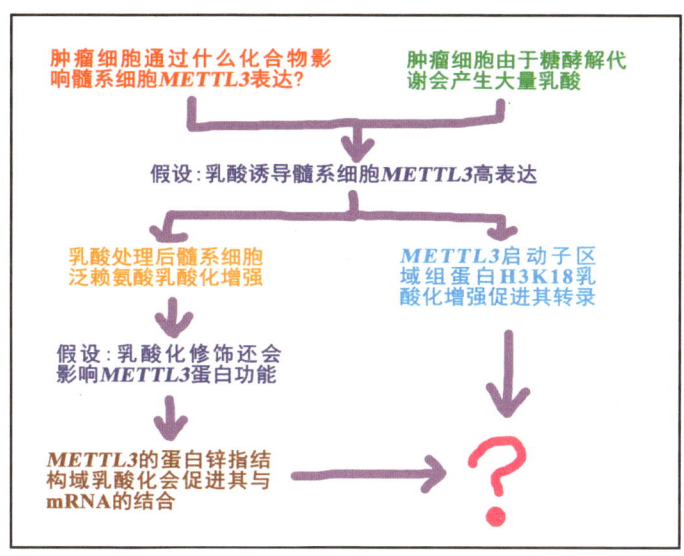

整篇文章看上去满满登登的,但再回过头来看看这篇文章的亮点:

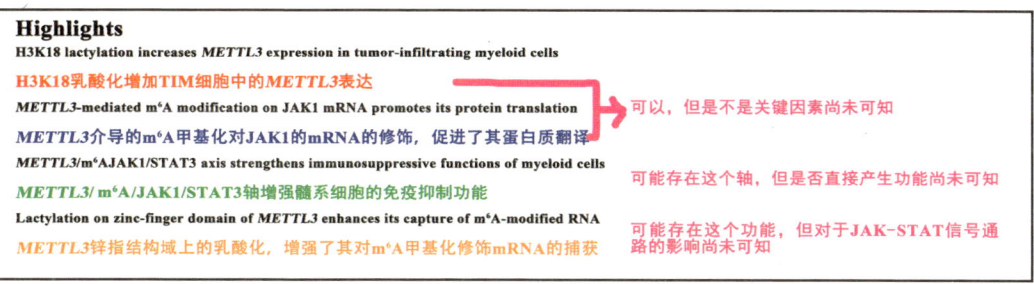

各个亮点之间都不能串联起来,乳酸化能促进 *METTL3* 的表达,但未必是关键因素;*METTL3* 能促进 JAK1 的 m⁶A 甲基化,但未必是其激活 JAK-STAT 信号通路的关键;*METTL3* 锌指结构是能乳酸化,但这个也不一定是通过 JAK-STAT 信号通路起作用的。这些论证结果的不严谨,就导致了"乳酸→ *METTL3* → m⁶A → JAK1 → STAT3"轴也未必真的存在,并不一定是髓系细胞免疫抑制的关键因素。然后再来看看他们的示意图:

149

信号通路是什么"鬼"？6

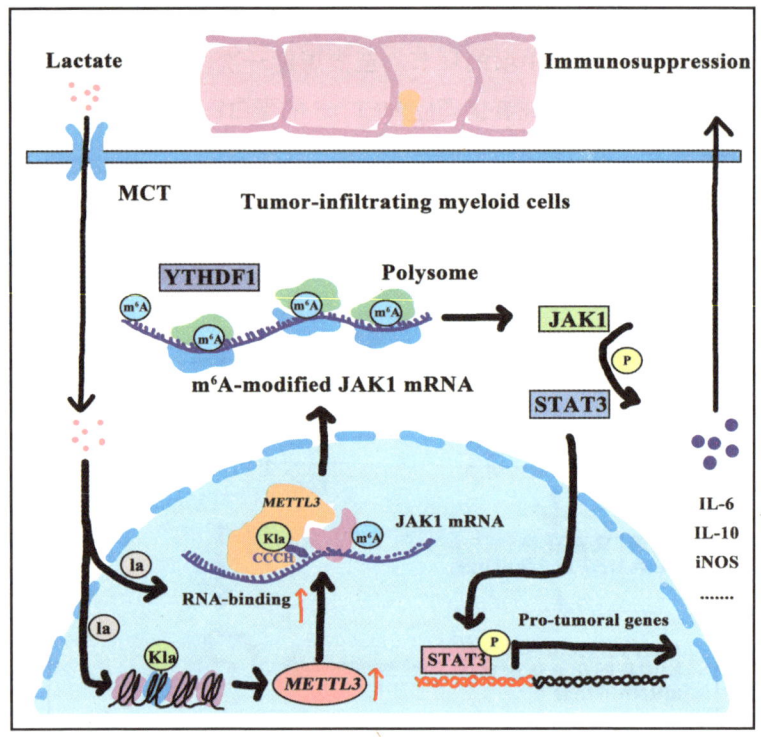

可以说，他们是找到了一条线索就认为整个通路就是这样。现在看的话，这些通路是不是就没有那么连贯了呢？

第十章　乳酸化、琥珀酰化、棕榈酰化

这篇文章验证了一个乳酰化的正反馈途径

既然讲了乳酸化，其实就是乳酰化，那么就再找一篇高分一点的文章，看看人家是怎么做的。于是夏老师就随便找了一篇 27.7 分的 *Cell Metabolism* 上的文章，看看他们是怎么做乳酰化的：

> **Cell Metabolism**
> Positive Feedback Regulation of Microglial Glucose Metabolism by Histone H4 Lysine 12 Lactylation in Alzheimer's Disease

其实乳酰化，可能就是乳酸增多引发的蛋白修饰，乳酸增多倒推回去其实就是糖酵解增多。这篇文章讲的是 AD（阿尔茨海默病）相关的乳酰化影响，产生了一个正反馈机制。他们首先发现在 AD 模型小鼠的海马体中出现了乳酸累积，同时泛-赖氨酸乳酰化增多：

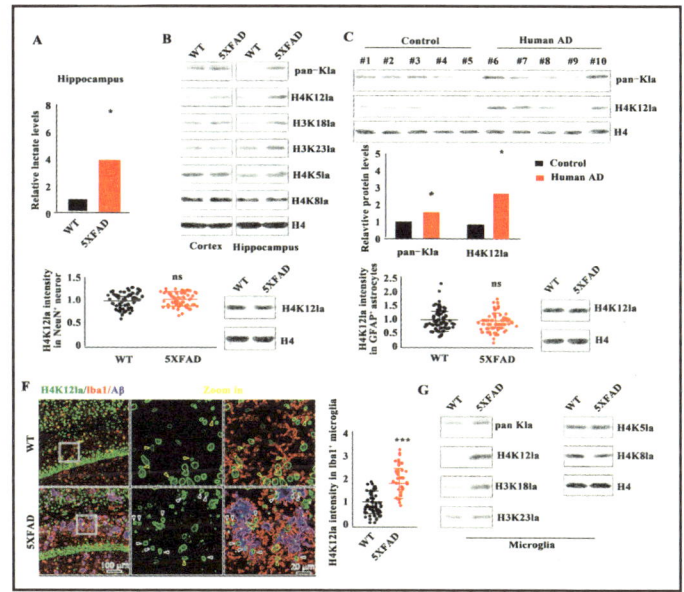

赖氨酸乳酰化增多，特别是组蛋白的乳酰化增多，很可能会导致转录的促进。于是他们就分析了 AD 模型小鼠中的组蛋白 H4K12 乳酰化：

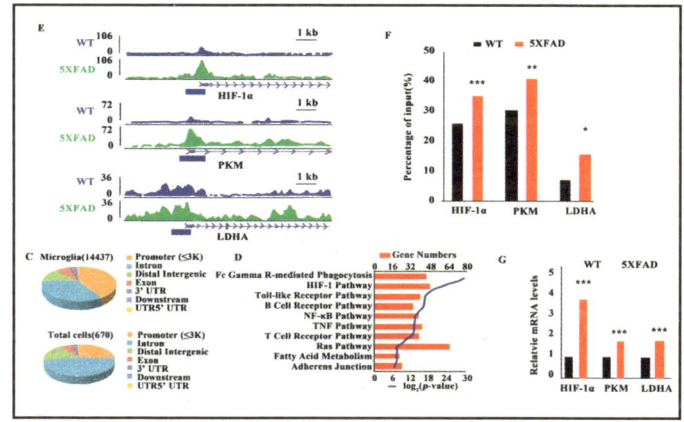

信号通路是什么"鬼"？6

这个是咋整的呢？他们首先分离了 AD 小胶质细胞，然后消化全基因组，用 H4K12 乳酰化抗体去拉下来染色体，再对拉下来的染色体进行测序。这样就能分析出哪些区段的组蛋白 H4K12 出现了乳酰化修饰，结果发现很多 H4K12 的乳酰化位点在基因的启动子范围，包括 PKM2、HIF-1α、LDHA 等基因都在其中。PKM2 是丙酮酸激酶，LDHA 是乳酸脱氢酶，如果乳酰化增强了 PKM2、LDHA 的表达，势必增强乳酸的产生（这个在前面的糖酵解途径里也讲过了），也就是说会形成正反馈。于是他们敲减 PKM2 或使用 PKM2 抑制剂进行分析，大大缓解了 H4K12 的乳酰化及泛乳酰化：

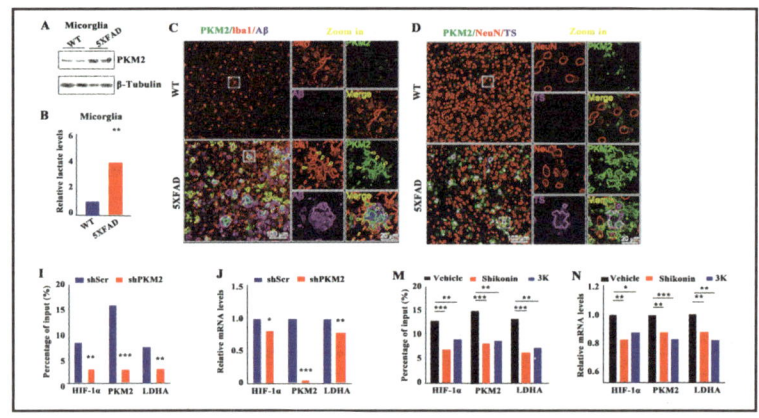

他们以此表示证明了正反馈机制的存在。但是实际上这很难说明具体问题，因为即使不存在这样的正反馈，敲除了乳酸形成的上游，也一样会抑制乳酰化……

活化的小胶质细胞释放的炎症因子可导致突触损伤、神经元死亡和神经发生抑制，从而导致 AD。所以，他们接着分析了 PKM2 缺失对于 AD 小鼠的小胶质细胞活化的影响，结果发现敲除 PKM2 后小胶质细胞活化受限了。

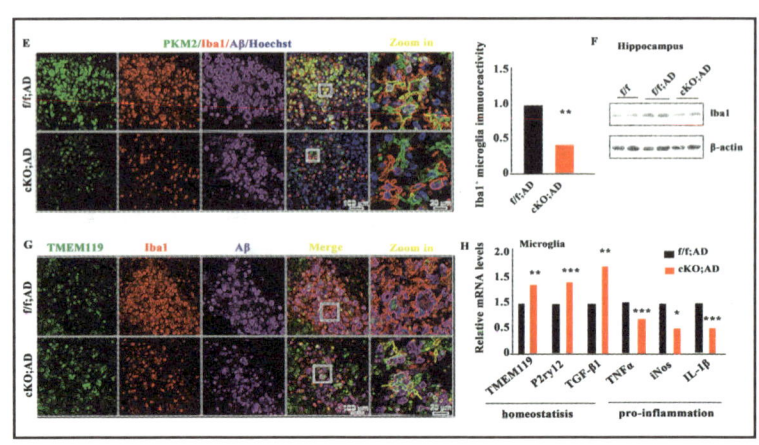

第十章 乳酸化、琥珀酰化、棕榈酰化

体内实验显示，小胶质细胞中 PKM2 特异性敲除可改善 Aβ（β 淀粉样蛋白）沉积，并改善 AD 小鼠的空间学习和记忆：

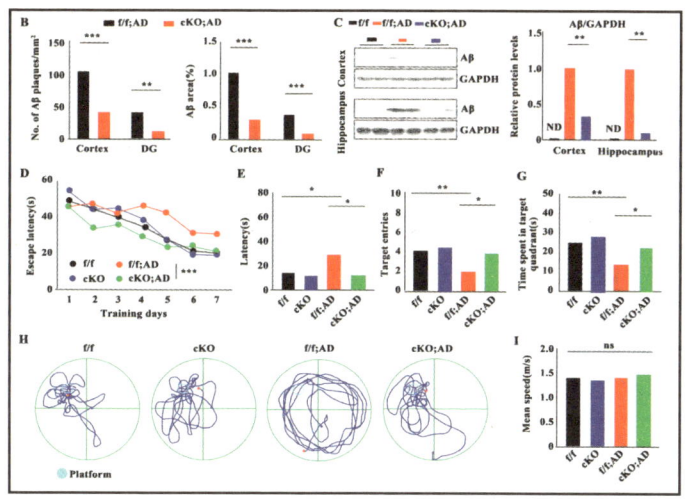

最后他们用药理学抑制 PKM2，来分析抑制 PKM2 对于 AD 的缓解作用，因为没办法精准地给小胶质细胞用药，所以他们是直接给小鼠脑子里打药的（想想就疼）。结果发现药理学抑制 PKM2 的确能缓解 AD：

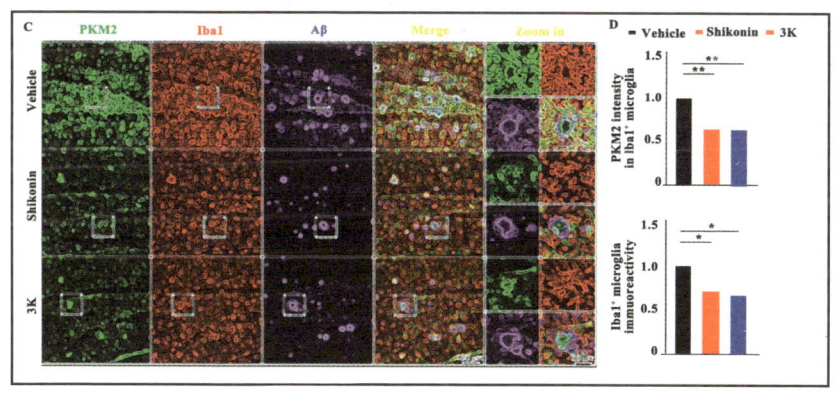

这篇文章怎么说呢，的确是阐释了乳酸化造成的小胶质细胞活化这个现象，乳酸化活化的下游，的确有 PKM2。但这个正反馈通路真的存在吗？未必，因为没有正确验证。你会问：夏老师，这个要怎么验证啊，他们不是已经验证过了吗？

153

信号通路是什么"鬼"? 6

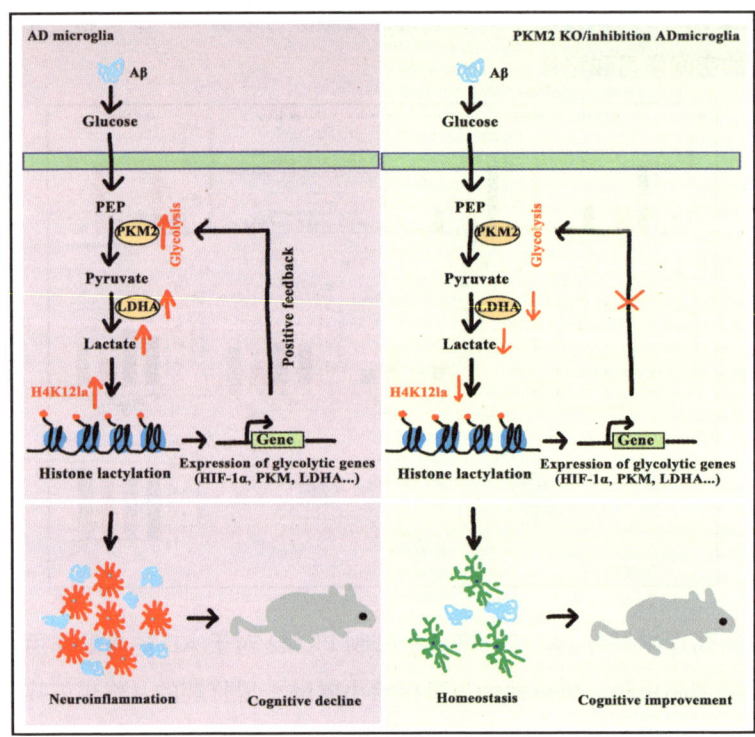

其实这个正反馈通路的验证的确不够严谨,这里并没有直接将 PKM2 的启动子区域 H4K12 乳酰化作为敲除目标进行检测,而是直接抑制了 PKM2 的表达,也就是说抑制的是乳酰化的上游,所以这个通路并不一定成立。正确的验证,应该是去除了 PKM2 启动子上 H4K12 的乳酰化后,再看 PKM2 的表达是否产生差异,以及整体的泛乳酰化水平是否产生差异。要怎么才能定点去除乳酰化呢?这个其实也讲过(在 CRISPR 应用上,可以设计验证类似的定点去除组蛋白甲基化或者乙酰化的方法,都是雷同的)。只有这样,才能把整个正反馈通路说圆满。

第十章 乳酸化、琥珀酰化、棕榈酰化

这篇 *Cell* 子刊做的是蛋白的琥珀酰化

蛋白质的修饰也是比较热门的话题了,不光是组蛋白的甲基化、酰基化,其他蛋白的修饰也是可以对其功能产生影响的。于是夏老师就随便搜了一篇南方医科大学发表在 16.0 分的 *Cell* 子刊——*Molecular Cell* 上的文章,这篇文章做的就是蛋白的棕榈酰化修饰:

> **Molecular Cell**
> Targeting LYPLAL1-Mediated cGAS Depalmitoylation Enhances the Response to Anti-Tumor Immunotherapy

在这篇文章里,对于棕榈酰化他们使用了 ABE(酰基-生物素交换法)检测方法,其实就是把 S-酰基替换成生物素然后用 MS、IP 等方法检测的技术:

> **Scientific Reports**
> Analysis of the Brain Palmitoyl-Proteome Using both Acyl-Biotin Exchange and Acyl-Resin-Assisted Capture Methods

他们分析检测的是我们的老朋友 cGAS-STING 信号通路中的 cGAS,为啥他们要研究这个通路呢?因为 cGAS-STING 通路可以被用来产生促炎肿瘤微环境,而 cGAS 是 cGAS-STING 信号通路中响应 dsDNA,合成 cGAMP 后激活 STING 的关键:

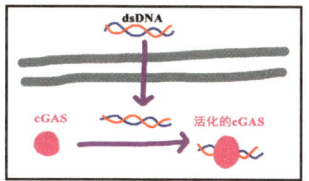

他们首先分析了内源性和异位表达的 cGAS 在多种癌细胞系中的酰基化修饰,而其中关键的修饰是 C16 的酰基化(红框),也就是棕榈酰化。使用了负责棕榈酰化的 ZDHHC(蛋白酰基转移酶)抑制剂 2-BP 后,也就是降低了 cGAS 的棕榈酰化。结果发现 dsDNA 诱导的 cGAS 的二聚体形成明显降低,也就是说棕榈酰化的降低会抑制 cGAS 的激活:

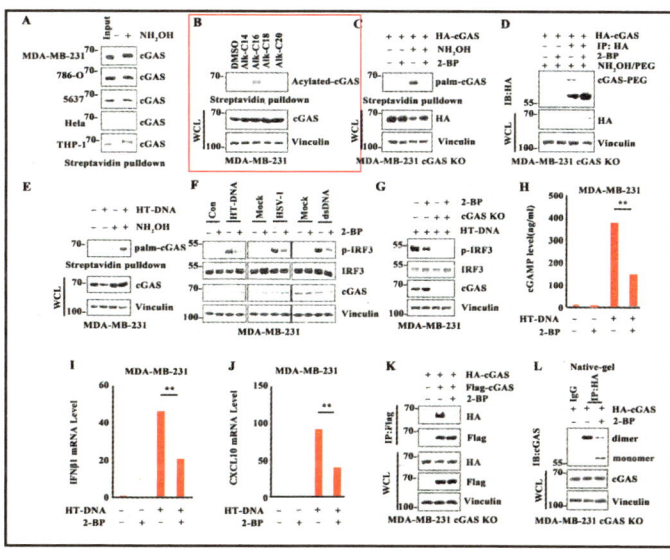

信号通路是什么"鬼"？6

那么cGAS具体是什么位置产生了这样的棕榈酰化修饰呢？他们选择了几个可能的位点进行突变，当真正的棕榈酰化位点氨基酸残基突变后，ABE（腺嘌呤碱基编辑器，一种基于CRISPR/Cas系统改造而来的基因编辑工具）后使用IP无法显示出棕榈酰化修饰。通过这种方法，他们找到了cGAS的C404/405这个棕榈酰化的位点。当敲除了斑马鱼的cGAS后，再过表达突变cGAS的斑马鱼，无法再抵御CyHV病毒，也就说明了cGAS的C404/405残基的琥珀酰化对于激活cGAS功能的作用：

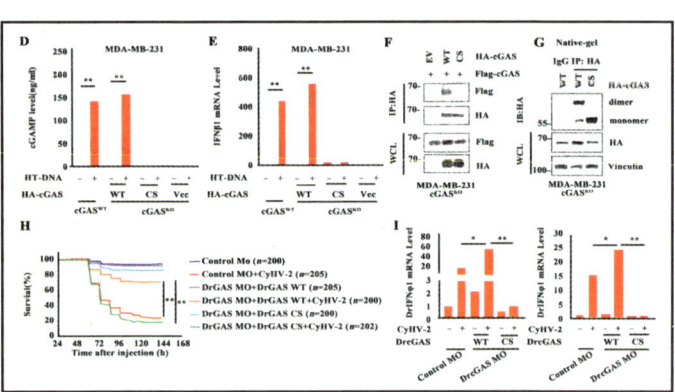

棕榈酰化是由具有保守锌指和天冬氨酸-组氨酸-组氨酸-半胱氨酸（ZDHHC）序列基序的PAT（棕榈酰转移酶）催化的，于是他们筛选了23个ZDHHC，看具体是哪个ZDHHC对cGAS进行琥珀酰化修饰的。结果找到了ZDHHC9，ZDHHC9能与cGAS互作，敲减了ZDHHC9后，cGAS的琥珀酰化降低，活性降低。敲减后过表达酶活突变的ZDHHC9，则同样无法激活cGAS：

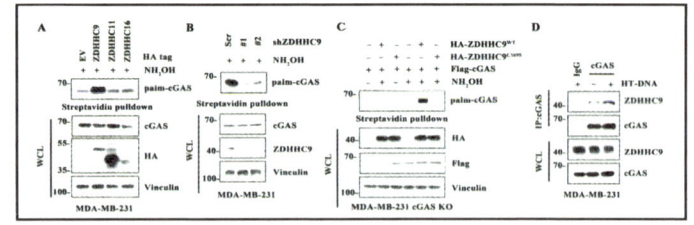

PAT及其APT（抵消酰基蛋白硫酯酶）是两组酶，所以找到了对cGAS进行棕榈酰化的ZDHHC9，他们就继续分析了一下对cGAS去棕榈酰化的APT。通过筛选，他们找到了LYPLAL1，这个APT是可以对cGAS进行去棕榈酰化的。对于LYPLAL1与cGAS的研究，他们也仅限于二者的结合，以及敲除LYPLAL1对于cGAS的琥珀酰化的影响：

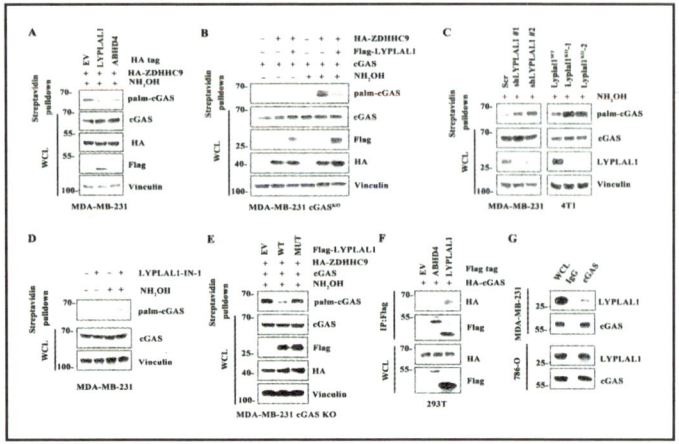

第十章　乳酸化、琥珀酰化、棕榈酰化

和研究 ZDHHC9 与 cGAS 的关系一样，他们也研究了 LYPLAL1 对 cGAS 功能的影响，也就是 LYPLAL1 抑制后，对于 cGAS-STING 信号通路的激活作用。结果就是 LYPLAL1 抑制会激活 cGAS-STING 信号通路介导的免疫反应：

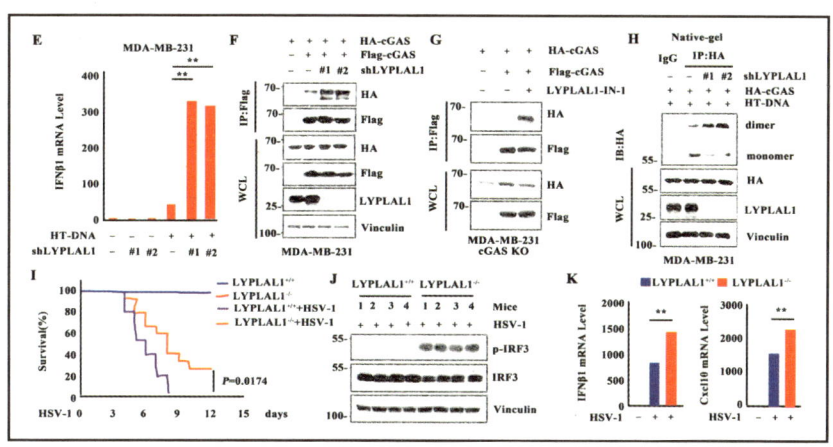

cGAS-STING 信号通路被激活后，会通过两个转录因子进行激活。一个是 NF-κB 信号通路，转录激活 IL-6 之类的细胞因子表达；另一个就是通过 IRF3 转录激活 IFN（干扰素）这类细胞因子的表达。而 PD-L1 是 cGAS-STING 通路的下游 IFN 激活的 ISG（干扰素刺激基因，IFN 会通过 JAK-STAT 信号通路激活 PD-L1 的转录）：

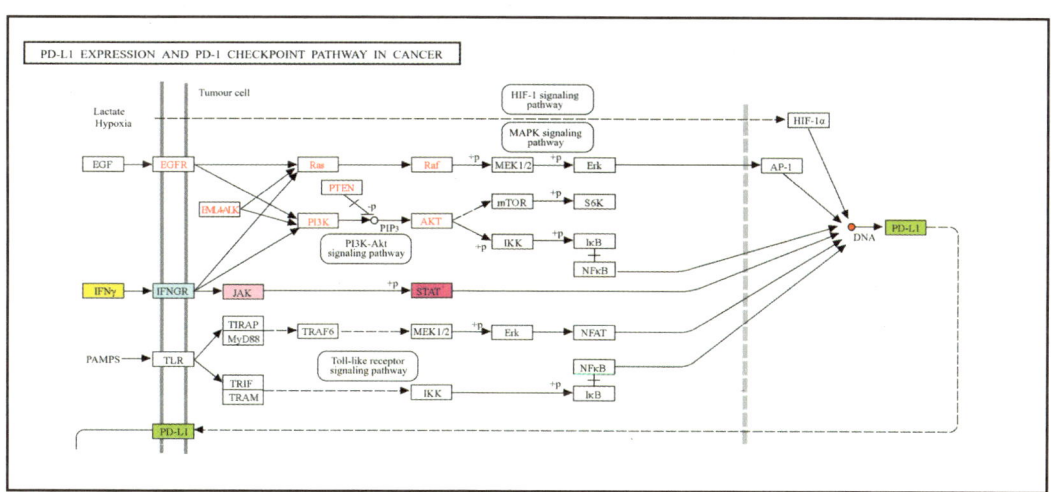

与 RNA-seq 分析一致，在四个数据集和乳腺癌患者的 TCGA 中，LYPLAL1 的表达与富集到的 IFN I 型信号通路和 IFNγ 反应呈负相关。而靶向 LYPLAL1 的敲除，可以通过促进 cGAS 脱棕榈酰化，增强 PD-1 阻断治疗，显著增加了 CD3 肿瘤浸润淋巴细胞（TIL）中 $CD8^+$ T 细胞的数量：

信号通路是什么"鬼"？6

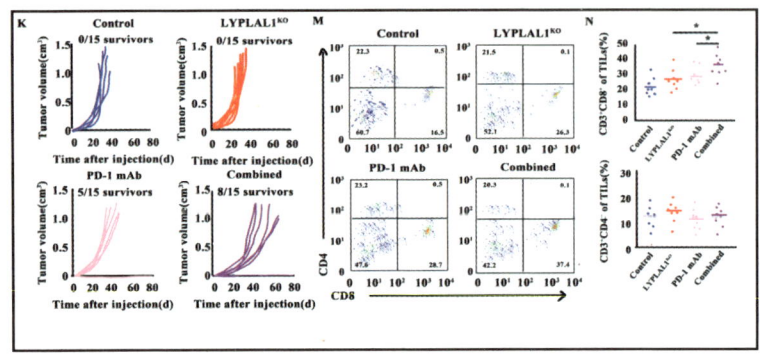

最后他们形成了这样一个示意图：

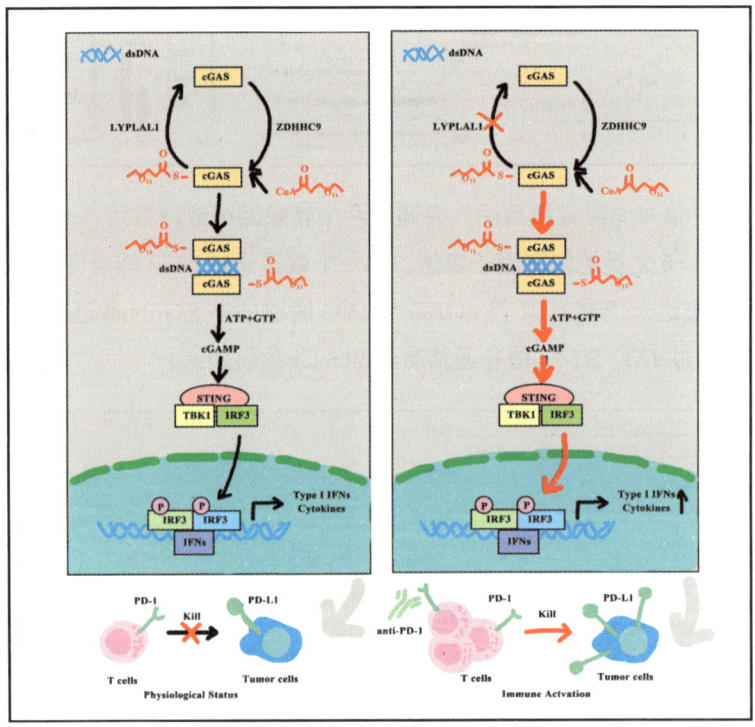

怎么说呢，这篇文章的确做得不错，特别是在对 cGAS 的琥珀酰化及琥珀酰化具体位点的筛选上，是非常值得借鉴的。后期的验证上，如果在 ZDHHC9 对 cGAS 的作用和 LYPLAL1 对 cGAS 的作用上更严谨一些，肯定能让这篇文章 IF 达到 20+ 的水平。你能看出来这篇文章在哪里可以进一步调整及改进验证方法吗？

第十章 乳酸化、琥珀酰化、棕榈酰化

看下 EsxB 蛋白抑制巨噬细胞的炎症反应

夏老师在 PubMed 上冲浪的时候，会看看那些质量比较高的期刊的文章，*PNAS* 算是质量还比较在线的。于是就找了这么一篇陆军军医大学新桥医院发表在 9.4 分的 *PNAS* 上的文章，这篇文章挺有意思，讲的是金黄色葡萄球菌分泌的 EsxB 蛋白对巨噬细胞的炎症反应产生抑制的过程，而这个过程是通过 EsxB 对 STING 信号通路的抑制导致的：

> Proceedings of the National Academy of Sciences of the United States of America
> Type VII Secretion System Extracellular Protein B Targets STING to Evade Host Anti-Staphylococcus Aureus Immunity

首先他们分析了金黄色葡萄球菌感染后巨噬细胞的表现，他们对感染后 6 小时的巨噬细胞进行了测序，发现 STING 会在感染后诱导巨噬细胞产生促炎细胞因子。而使用 Cre-LoxP 系统特异性敲除巨噬细胞的 STING 后，感染诱发的巨噬细胞炎症因子的产生明显降低。这也就是说，金黄色葡萄球菌在感染的早期阶段，会通过 STING 诱导巨噬细胞产生促炎性反应：

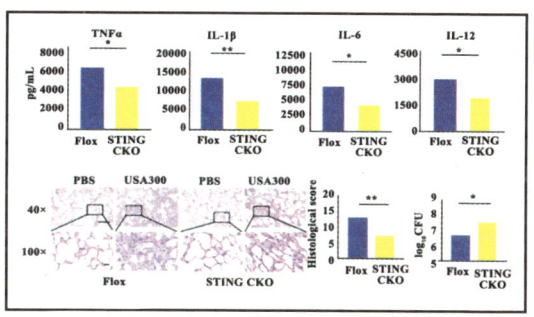

金黄色葡萄球菌释放的分泌效应子可以通过干扰细胞内信号转导来操纵巨噬细胞的激活。既然巨噬细胞中 STING 是关键因素，那金黄色葡萄球菌是怎么影响 STING 的呢？他们通过对金黄色葡萄球菌的分泌蛋白和 STING 的共沉淀，筛选出了一个可能与 STING 互作的分泌蛋白——EsxB。当在菌株中特异性敲除了 EsxB 后，菌体对巨噬细胞的炎症因子的表达产生了促进作用（其实这个就是柯霍氏法则的验证，通过对病原体上关键蛋白的敲减来分析该蛋白的关键作用）。为进一步确定 EsxB 和 STING 的互作，他们对这两个蛋白进行了分区段的缺失，然后验证二者的互作，由此确定了二者的具体互作结构域：

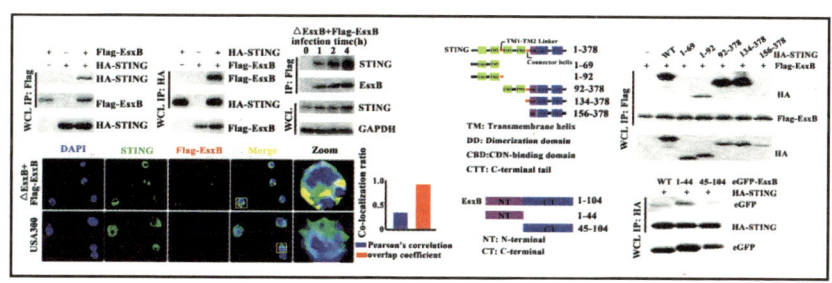

信号通路是什么"鬼"？6

接着为了进一步说明 EsxB 对炎症反应的抑制，他们对巨噬细胞表达了外源的 EsxB，通过 EsxB 的表达后进行二代测序发现，巨噬细胞原有的炎症因子相关的 NF-κB 信号通路和 MAPK 信号通路都受到了影响，而 EsxB 缺失的菌株感染后的巨噬细胞，则表现出更高的 p65、p38、JNF 和 ERK 磷酸化水平，也就是说 EsxB 是可以抑制炎症反应的：

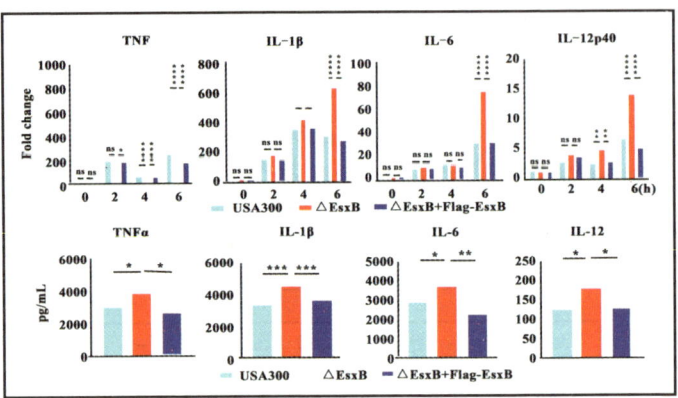

使用 TAK1 和 TBK1 抑制剂进行分析，结果发现在金黄色葡萄球菌感染期间，TAK1 抑制剂而非 TBK1 抑制剂，消除了 EsxB 对炎症因子转录的抑制作用。（TAK1 是位于上游的 MAPK 信号通路、NF-κB 信号通路、NOD 样受体信号通路上的关键激酶，而 TBK1 是 STING 下游的关键激酶，EsxB 本身就是抑制 STING 激活的，那么再抑制 TBK1 就没什么效果了）这也就是说，EsxB 很可能是通过 STING 介导的 NF-κB 和 MAPK 通路抑制巨噬细胞炎症反应。

那么 EsxB 在宿主细胞内是否会被降解呢？于是他们进行了进一步的 EsxB 降解相关分析，结果发现 EsxB 可以在细胞中被磷酸化，进而通过泛素化进行降解。所以 EsxB 的 S84 位点的磷酸化，可能是宿主降解 EsxB 的一种方式。于是他们对 EsxB 的 S84 进行了两种突变，模拟磷酸化和无法磷酸化，结果显示该位点的确是 EsxB 降解的关键。而 EsxB 的另一个关键的泛素化位点也就是与 EsxB 降解有关的泛素化位点，是 K48 泛素化。而 EsxB 的 S84 位点的磷酸化可能介导 EsxB 的 K48 泛素化，以促进 EsxB 被降解：

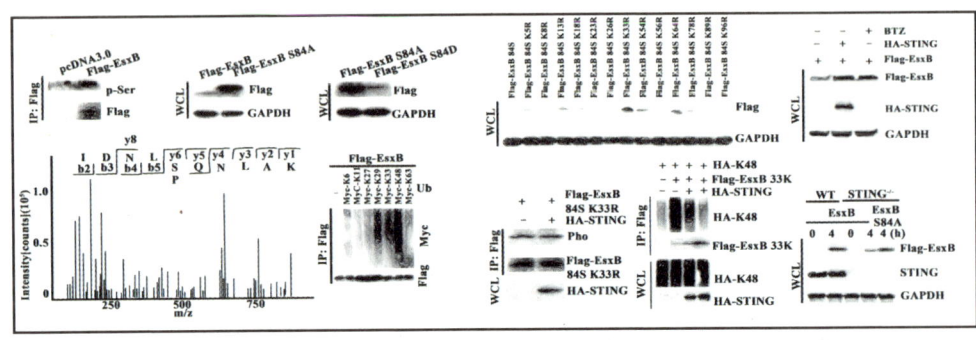

第十章 乳酸化、琥珀酰化、棕榈酰化

野生型 STING 和 STING 缺失后 EsxB 的 S84 位点突变，这两种条件下的 EsxB 表达水平，明显比 STING 缺失的野生型 EsxB 菌株感染后的 EsxB 表达水平高。这也说明了 EsxB 很可能通过与 STING 的结合，逃避了细胞对 EsxB 的降解。

那么 EsxB 对 STING 会有什么样的影响呢？在之前的文献中描述，STING 激活有两种修饰情况，一种是棕榈酰化，一种是泛素化：

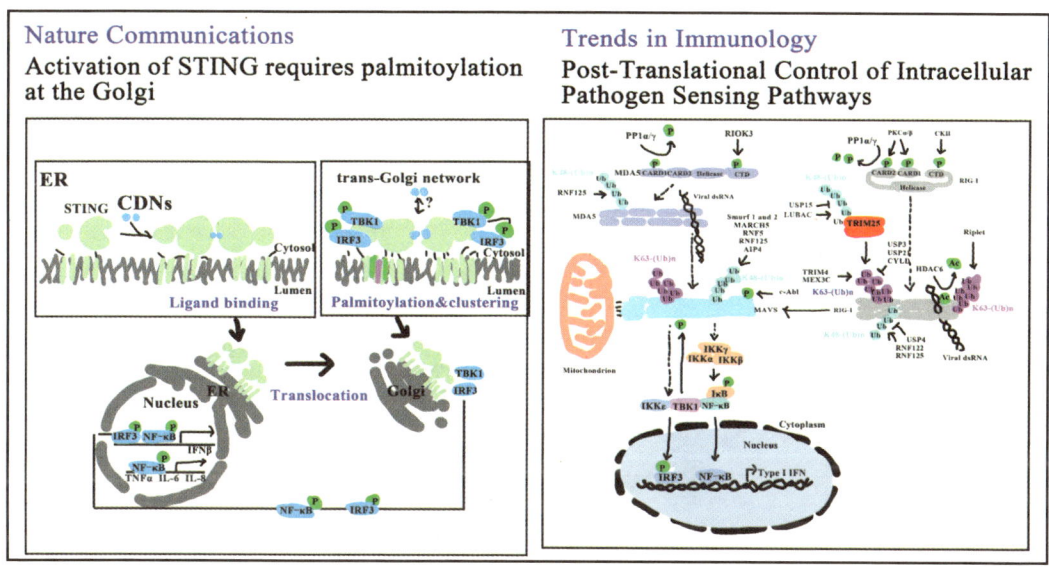

那么 EsxB 是否会影响 STING 的这两种修饰呢？首先他们分析了 EsxB 对于 STING 的棕榈酰化的影响，结果发现 EsxB 会抑制 STING 的棕榈酰化修饰。STING 的棕榈酰化修饰与 STING 和 DHHC3 的相互作用有关，而 EsxB 可以阻遏 STING 和 DHHC3 的相互作用，从而抑制 STING 在半胱氨酸 91 位点的棕榈酰化：

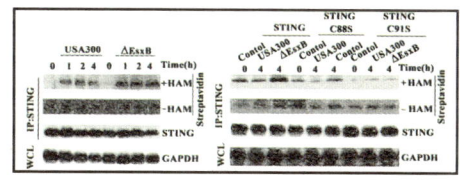

而 STING 的 K63 泛素化，也是 STING 激活的关键修饰之一，免疫沉淀结果显示，STING 的 K83R、K150R、K151R、K275R 和 K337R 突变体的 K63 连接多泛素化显著降低。TRAF6（TNF 受体相关因子 6，其实也是 Toll 样受体信号通路中 TAK1/TAB1 的上游）是接到 STING 的 K63 泛素化的关键，于是他们分析了一下 EsxB 与 STING 和 TRAF6 的结合的关系，结果发现 EsxB 抑制 STING 和 TRAF6 的相互作用，从而抑制 STING 的多泛素化：

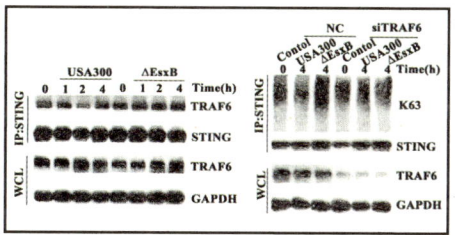

161

信号通路是什么"鬼"？6

同时 STING 的聚合也是 STING 激活的一种表现，而 STING 的泛素化和棕榈酰化对 STING 的聚集也是至关重要的。EsxB 则能通过抑制 STING 的棕榈酰化和泛素化阻止 STING 的聚合，从而抑制 STING 发挥其抗炎作用：

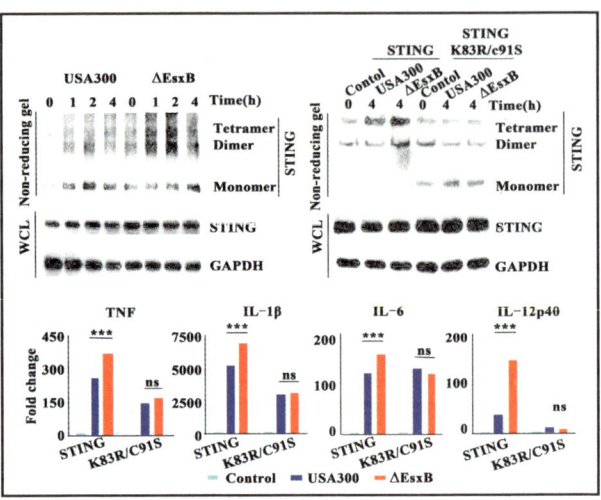

最后他们形成了这样的示意图：

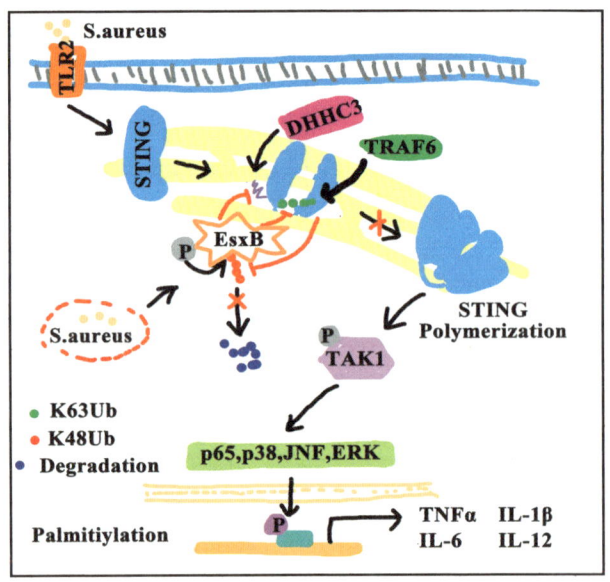

金黄色葡萄球菌的 EsxB 能通过阻止 STING 与 DHHC3 的互作，阻止 STING 棕榈酰化。同时 EsxB 也能抑制 STING 与 TRAF6 的结合，从而阻止 STING 的多泛素化激活。EsxB 的这些抑制作用可以降低 STING 的聚合，从而阻止 STING 激活炎症相关的下游信号通路。同时 STING 对 EsxB 的磷酸化也能有效阻止宿主细胞对 EsxB 的降解。总的来说这篇文章的论证过程还是比较严谨的，没有用简单粗暴的敲除或者过表达来说明问题，全部体现在了对于蛋白功能的研究上，其实算是比较优秀的文章了。

胰岛素抵抗通路的三个主要机制

之前在《信号通路是什么"鬼"？2》里给你们讲过胰岛素信号通路。但突然发现，胰岛素的抵抗信号通路还没讲过，所以我又打开了 KEGG：

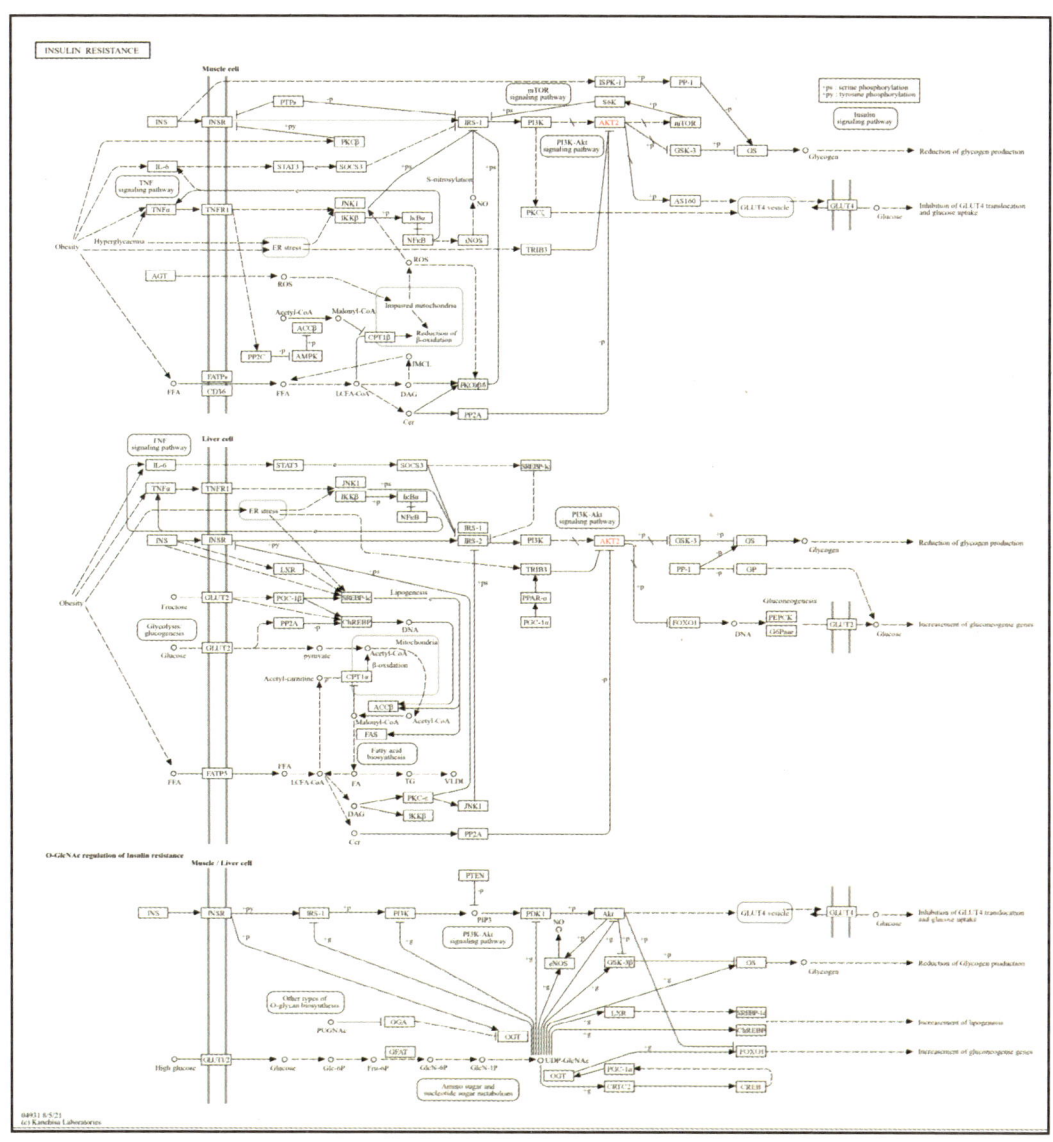

胰岛素抵抗在肿瘤和糖尿病的研究中都很重要，但这个信号通路看上去真的好复杂，还分了三大块。在这之前，我们还要再看看胰岛素信号通路：

信号通路是什么"鬼"？6

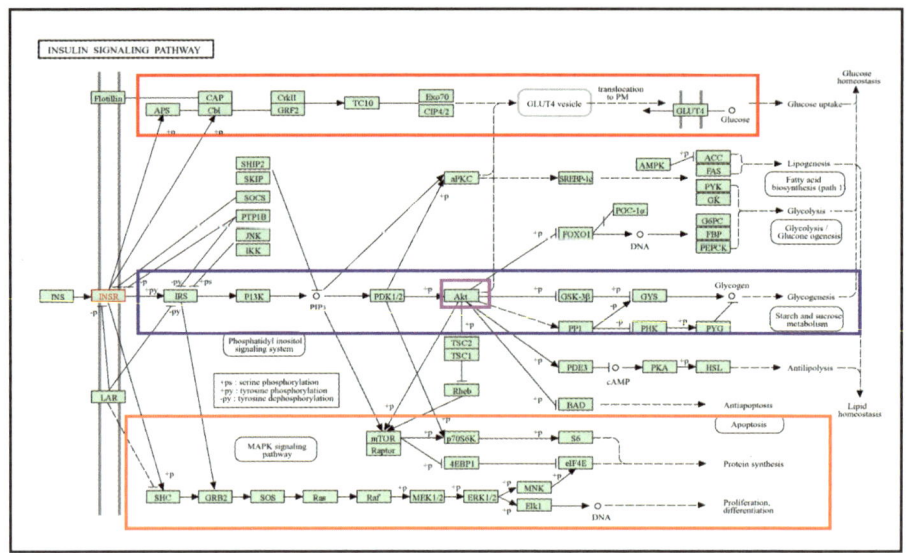

其实胰岛素信号通路主要就分三块，激活 MAPK 信号通路、通过 IRS 激活 PI3K/AKT 信号通路，以及 GLUT 的膜异位。在这些通路中有两个最关键的，一个是 IRS，另一个就是 AKT。

那么胰岛素抵抗的信号通路到底是什么样的呢？如果细看通路的话，我们可以看到他们把胰岛素抵抗分成了两类，一类是在肌肉细胞和肝细胞中的：

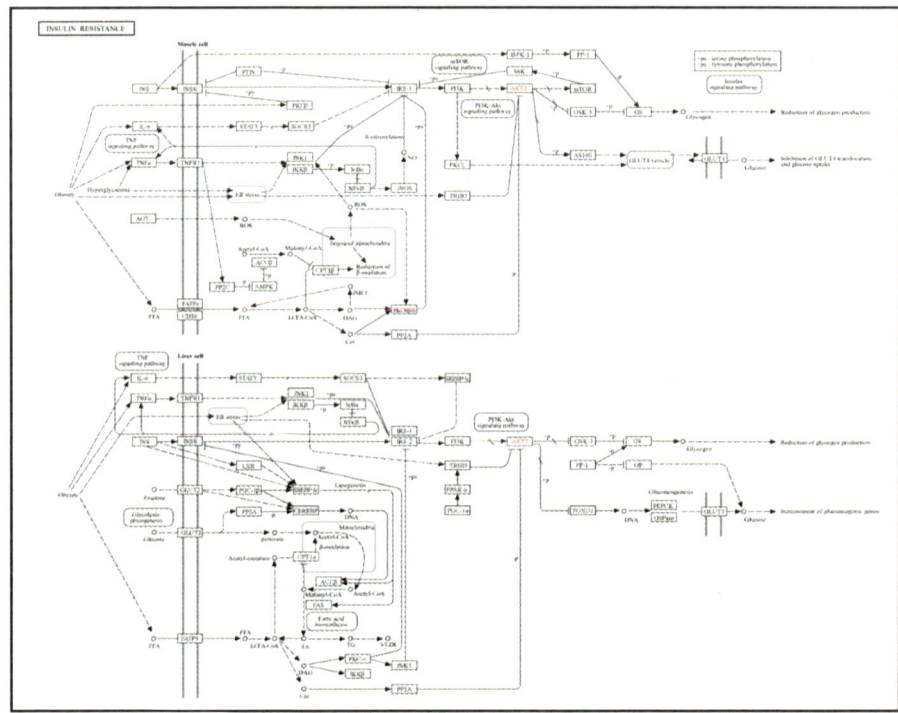

第十一章 胰岛素抵抗

看上去会很乱,但实际上这里只包含了两个重要的胰岛素抵抗途径。首先是肥胖导致的 TNF 信号通路:

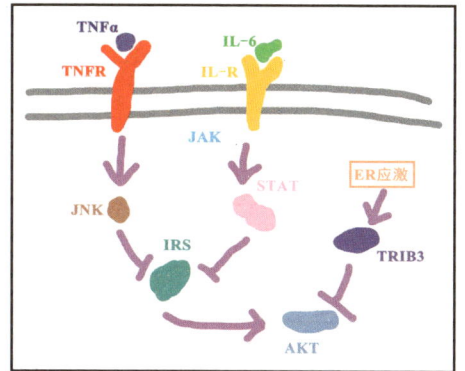

TNF 激活下游的 JNK,可以抑制 IRS。而 TNF 信号通路下游的 IL-6 则会激活 JAK/STAT 信号通路,激活的 STAT 也能抑制 IRS。而 ER 应激所激活的 TRIB3,则能抑制 AKT。通过对胰岛素信号通路的关键基因 *IRS* 和 *AKT* 的抑制,能起到胰岛素抵抗的作用。

另一条通路,是胰岛素抵抗中的二酰基甘油(DAG)蛋白激酶 C(PKC)假说:

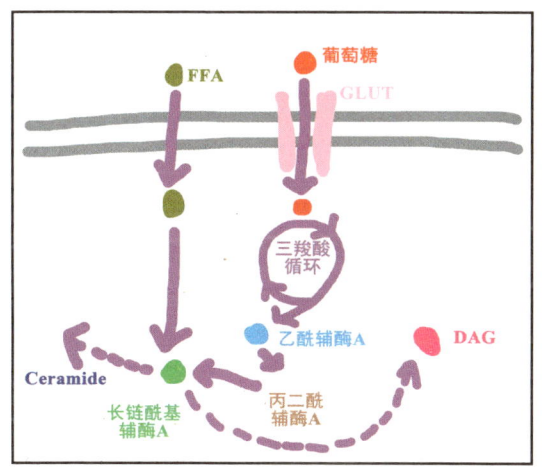

脂肪酸在细胞中迅速酯化为长链酰基辅酶 A;葡萄糖通过糖酵解以及三羧酸循环形成乙酰辅酶 A,进而形成长链酰基辅酶 A。长链的脂肪酰基辅酶 A,在酶催化下形成二酰基甘油(DAG)和 Ceramide(神经酰胺,N-酰基鞘氨醇)。

DAG 水平升高诱导 nPKC(PKCε 和 PKCθ)易位到质膜,并通过在 Thr1160 处磷酸化来抑制胰岛素受体酪氨酸激酶(IRTK)活性,从而灭活 IRS。Ceramide 可以通过 PP2A 抑制 AKT 活性。

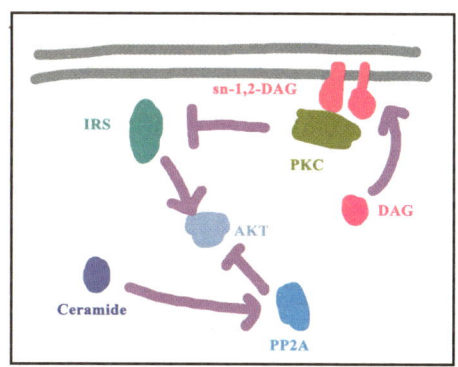

信号通路是什么"鬼"？6

如果说这两个胰岛素抵抗的途径只是通过抑制 IRS 和 AKT 来完成的，那最后的 O-GlcNAc 信号传导的胰岛素抵抗，抑制范围就更大一些。

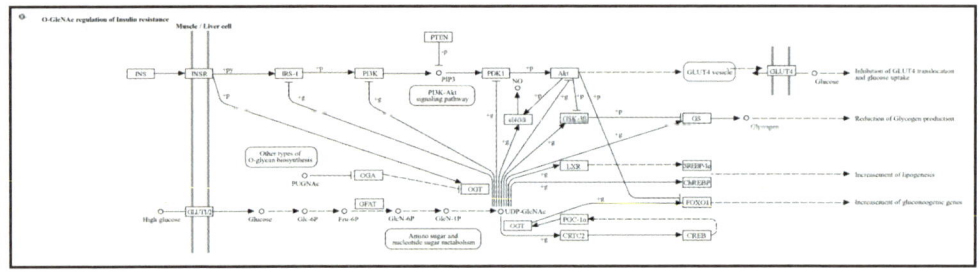

这个图不太好看，我们就看一篇 11.6 分的 *Trends in Biochemical Sciences* 上的 Review 吧：

> **Trends in Biochemical Sciences**
> O-GlcNAc Signaling: A Metabolic Link between Diabetes and Cancer?

O-GlcNAc 信号传导，是在糖尿病和癌症中，葡萄糖通过己糖胺生物合成途径（HBP）的一系列酶促步骤，导致了 UDP-GlcNAc 的产生。OGT（O-GlcNAc 转移酶）是负责将单个 N- 乙酰葡糖胺残基（GlcNAc）添加到目标蛋白的丝氨酸和 / 或苏氨酸残基的羟基中的酶，而 OGA（O-GlcNAc 酶）则用于去除这种蛋白质修饰：

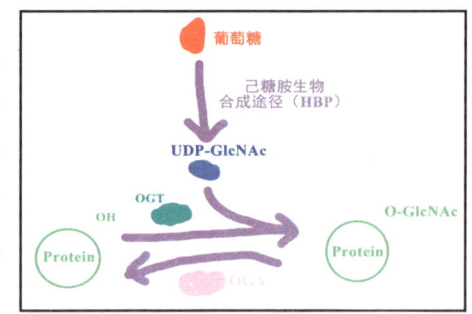

IRS 的 O-GlcNAc 酰化修饰，会减少其与 p85 的相互作用，降低其在酪氨酸 -608 处的活化磷酸化（从而降低其活性），同时增加其在丝氨酸 -632 和 635 处的磷酸化。AKT 的 O-GlcNAc 酰化修饰，会导致其激活苏氨酸 -308 磷酸化降低。这导致 AKT 下游的 GSK3β、FOXO 和 AS160 的磷酸化减少。

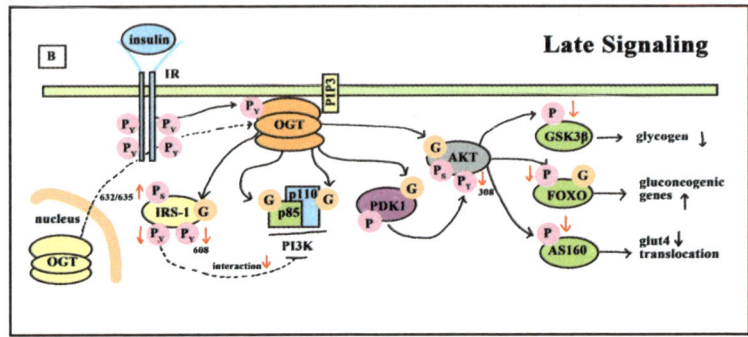

这就是胰岛素抵抗途径的主要信号传导，TNF 信号通路、DAG/PKC 通路以及 O-GlcNAc 酰化修饰信号传导。主要还是集中在 AKT 和 IRS 的抑制上。

第十一章 胰岛素抵抗

这篇文章从 HIF 信号通路推导到胰岛素抵抗

给你们讲完了胰岛素抵抗信号通路，按理说应该用文献来具体讲一下。但翻了翻这篇 7.5 分的 *Cell Reports* 之后，我有点迷糊了。

> **Cell Reports**
> Macrophage HIF-2α Suppresses NLRP3 Inflammasome Activation and Alleviates Insulin Resistance

这篇文章主要讲了炎性小体 NLRP3，这个要是还记得前几季给你们讲过的焦亡信号通路、Toll 样受体信号通路或者 NOD 样受体信号通路的话，应该有印象。Toll 样受体信号通路可以通过 NF-κB 激活 NLRP3 表达：

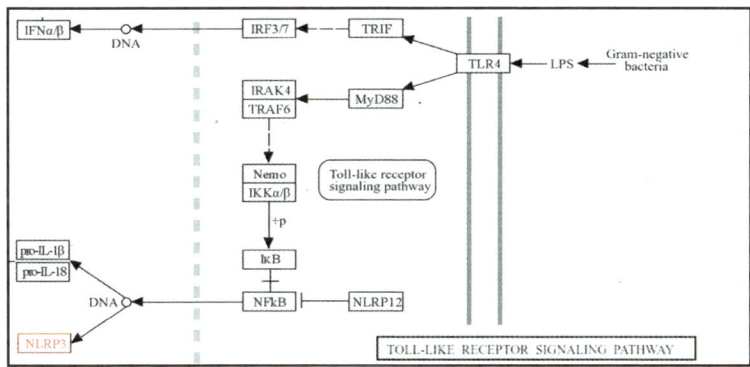

NOD 样受体信号通路能激活炎性小体，包括活性氧（ROS）、钙信号传导等。激活后的炎性小体能促进其水解 pro-IL-1β，形成 IL-1β：

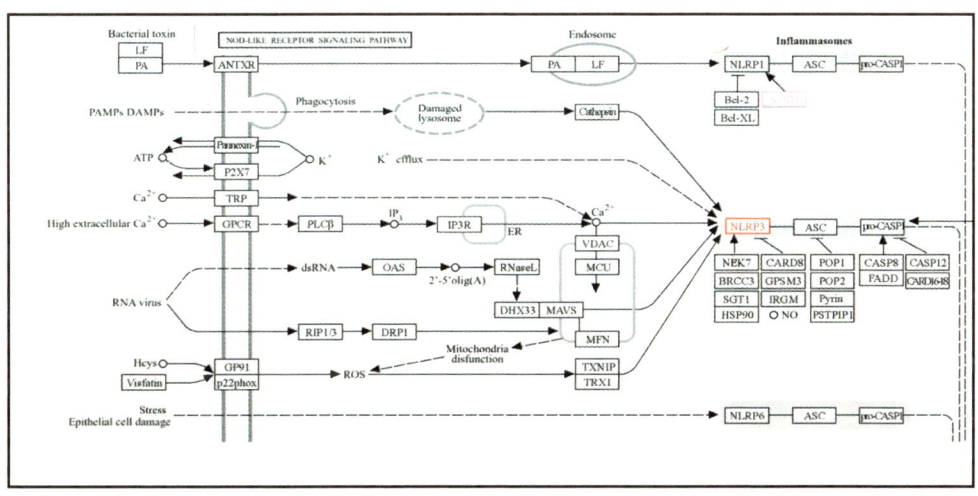

信号通路是什么"鬼"？6

另一方面他们研究的是 HIF-2α。和 HIF-1α 差不多，HIF-2α 信号通路也受炎症刺激的调节，如 TNFα、IL-1β 和 LPS。

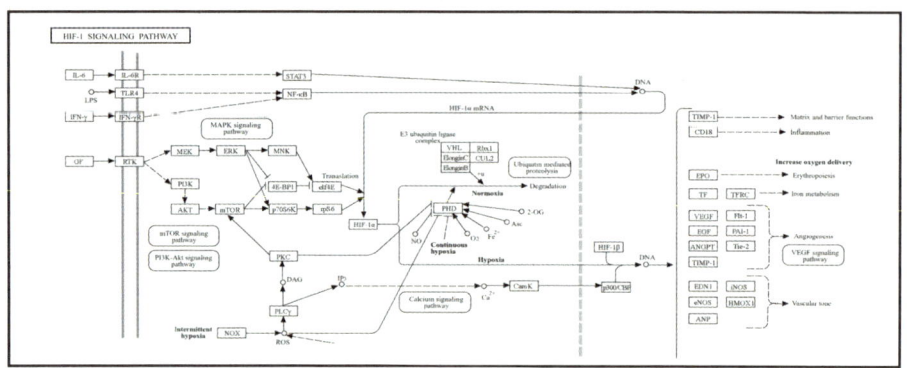

所以这一点我始终没搞清楚，虽然Introduction中写的好像炎性小体（可以形成IL-1β）是HIF-2α（受IL-1β调控）的上游一样，但为什么最后他们试图研究HIF-2α如何作为NLRP3的上游……而白介和TNF又是胰岛素抵抗的重要分子。

他们首先分析了特异性敲除 HIF-2α 能否影响 NLRP 炎性小体的活性，结果发现，HIF-2α 敲除后，诱导NLRP3 炎性小体的尼日利亚菌素和ATP 刺激后，炎性小体激活明显增强（下图红框）。而 HIF-2α 敲除后，对 NLRP1 炎症小体激活剂胞壁酰二肽（MDP）、NLRC4 炎症小体激活剂鞭毛蛋白或 AIM2 炎症小体激活物 Poly（dA：dT）的 IL-1β 和 IL-18 的分泌没有影响。TNF 分泌也不受影响（下图蓝框）：

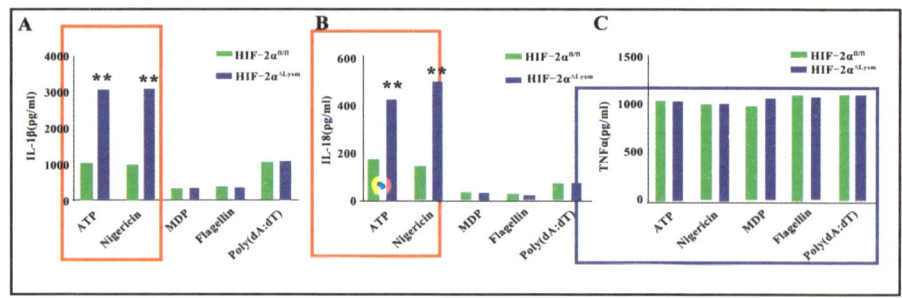

因为炎性小体是由 NLRP3-ASC-pro-Caspase1 组成的，所以他们分析了一下 HIF-2α 敲除后 NLRP3 和 ASC 的定位，以此确定 HIF-2α 确实影响激活了炎性小体的形成（紫框）：

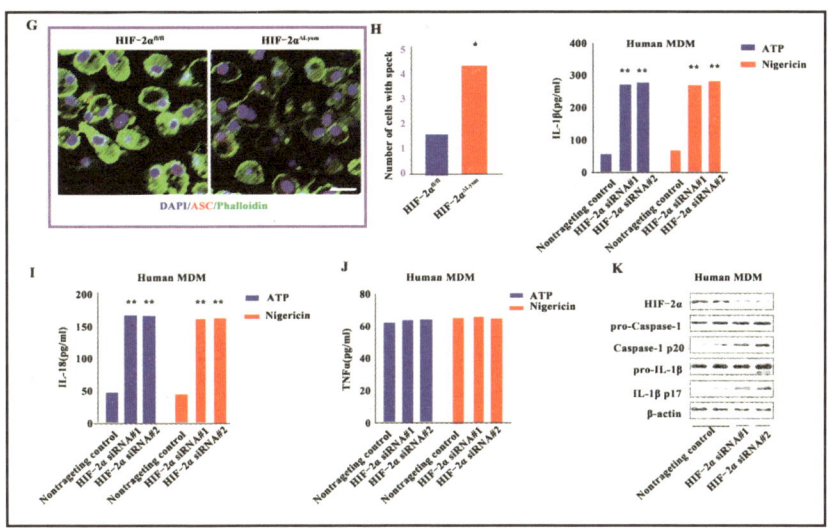

敲除 HIF-2α 后会抑制 NLRP3 炎性小体，那么过表达 HIF-2α 是否会抑制 NLRP3 炎性小体呢？

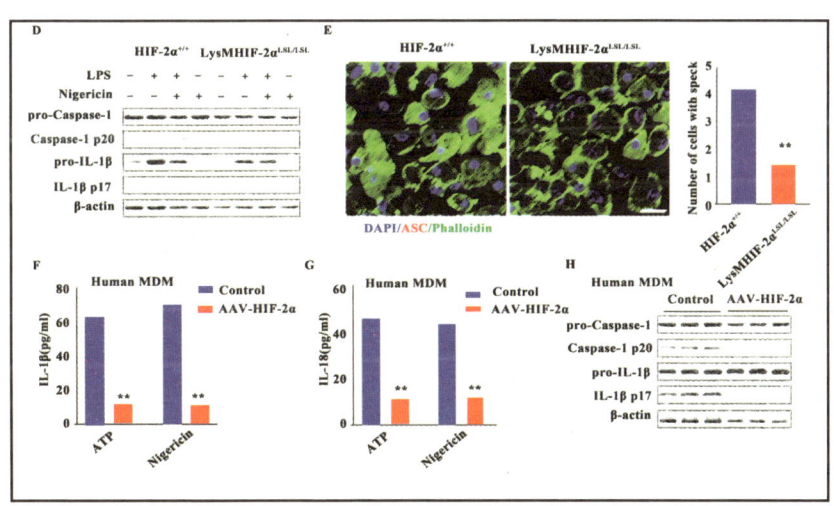

结果表明确实 HIF-2α 对于 NLRP3 炎性小体是有抑制作用的，敲除 HIF-2α 可以解除抑制。那 HIF-2α 具体是如何调控 NLRP3 炎性小体的呢？还记得 NOD 样受体信号通路的话，应该知道活性氧（ROS）、钙信号传导都能激活 NLRP3 炎性小体。于是他们分析了一下敲除 HIF-2α 后，细胞外酸化率（ECAR，主要看糖酵解指标的）及监测 HIF-2α 敲除后的细胞耗氧率（OCR），这个是来测量 FAO（脂肪酸氧化增强）的。

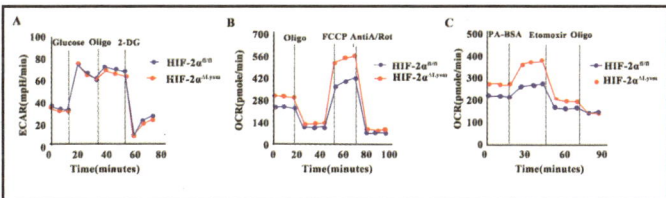

信号通路是什么"鬼"？6

这里可以发现 Etomoxir（线粒体 FAO 中的关键酶 CPT1A 的抑制剂）能明显降低 HIF-2α 敲除后导致的基础呼吸的增加。也就是说，CPT1A 可能是 HIF-2α 的下游。于是他们分析了 HIF-2α 敲除后的 CPT1A 的表达情况（下图玫红框、蓝框）。由于 FAO 是脂肪酸氧化增强，他们通过热图显示了敲减 HIF-2α 后的游离脂肪酸（FFA）水平（下图绿框），并表明 FFA 水平与 HIF-2α 表达呈正相关（其实 FFA 增加，也能通过 DAG 和 Ceramide 来发挥胰岛素抵抗的功能）：

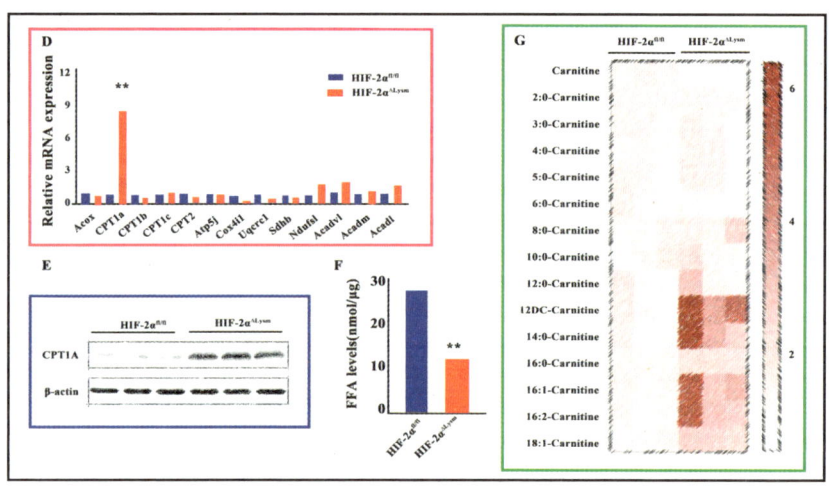

那 HIF-2α 能调控 CPT1A 的话，又是如何调控的呢？已知 HIF-2α 是转录相关因子，所以他们分析 CPT1A 的启动子与 HIF-2α 的结合。但结合启动子并不能说明什么问题，毕竟是抑制作用，所以他们假设 HIF-2α 结合启动子后能使得启动子甲基化：

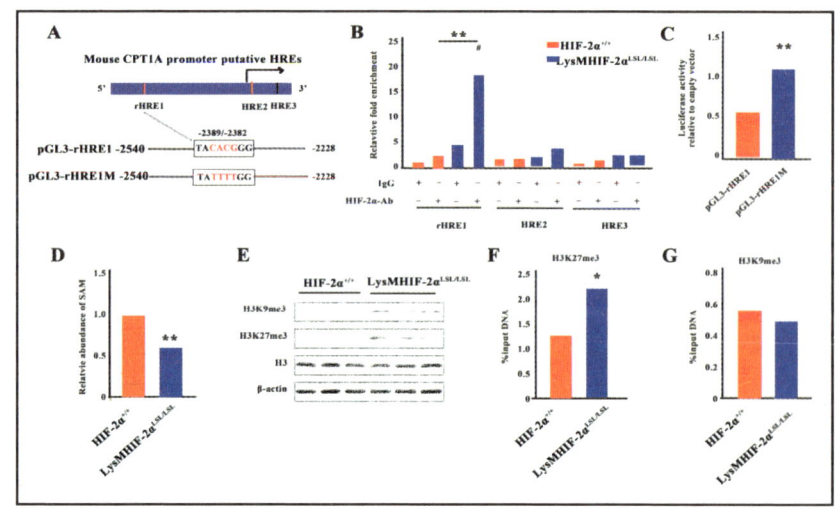

第十一章 胰岛素抵抗

结果发现 HIF-2α 结合后，CPT1A 启动子的 H3K9 三甲基化增强。他们通过分子对接，找到了能和 HIF-2α 结合的 EZH2（PRC2 的组蛋白甲基转移酶），并进行了验证：

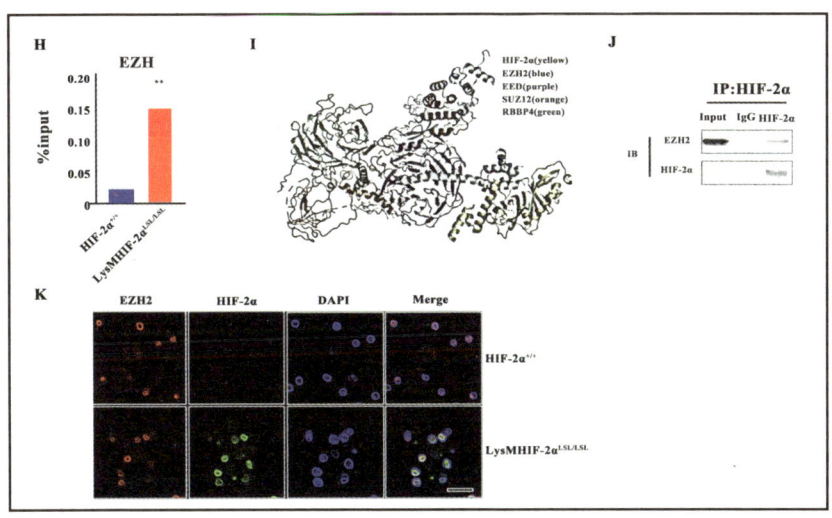

白介作为炎性小体的下游，在 HIF-2α 敲除后，表达会增强。这就意味着敲除 HIF-2α 后，可能会增强胰岛素抵抗。于是他们分析了一下敲除 HIF-2α 后，高糖饮食后的血糖变化：

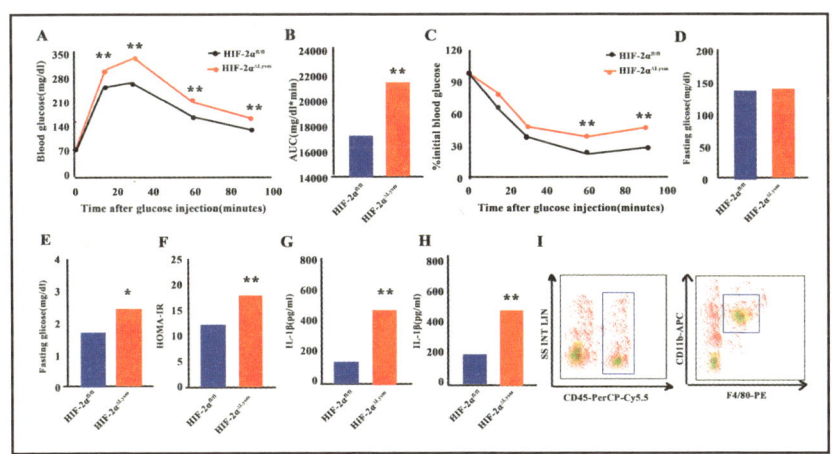

那意味着什么呢？意味着激活 HIF-2α 可能会抑制细胞的胰岛素抵抗，于是他们用了特异性 HIF-2α 激动剂 FG-4592 进行验证。结果的确是这样：

信号通路是什么"鬼"？6

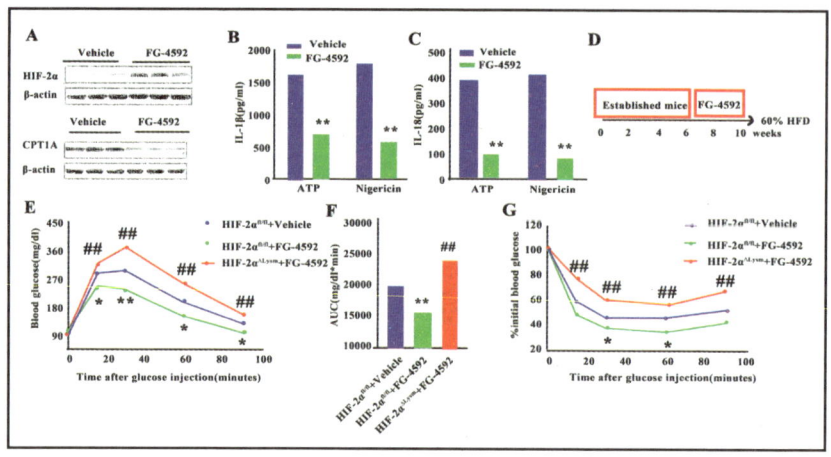

最后就形成了这样的示意图：

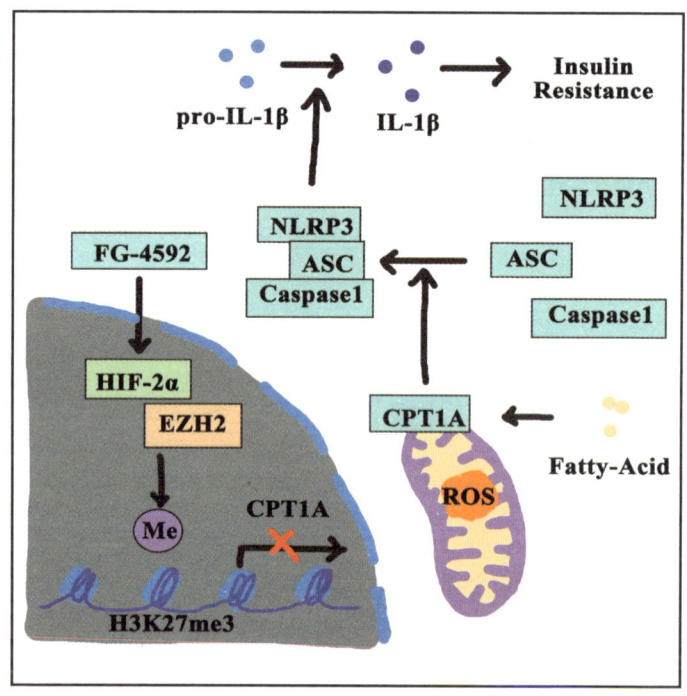

虽然看到这里，我估计你们也未必能看得很明白，但他们就是用一个个逻辑的推理迭代，完成了这么一篇文章……

第十一章 胰岛素抵抗

梳理下这篇文章，你们能看出它的问题吗

上一节中，我们讲了这篇 7.5 分的文章，虽然知道大家可能没太看明白，但是还是想梳理一下这篇文章到底是怎么做出来的。

> Cell Reports
> Macrophage HIF-2α Suppresses NLRP3 Inflammasome Activation and Alleviates Insulin Resistance

第一个问题，这篇文章的思路是怎么来的，那我们就要仔细看一下这篇文章的 Introduction。第一点是 NLRP 的炎性小体，炎性小体有两个激活的程序，一个是 Toll 样受体信号通路或者 NOD 样受体信号通路的启动，接着是 ROS 等对 NLRP 的激活：

> First, the priming signal is initiated by the ligands for Toll-like receptors, NOD-like receptors, or cytokine receptors, which induce nuclear factor κB (NF-κB)-mediated expression of NLRP3 and pro-interleukin 1β (pro-IL-1β). Second, NLRP3 inflammasome can be activated by a wide range of stimuli, which include reactive oxygen species (ROS), calcium signaling, potassium efflux, mitochondrial dysfunction, and lysosomal damage after the first step of priming.

细胞中 ROS 的形成有一个机制，就是 FAO（脂肪酸氧化增强），CPT1A 则是控制长链脂肪酸进入线粒体进行 β 氧化的一个酶：

> Elevated expression of NADPH oxidase 4 (NOX4) in response to NLRP3 activators was reported to trigger upregulation of carnitine palmitoyltransferase 1A (CPT1A), an enzyme that controls the entry of long-chain fatty acids (LCFA) into the mitochondrial matrix for β-oxidation, further leading to enhanced FAO and mitochondrial ROS (mtROS) (Moon et al., 2016). FAO and its enhanced mtROS production contribute to the activation of the inflammasomes.

最后他们讲了另一个主角，就是 HIF-2α，这个是和 HIF-1α 差不多的转录因子，会被 TNF、IL-1β、LPS 激活，并且有文章显示 HIF 可能会导致脂肪生成增强：

> The HIF-2α signaling pathway is also regulated by inflammatory stimuli, such as tumor necrosis factor α (TNFα), IL-1β, and lipopolysaccharide (LPS).
>
> Thus, the expression level of HIF-2α depends on the combined outcome. Evidence suggests that hypoxia causes enhanced lipogenesis and decreased lipid degradation in a HIF-dependent manner.

信号通路是什么"鬼"？6

接着他们就把这些线索串联了起来：

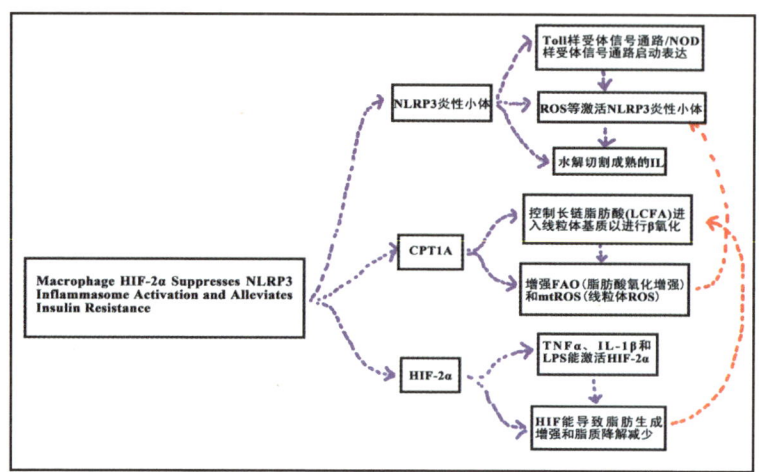

HIF-2α 和脂肪酸相关，脂肪酸以及 CPT1A 与脂肪酸氧化相关，脂肪酸氧化后，会激活 NLRP 炎性小体，而炎性小体促进 IL 成熟可以引起胰岛素抵抗。那么第一个假设就来了，首先就是假设 HIF-2α 与 NLRP 炎性小体的激活有关：

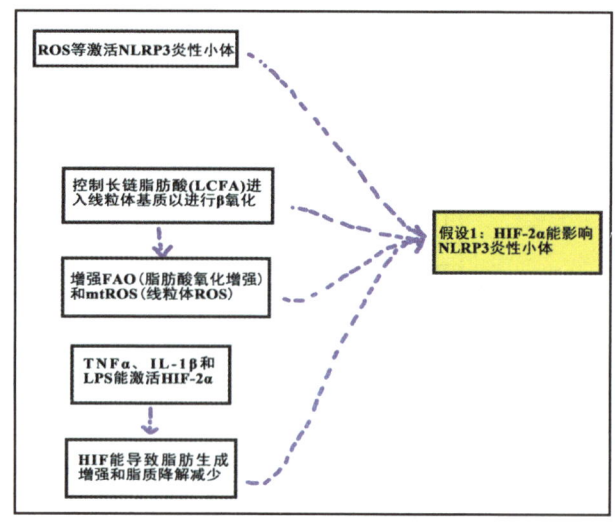

那要怎么验证呢？他们是这么做的，首先确定 HIF-2α 敲除后对 IL-1β 的影响，发现敲除 HIF-2α 后 IL-1β 表达增强，且仅影响 IL-1β，对 TNF 无效。而 HIF-2α 仅促进 NLRP3 炎性小体的激活，并且影响 NLRP3-ASC 的组装：

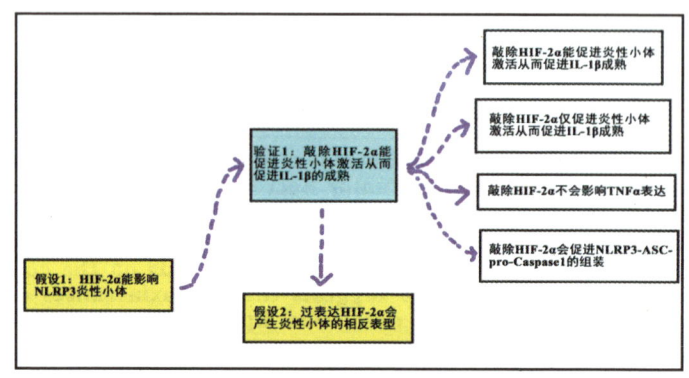

174

那既然敲除HIF-2α会促进NLRP3炎性小体的激活，那反过来过表达HIF-2α对NLRP3炎性小体是否也有促进作用呢？

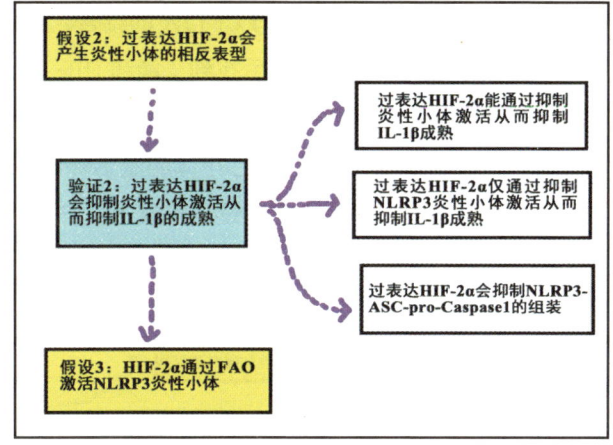

他们做了类似的实验，证明了特异性过表达HIF-2α会抑制NLRP3炎性小体的激活。那么HIF-2α是如何影响NLRP3炎性小体的激活的呢？他们迭代了假设，既然脂肪酸是两者可能的连接点，那么问题会不会出在脂肪酸的氧化上呢？

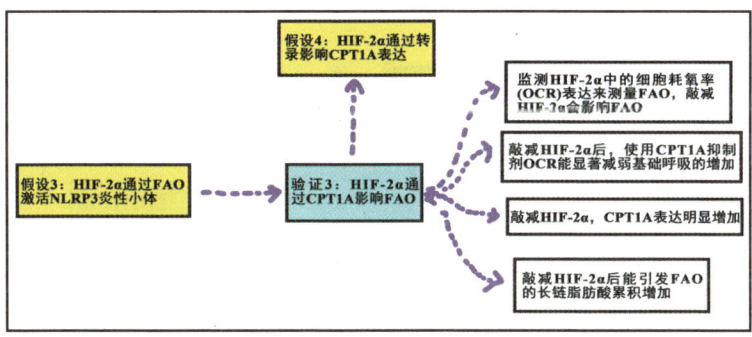

接着他们把HIF-2α及CPT1A相关的脂肪酸的氧化结合了起来，发现敲减了HIF-2α后，使用CPT1A的抑制剂能缓解HIF-2α敲减造成的表型。而敲减HIF-2α后会引发FAO所需的长链脂肪酸的累积。同时HIF-2α敲减后，会促进CPT1A的表达。那HIF-2α是怎么影响CPT1A的表达的呢？于是假设又迭代了，假设HIF-2α通过转录调控影响CPT1A的表达：

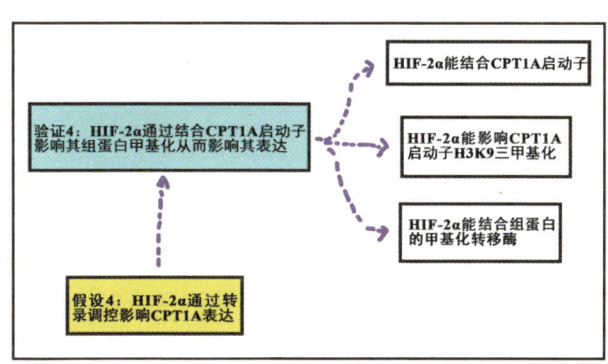

信号通路是什么"鬼"？6

首先他们验证了 HIF-2α 与 CPT1A 的结合，然后分析了 HIF-2α 对于 CPT1A 的启动子区域组蛋白甲基化的影响，最后找到了能和 HIF-2α 结合的组蛋白甲基化转移酶。（这就有点不够严谨了）他们通过这些验证来说明 HIF-2α 会通过抑制 CPT1A 导致 NLRP3 炎性小体的激活降低。那么 NLRP3 炎性小体的激活降低后，会造成 IL-1β 成熟下降，而 IL-1β 会激活胰岛素抵抗，于是他们把假设迭代成了 HIF-2α 会影响细胞的胰岛素抵抗：

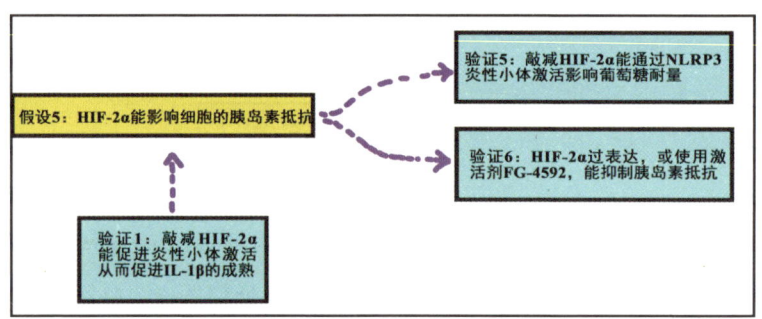

最后，就绘制成了这样一幅示意图：

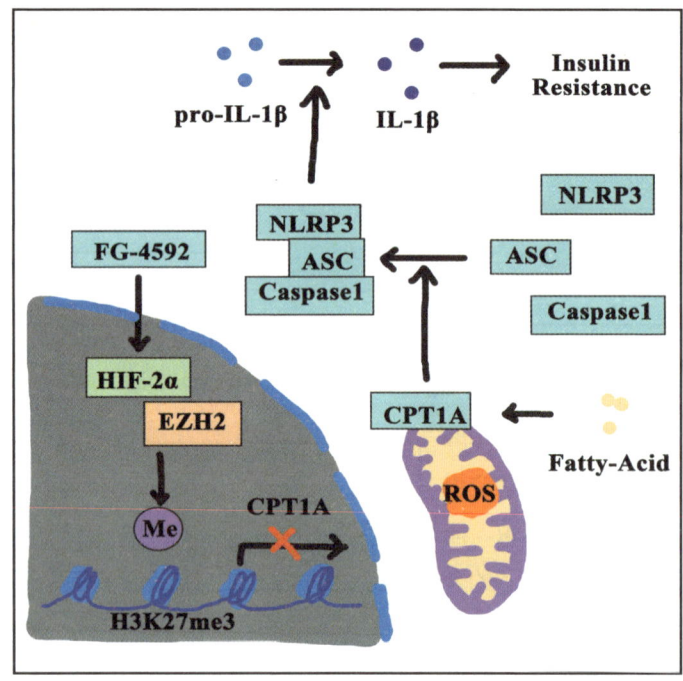

看完这篇文章的推理过程，你们是不是能看出一些问题来了呢？这样的结论合理吗？为什么呢？

第十一章　胰岛素抵抗

带着问题第三遍解读这篇文章

看完 7.4 分的文章之后，是不是很多人觉得自己已经懂了？看文章不能光看这篇文章做了些什么，还需要带着问题来看这篇文章。那我们第三遍看这篇文章的时候，就需要带着问题来看了。

首先，按照这篇文章的思路，是 HIF-2α 引发了 CPT1A 诱导的 FAO（脂肪酸氧化），导致 NLRP3 炎性小体激活……

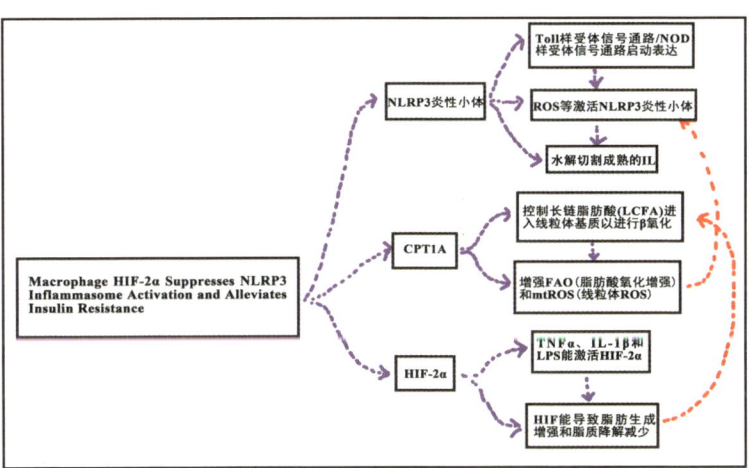

但实际上，如果大家还记得HIF信号通路的话，应该注意到其实NLRP3炎性小体的下游产物IL-1β，也能启动HIF信号通路（这里是启动HIF的转录表达）。而HIF信号通路中HIF-2α的真正激活，是需要缺氧环境的……

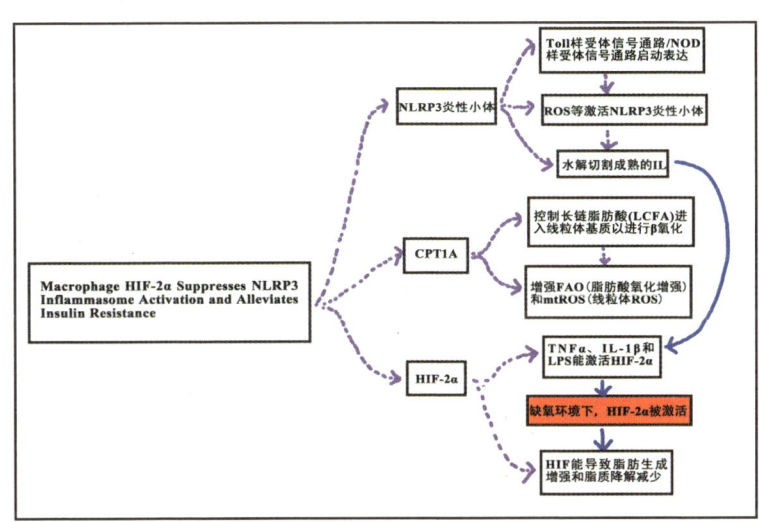

177

信号通路是什么"鬼"？6

那其实这个假设就很麻烦，NLRP3 炎性小体就变成 HIF-2α 的上游了吗？

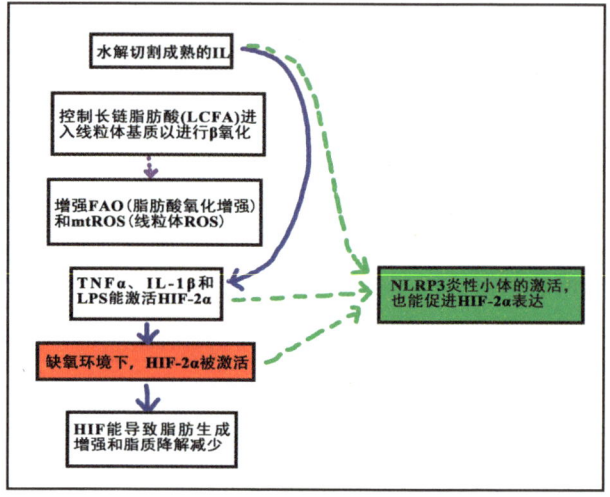

缺氧才是 HIF-2α 激活的关键因素，在其他文献中，缺氧诱导因子的下游验证中都会加入缺氧环境，或者 VC、2-OG 之类（促进 PHD 降解 HIF 的化合物）对 HIF 的抑制验证：

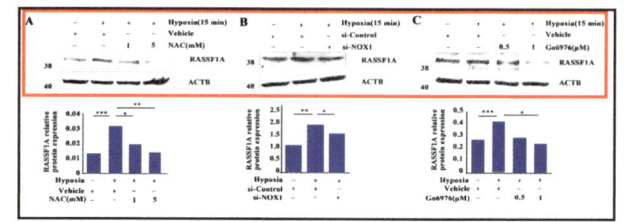

所以如果将 HIF-2α 作为 NLRP3 炎性小体的上游，首先要确定 HIF 的表达功能是否和缺氧相关……

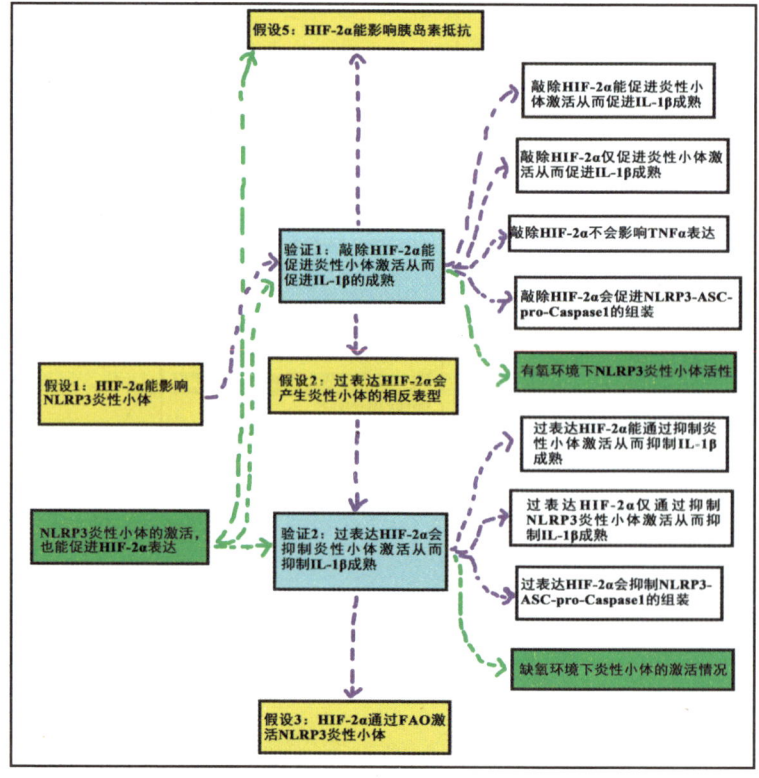

第十一章　胰岛素抵抗

接下来的假设涉及 HIF-2α 通过 CPT1A 影响 FAO 的过程。但如果熟悉 HIF 信号通路的话，应该还记得 HIF 激活的下游基因中本身就有抑制线粒体 ROS 的功能：

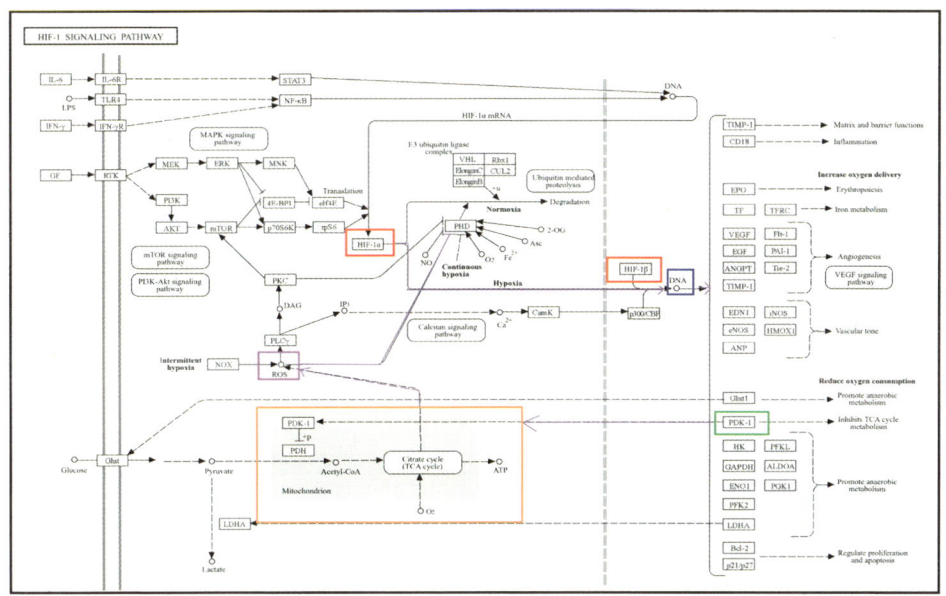

那我们要确定 HIF-2α 的直接下游只有 CPT1A，就需要分析缺失 CPT1A 氧化酶活的情况下，敲减 HIF-2α 是否能影响 NLRP3 炎性小体的活性（如果还能影响，那说明不止 CPT1A 这一条引发 ROS 的通路，这个就是否定后件，这样的逻辑才是正确的）。

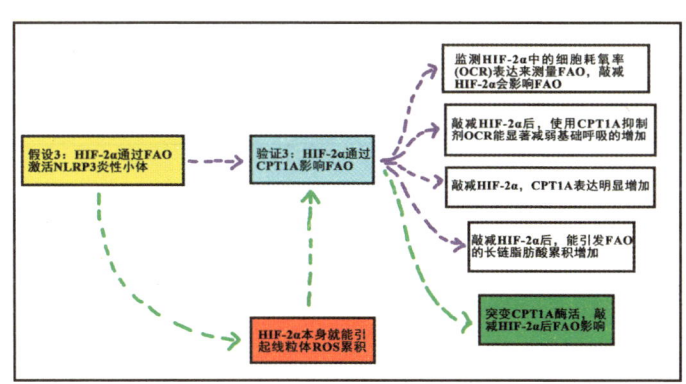

如果抑制了 CPT1A 后，敲减 HIF-2α 对于 NLRP3 炎性小体的激活降低，那能说明 HIF-2α 是通过 CPT1A 作用引发 NLRP3 的吗？不能，因为肯定后件的问题（充分条件的假言推理，只有肯定前件和否定后件才能成立）。所以我们需要在 HIF-2α 抑制 CPT1A 这个直接作用链断裂的情况下，来看对下游 NLRP3 炎性小体活性的影响：

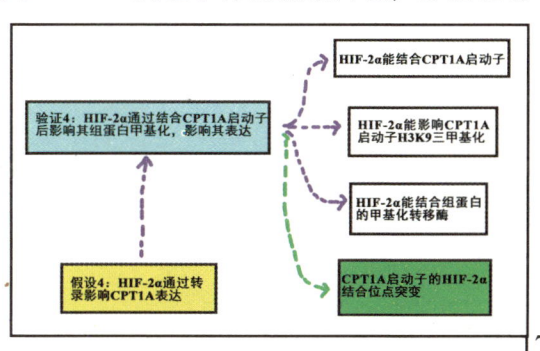

79

信号通路是什么"鬼"？6

也就是 CPT1A 上 HIF-2α 结合的启动子结合位点突变后，过表达并激活 HIF-2α，再看对 NLRP3 炎性小体的活性影响。如果的确是 HIF-2α 通过抑制 CPT1A 引起 FAO 激活 NLRP3 炎性小体的话，突变了 CPT1A 启动子结合位点后，过表达并激活 HIF-2α 则也能激活 NLRP3 炎性小体……

不知道你们的脑子能不能转过这个弯来，再看看重新整理的文章思路的话，可能会有点启发……

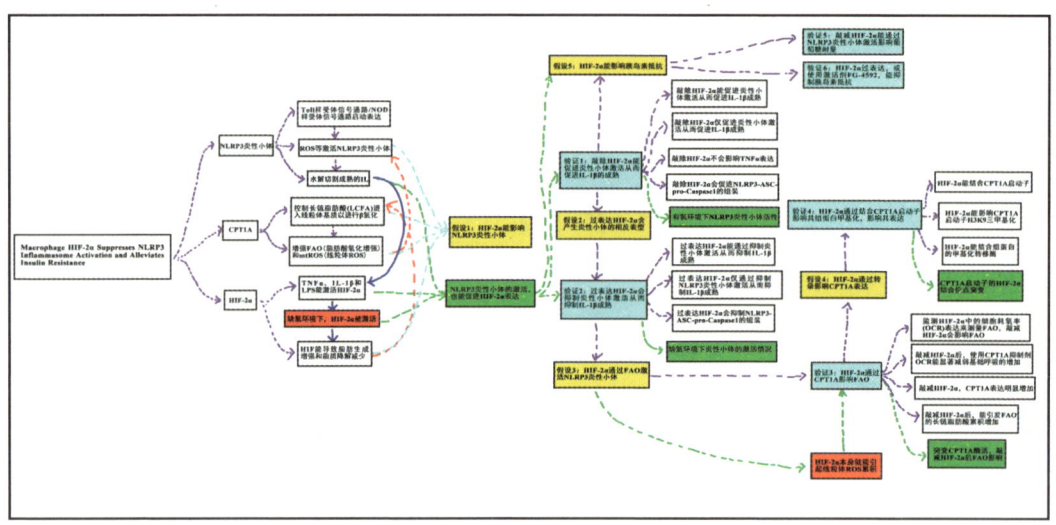

第十二章 视黄酸信号通路

给你们讲讲什么是视黄酸信号通路

视黄酸信号通路其实也是比较常见的信号通路，特别是在 RAR 激活启动转录上，那夏老师就讲讲视黄酸信号通路吧。说实话这个信号通路在 KEGG 上基本上是在肿瘤信号通路里一笔带过的。你会看到，上面就讲了这么多……

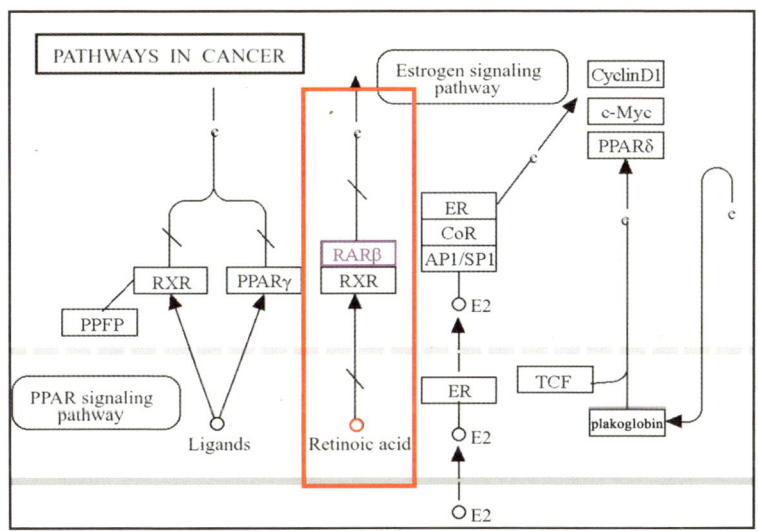

那要讲视黄酸信号通路的话，就要看文献综述里怎么说了。于是夏老师就搜了这篇 80.3 分的 *NatureReviews Molecular Cell Biology* 上的综述：

> **Nature Reviews Molecular Cell Biology**
> **Mechanisms of Retinoic acid Signalling and its Roles in Organ and Limb Development**

视黄酸信号途径，主要是在胚胎发育、神经元分化以及各个器官生成上起到关键作用。比如，视网膜中视黄醛脱氢酶 RALDH1 和 RALDH3 产生的 RA 激活视周间充质中的转录因子 Pitx2，导致 Dkk2 的激活，从而下调 WNT 信号传导。肝脏间皮中 RALDH2 产生的 RA 激活胎儿肝脏中的 EPO（促红细胞生成素），EPO 通过 EPO 介导的心外膜中的 IGF2 的上调（IGF 一般是通过 MAPK 信号通路、PI3K-AKT 信号通路等来调控细胞增殖的）刺激心肌增殖。

信号通路是什么"鬼"？6

那么视黄酸信号通路到底是怎么样的呢？其实，RA 信号通路主要分成两个部分，一个是 RA 的生成过程。小鼠中的 RA 合成是由 RDH10（视黄醇脱氢酶 10）启动的，RDH10 将维生素 A（视黄醇）转化为视黄醛，为了防止视黄醛的过度生成，体内还有 DHRS3（短链脱氢酶/还原酶 3）促进了视黄醛反向转化回维生素 A。

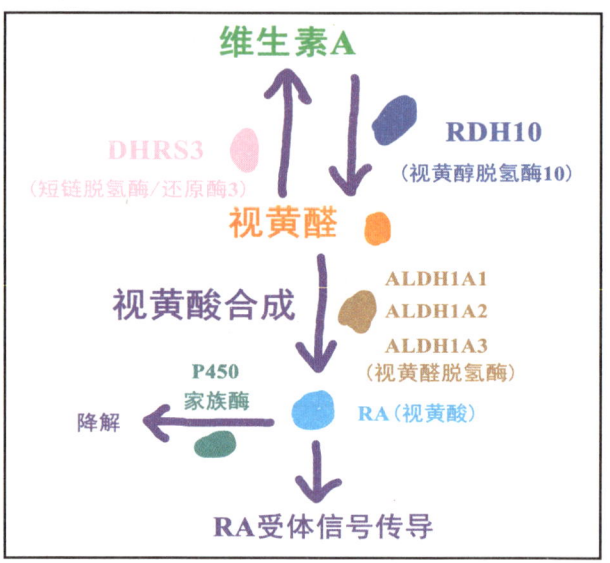

视黄醛通过小鼠中的视黄醛脱氢酶（ALDH1A1，ALDH1A2 和 ALDH1A3）转化为 RA。由此产生的 RA 会被 P450 家族酶（CYP26A1，CYP26B1 和 CYP26C1）迅速降解，导致 RA 存留的半衰期较短。

另一部分是产生的 RA 会激活下游的 RA 受体信号通路。RA 受体基本上是由 RAR（RA 受体）和 RXR（RAR-类视黄醇 X 受体）组成的异二聚体，RAR/RXR 二聚体会识别并结合到 DNA 的 RARE 元件（RA 应答元件）。当没有 RA 的时候，RAR/RXR 会由 RAR 招募 NCOR（核受体共阻遏因子）以及 PRC2（polycomb 抑制复合物 2）和 HDAC（组蛋白脱乙酰酶）（HDAC 大家应该都熟悉了，很多信号通路都有涉及，HDAC 会导致组蛋白 H3K27 的三甲基化，从而抑制转录）。

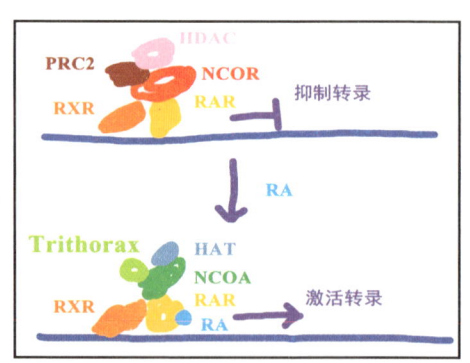

而当 RA 结合到 RAR/RXR 二聚体上后，RAR/RXR 会由 RAR 招募 NCOA（核受体共激活因子）以及 HAT（组蛋白乙酰化酶），使得染色质松弛，促进转录。也有例外的，当 RAR/RXR 结合到 FGF8（纤维细胞生长因子 8）启动子区域的时候，RA 结合 RAR/RXR 二聚体，会招募抑制转录的 HDAC……

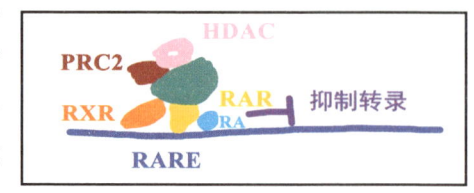

第十二章 视黄酸信号通路

在另一篇 45.5 分的 *Cell* 里，RA 信号通路和雌激素受体信号通路也有密切的关系，当两个通路共同激活后下游转录效应增强效果叠加……

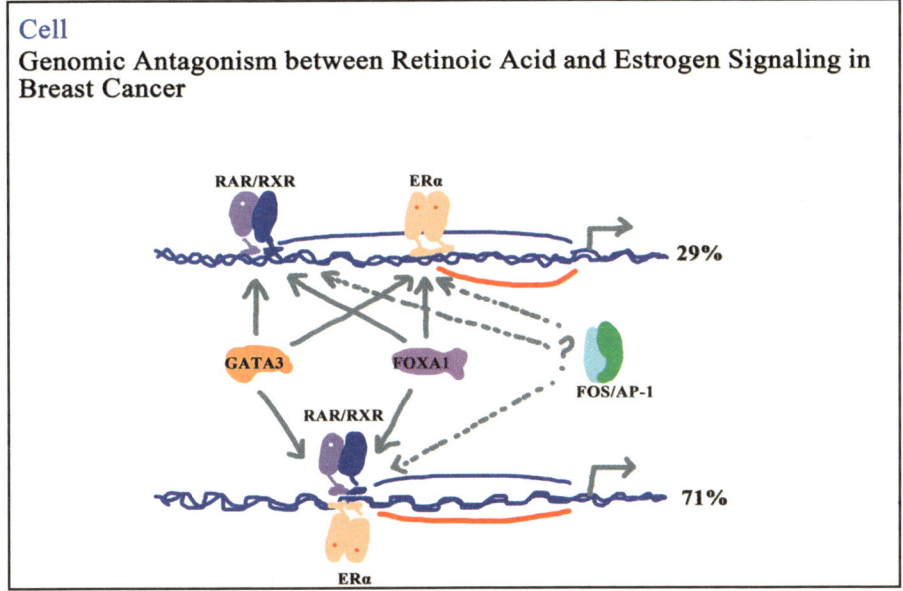

一般 RA 的体内检测会用这样的手段，就是 RARE lacZ RA 报告基因，通过 RARE 结合 RAR/RXR 二聚体，RA 会激活下游 β- 半乳糖苷酶的表达。

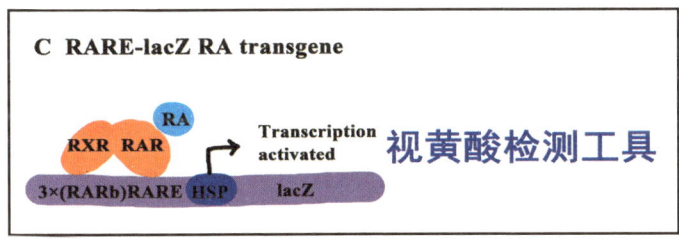

好了，RA 信号通路基本上就讲到这里吧。接着安排一篇 29.7 分的 *Cancer Discovery* 来讲讲文献里的 RA 信号通路是怎么样的吧。

信号通路是什么"鬼"？6

视黄酸信号通路把研究结果上升到临床

上节讲完了视黄酸信号通路，应该安排一篇视黄酸信号通路相关的文献了。于是夏老师找了这篇 29.7 分的 *Cancer Discovery*，这篇文章是那一期特别推荐的，所以标题上都有些不太一样：

> **Cancer Discovery**
> Targeting S100A9-ALDH1A1-Retinoic Acid Signaling to Suppress Brain Relapse in EGFR-Mutant Lung Cancer

这篇文章主要讲的是 EGFR 酪氨酸激酶抑制剂（TKI）——奥希替尼（Osi），可以显著延长 EGFR 突变肺癌患者（包括脑转移患者）的无进展生存期（PFS），但是意外的是 Osi 治疗后会引起肺癌的脑转移复发。

他们在小鼠中重复了这个实验，发现 Osi 的确能延长注射了肺癌小鼠的 PFS，但是也会引发肺癌脑转移。而这个肺癌的脑转移灶的细胞，对于 Osi 是免疫的。

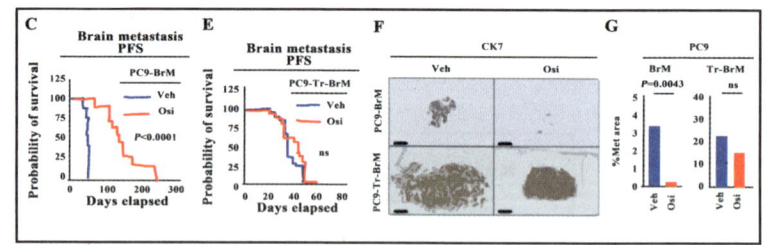

于是他们首先想到的是，Osi 导致的这种脑转移的肿瘤细胞是否会对 EGFR 抑制逃逸？但结果发现 Osi 治疗后的脑转移细胞并没有影响 EGFR 信号通路的现象。于是他们通过蛋白组学和二代测序，对 Osi 引发的脑转移细胞及原肺癌细胞进行了比较，发现 S100A9 这个蛋白的表达明显增强了：

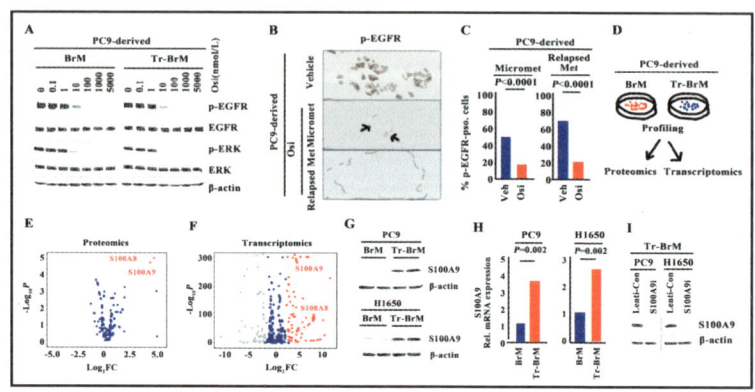

184

第十二章 视黄酸信号通路

而敲减了 S100A9 后,肺癌细胞的脑转移明显受到了抑制。这说明 S100A9 在肺癌细胞的脑转移中起到了关键作用。

那 S100A9 到底产生了什么样的影响呢？于是他们设计了这样的实验,就是用原肺癌脑转移的细胞,以及敲减了 S100A9 后的细胞进行移植,分析脑转移灶中 CK7(这个是检测肺癌转移能力的)的表达情况。他们发现敲减 S100A9 后,其实 CK7 的表达并没有多大的变化。这也就说明了 S100A9 并不会影响肺癌细胞转移能力。接着他们又分析了敲减 S100A9 和未敲减细胞的有丝分裂活性磷酸化组蛋白 H3(这是个增殖标记),发现敲减 S100A9 后,H3 阳性细胞明显下降,这也就说明了 S100A9 可能影响的是肿瘤细胞转移后的定植增殖:

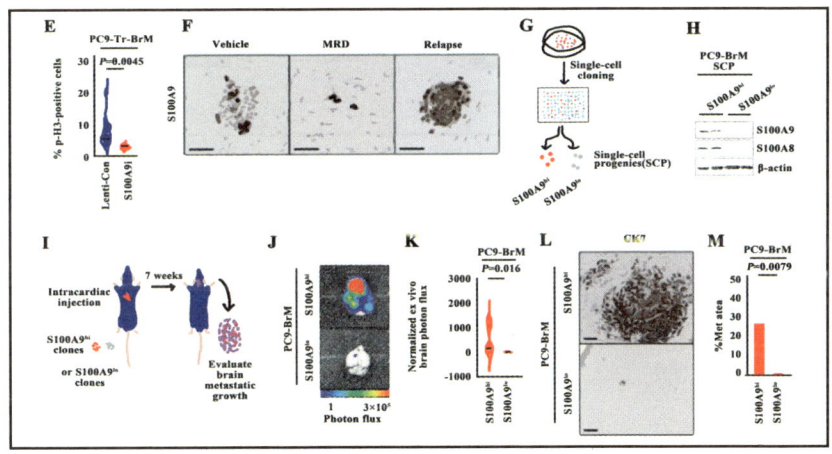

接着他们用临床数据的分析发现了 S100A9 的两个不同功能:

(1)促进脑转移后的定植增殖;

(2)逃避 Osi 的生长抑制作用。

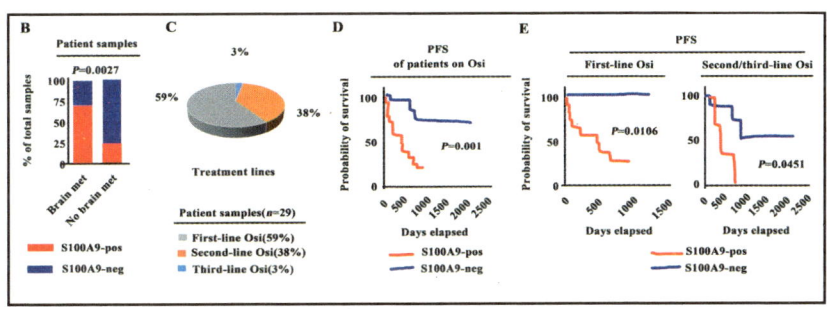

信号通路是什么"鬼"？6

那 S100A9 到底起到什么作用呢？他们敲减了 S100A9 后，进行了二代测序。结果发现 ALDH1A1 的表达在 S100A9 敲减后明显下调：

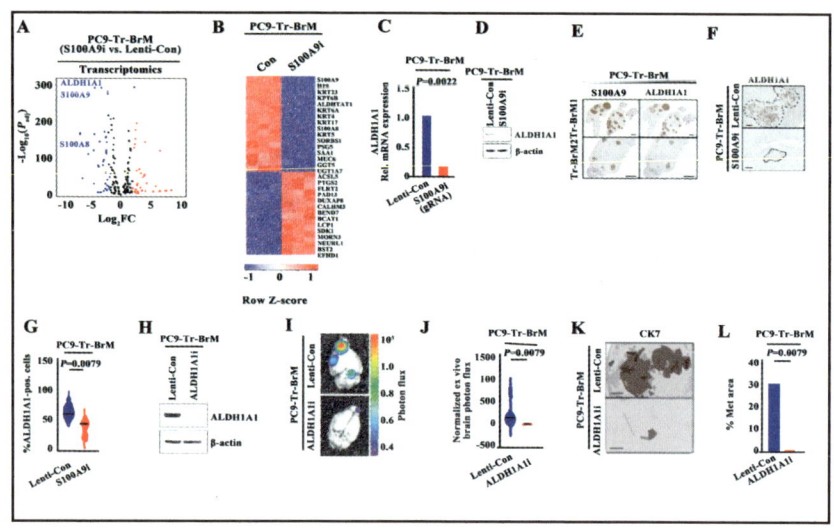

ALDH1A1 是什么呢？要是还记得上节讲过的视黄酸（RA）信号通路，就应该记得，ALDH1A1 是将视黄醛转化为 RA 的酶：

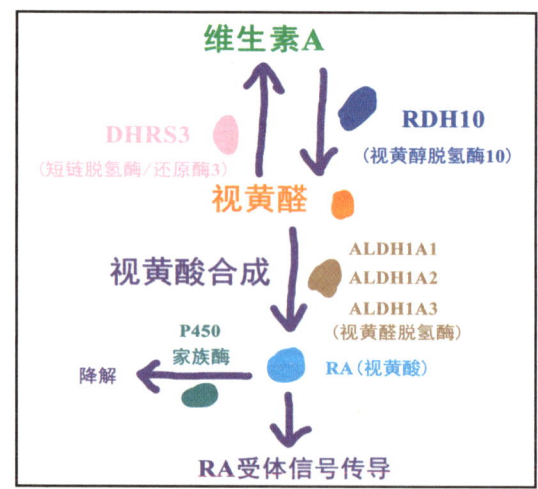

而 RA 激活的就是下游的 RA 信号通路，RA 结合了 RAR/RXR 二聚体后就会激活下游基因的转录，而这些基因大多是增殖相关的：

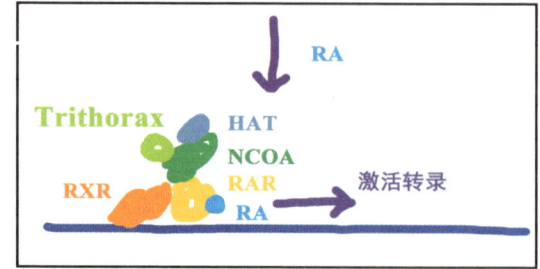

第十二章 视黄酸信号通路

既然他们假设 S100A9 是通过 ALDH1A1 参与激活了 RA 信号通路,那么抑制 RA 信号通路的话,是否就能阻止 Osi 治疗后的肺癌脑转移了呢?(说实话,这步看上去总有些怪怪的,如果说他们认为是 S100A9 激活了 RA 信号通路,那么这块就存在肯定后件的逻辑谬误。但如果单纯地说 Osi 治疗后,脑转移的细胞中 RA 可能被激活,于是才提出这个假设,那么就没毛病)于是他们使用了 RAR 的抑制剂,发现 Osi 治疗后的脑转移细胞的确对 RAR 的抑制剂敏感:

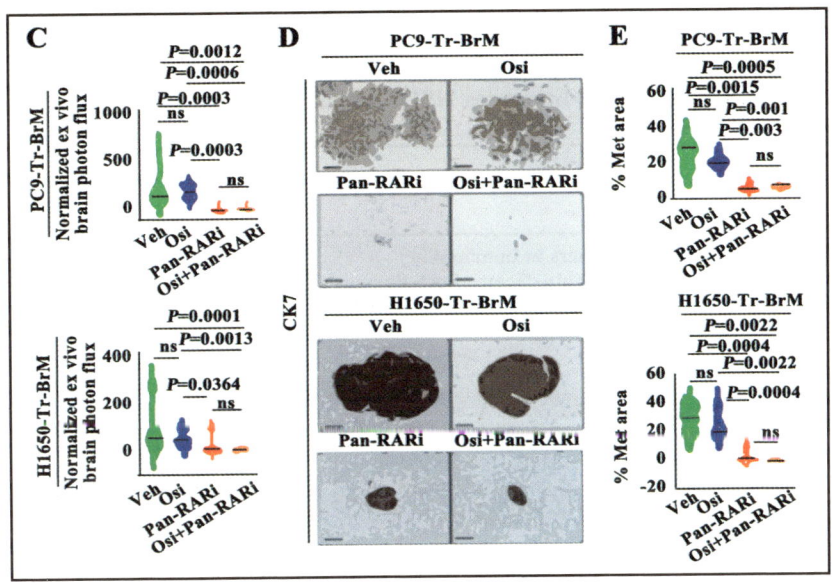

而 Osi 与 RAR 抑制剂的拮抗作用,能更有效地阻止肺癌的脑转移复发:

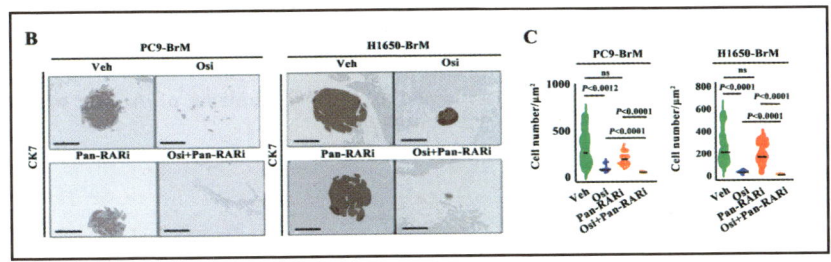

这篇文章基本上就是这样了,虽然很多地方并没有那么严谨。但是能通过 S100A9 的下游找到激活了的 RA 信号通路。并用 RA 信号通路的抑制剂与 Osi 进行拮抗治疗,也算是比较精彩了。

信号通路是什么"鬼"？6

看看这篇相分离的文章

那天有人推荐了这篇相分离的文章，虽然这篇文章只有 10 分出头，但还是看了很久。这篇文章包含的内容比较多，背景也有点复杂，所以要看完就得多加点补充的文献一起看。这篇发表在 10.3 分的 *Journal for Immunotherapy of Cancer* 上：

> Journal for Immunotherapy of Cancer
> All-Trans Retinoic Acid Improves NSD2-Mediated RARα Phase Separation and Efficacy of Anti-CD38 CAR T-Cell Therapy in Multiple Myeloma

看这篇文章首先要知道 CD38 在复发／难治性多发性骨髓瘤（MM）治疗中的意义，CD38 主要是在非实体瘤，尤其是在 MM 中表达量很高。这就使得 CD38 成为 MM 治疗的主要靶点，CD38 在细胞中主要表达在细胞膜上，参与催化 NAD^+、NMR 等的转化：

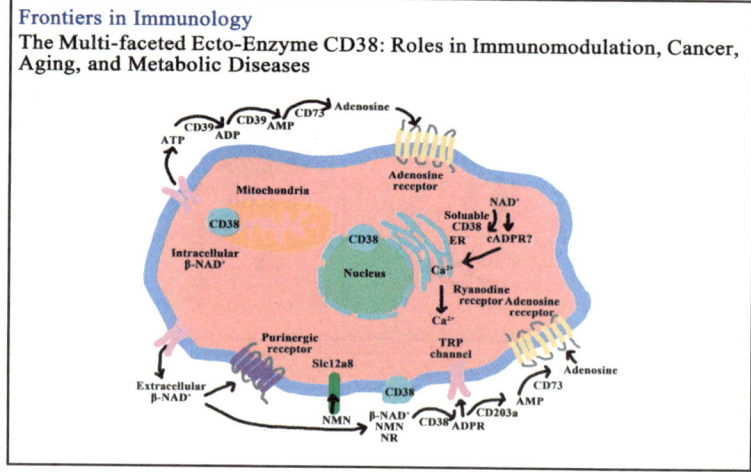

常见的针对 CD38 的治疗方法是单抗的形式，比如 daratumumab（达雷木单抗）。这种单抗结合后，可以通过补体级联反应及抗体依赖性的细胞毒性等杀死肿瘤细胞：

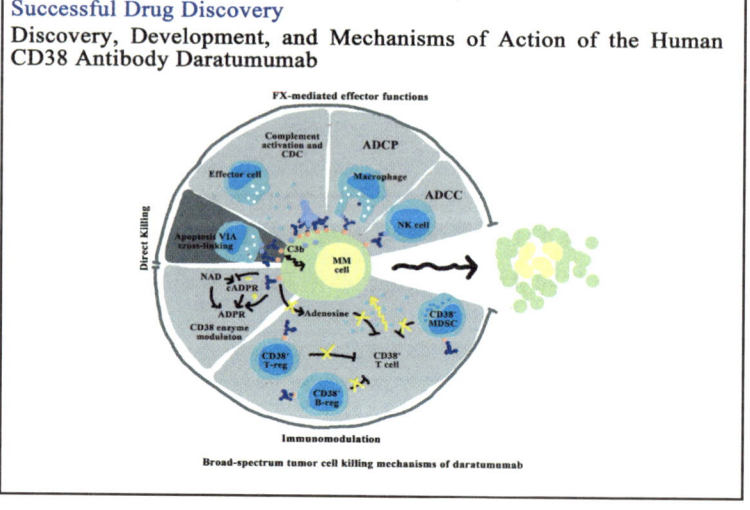

第十二章　视黄酸信号通路

另一类，就是生物学治疗，也就是利用基因编辑的 Car-T 细胞，针对 CD38 杀死肿瘤。那 CD38 在 MM 细胞上的表达就格外重要。高表达 CD38 的疗效自然会更好，而 ATRA（全反式维甲酸）是能提高 CD38 表达的化合物：

> **Blood**
> CD38 Expression and Complement Inhibitors Affect Response and Resistance to Daratumumab Therapy in Myeloma
>
> **Leukemia**
> Upregulation of CD38 Expression on Multiple Myeloma Cells by All-Trans Retinoic Acid Improves the Efficacy of Daratumumab

这篇文章讲的另一个问题是相分离，其实就是液-液相分离，这篇 44.7 分的 Science 解释做的就是相分离的研究。相分离其实就是蛋白分子的聚集，形成类似液滴的情况。有点像是油滴到水里形成的油滴，这篇 Science 的研究就是给蛋白加了荧光，然后看蛋白的液-液相分离后聚集：

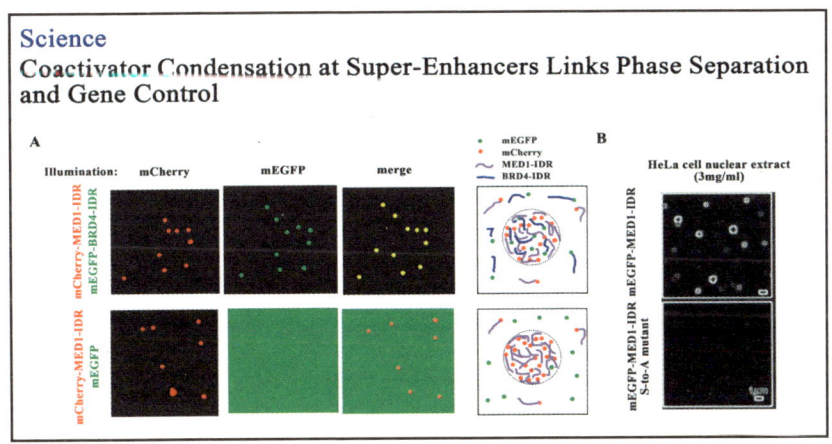

好了，讲完这些背景，我们可以看看他们做的内容了。他们首先发现染色体 t（4;14）异位的 MM 细胞系，在使用 ATRA 刺激后，细胞中的 CD38 表达量会明显上升，CD38 的表达和另一个蛋白——NSD2 的表达呈正相关。这个 NSD2 是他们之前研究过的参与液-液相分离的蛋白：

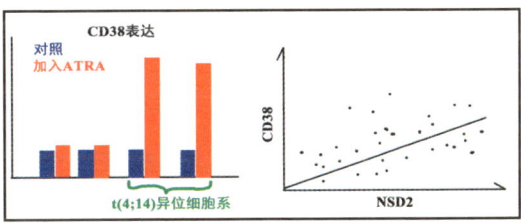

信号通路是什么"鬼"？6

ATRA 是反式维甲酸，其实它的细胞上的受体就是视黄酸受体。要是还记得夏老师之前给你们讲过的视黄酸信号通路，那就应该还记得 RARα、RARβ、RARγ、RXR 等受体，激活后会参与启动转录：

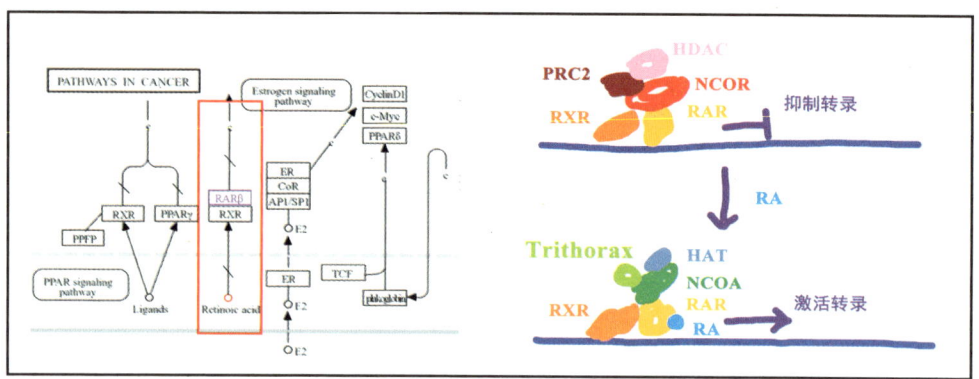

他们分析了视黄酸信号通路中对应的受体表达是否会受到 ATRA 的影响，结果发现只有 RARα（也就是 RARA）受到了影响。而 IP 结果发现，NSD2 也能结合 RARα。同时使用 CHX 分析蛋白稳定性后发现 NSD2 过表达后能提高 RARα 的蛋白稳定性：

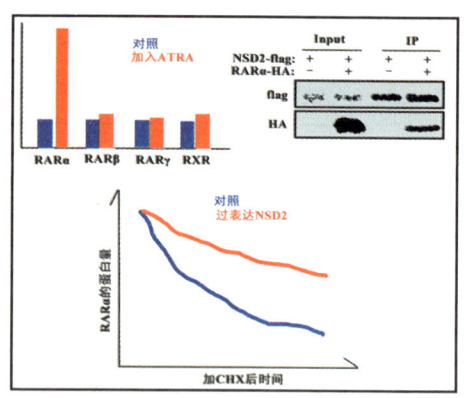

那 NSD2 是怎么提高 RARα 的蛋白稳定性的呢？之前他们的研究表明 NSD2 与蛋白的相分离有关，也就是说能促进蛋白聚团。于是他们假设 NSD2 能促进 RARα 的相分离，使之聚团：

> Cell
> A Liquid-to-Solid Phase Transition of the ALS Protein FUS Accelerated by Disease Mutation

他们首先用 PONDR 算法（这个之前好像给你们介绍过，有个对应的工具的），预测了 RARα 蛋白的 IDR（固有无序区域），接着为了说明 RARα 的 IDR 参与相分离，他们就把这俩 IDR 与 GFP 融合，分析了融合 IDR 的 GFP 的相分离，也就是聚团情况：

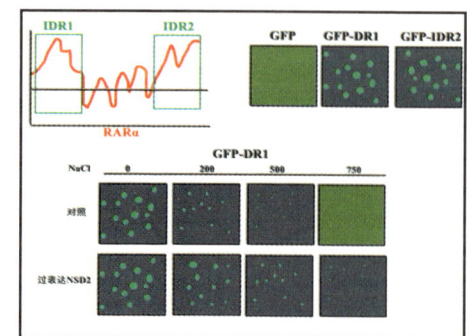

而 NSD2 能促进和维持融合 IDR 的 GFP 的相分离水平,也就是说 NSD2 的确能促进 RARα 的相分离。当敲除 RARα 后,表达去除 IDR 的 RARα,无法像表达全长 RARα 一样促进 CD38 的转录,同时对 ATRA 的响应也减弱了:

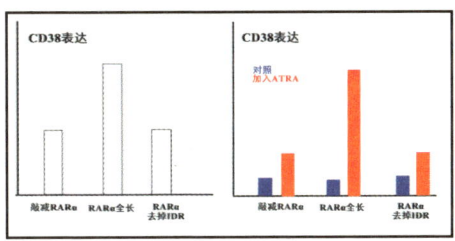

那 RARα 是怎样调控 CD38 的转录的呢?他们分析了 CD38 上的 5 个 RARα 结合位点(BS1-5),结果发现 ATRA 激活后,RARα 能结合 5 号位点,该位点上还有 H3K36 的二甲基化。CD38 在 5 号位点上的结合也是 NSD2 依赖的。Luciferase 实验表明,当 RARα 缺失了 IDR 后也会抑制 CD38 的转录:

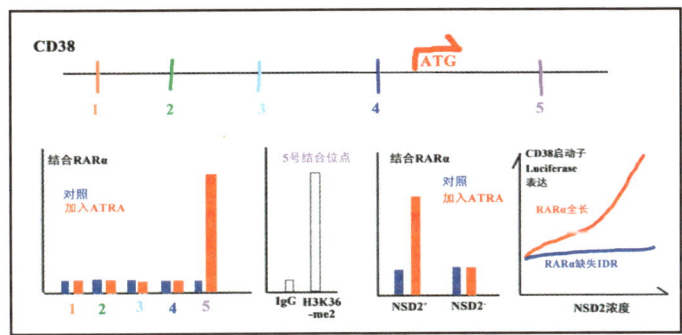

ATRA 能通过 RARα 激活 CD38 的转录,那 CD38 表达增加后,在使用编辑了抗 CD38 的 Car-T 细胞后,对肿瘤的杀死效果会更显著。而这个过程是依赖于 NSD2 的:

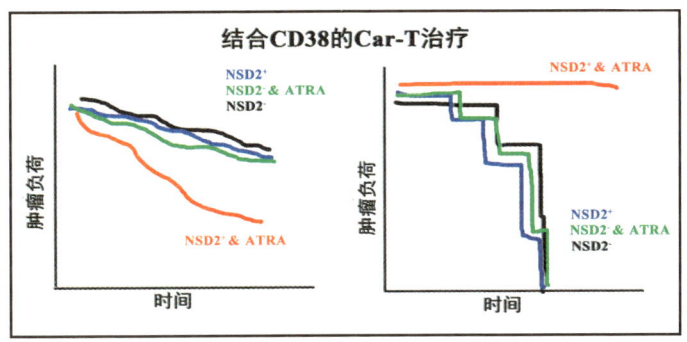

这篇文章的思路和最后的结果还是挺有意思的。NSD2 造成的 RARα 相分离,维持了 RARα 的蛋白表达。RARα 在受到 ATRA 激活后,结合了 CD38 上 BS-5 号位点,激活了 CD38 的转录。CD38 的表达增强,使得肿瘤细胞能更好地被 Car-T 细胞杀死,提高 Car-T 的疗效。

信号通路是什么"鬼"？6

什么是双硫死亡

之前有同学问"双硫死亡"，夏老师就专门去 PubMed 上看了看，到底什么是双硫死亡。双硫死亡其实就是 2013 年的一篇文章里的，那我们就看看在 17.3 分的 *Nature Cell Biology* 上的这篇 Comment，到底双硫死亡是什么？

> **Nature Cell Biology**
> **Deadly Actin Collapse by Disulfidptosis**

说到双硫死亡，首先要讲 SLC7A11，这个大家应该再熟悉不过了吧？SLC7A11 在铁死亡里扮演的是抑制铁死亡的角色：

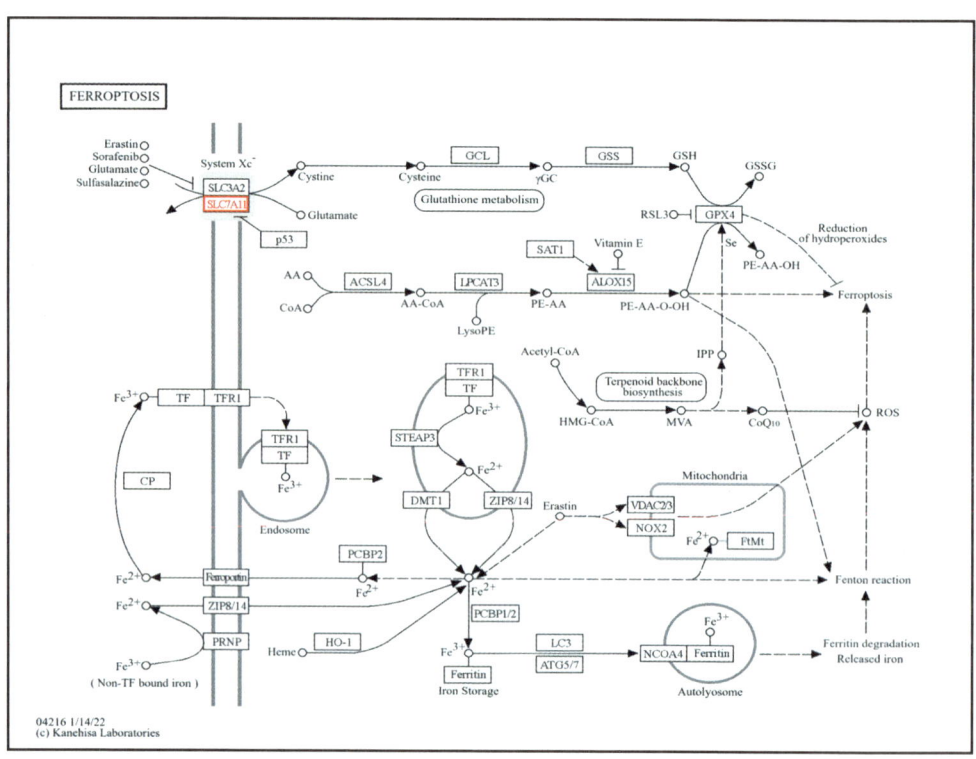

第十三章 双硫死亡

因为 SLC7A11 作为一个膜上的转运蛋白，会把膜外的胱氨酸转入细胞内，把细胞内的谷氨酸转运到细胞外。而胱氨酸会通过形成半胱氨酸，通过谷胱甘肽代谢途径，转化为 GSH，GSH 则是抑制铁死亡的关键分子：

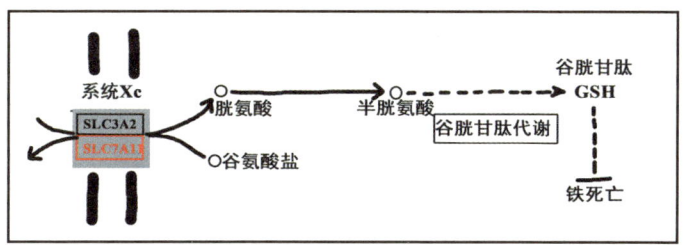

但是在另一方面，胱氨酸转化为半胱氨酸的过程中，需要有 NADPH 的参与。而 NADPH 是通过葡萄糖的磷酸戊糖途径产生的，而糖酵解的关键就是葡萄糖的摄入：

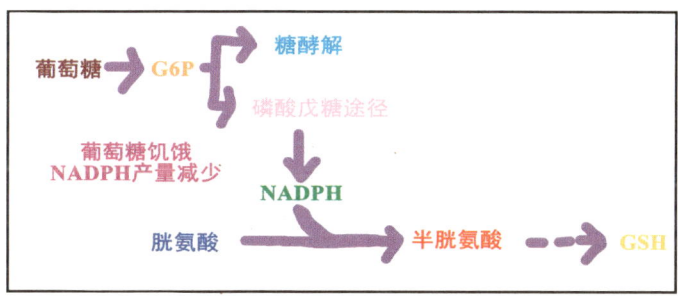

但是当细胞遇到葡萄糖饥饿，也就是葡萄糖摄入不足的情况下，细胞内通过磷酸戊糖途径产生的 NADPH 的量降低。同时 SLC7A11 在膜上表达增多，则胱氨酸无法转化为半胱氨酸，这就造成了细胞内胱氨酸的累积：

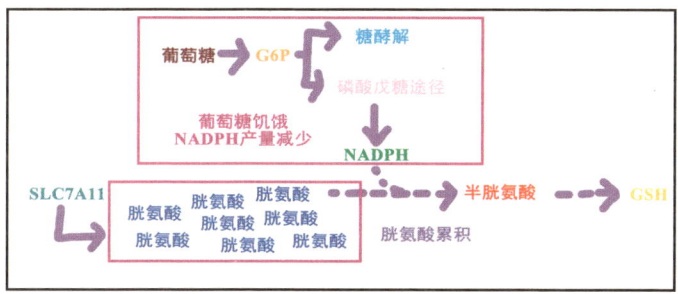

发现双硫死亡的文献，其实也是发表在 17.3 分的 *Nature Cell Biology* 上的：

> **Nature Cell Biology**
> Actin cytoskeleton vulnerability to disulfide stress mediates disulfidptosis

信号通路是什么"鬼"？6

葡萄糖饥饿引发 NADPH 耗竭，及 SLC7A11 的高表达造成的胱氨酸高摄取和半胱氨酸减少，二硫化物细胞内积累引起二硫应激，从而激活了 Rac1-WRC-Arp2/3 信号通路，导致肌动蛋白细胞骨架蛋白和二硫化物沉积中的异常二硫键：

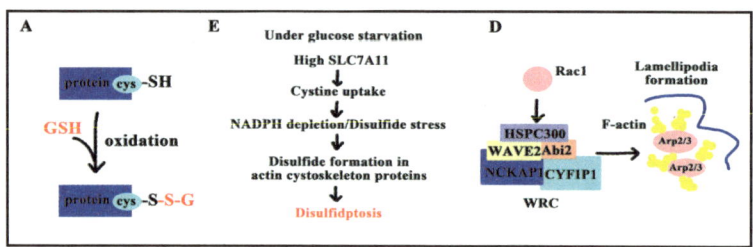

肌动蛋白细胞骨架蛋白之间产生异常二硫键、肌动蛋白收缩和与质膜分离，最终导致细胞收缩和死亡：

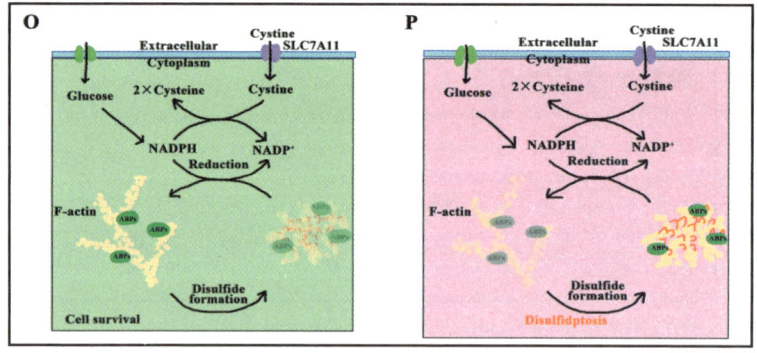

双硫死亡差不多就是这样了，双硫死亡要满足：

（1）SLC7A11 高表达，胱氨酸累积；
（2）葡萄糖饥饿，磷酸戊糖途径受阻，NADPH 产量降低；
（3）细胞骨架蛋白之间形成异常的二硫键。

感觉可能会是新的课题来源，毕竟 SLC7A11 的话，研究铁死亡也用得上……

第十三章 双硫死亡

这篇双硫死亡的文章是怎么做出来的

上节给你们讲了双硫死亡,其实双硫死亡研究是从另一篇 17.3 分的 *Nature Cell Biology* 上来的。那我们就来看看双硫死亡到底是怎么做出来的吧:

> **Nature Cell Biology**
> Actin Cytoskeleton Vulnerability to Disulfide Stress Mediates Disulfidptosis

细胞内胱氨酸的异常积累会诱发二硫化物应激,对细胞有剧毒。而 NADPH 的还原形式提供了关键的还原能力,也就是将胱氨酸转化为半胱氨酸。首先他们发现了在 SLC7A11 高表达的细胞中,一旦产生了葡萄糖的饥饿,就会导致细胞死亡。而这种细胞死亡,不能被凋亡、坏死性凋亡、铁死亡等抑制剂所抑制,只能被 TCEP 这种还原剂所抑制:

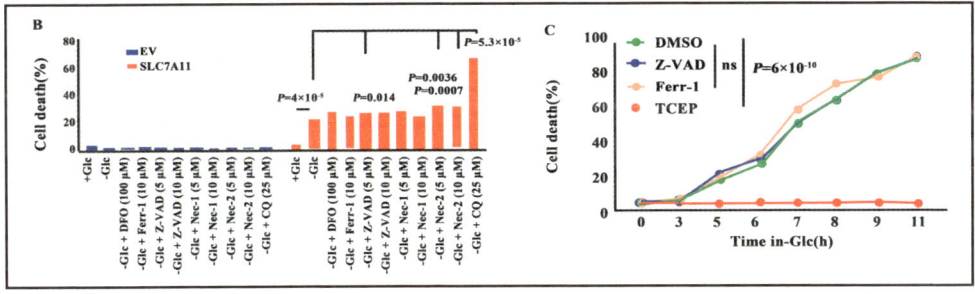

在他们实验室之前的另一篇 17.3 分的 *Nature Cell Biology* 的文章中,其实也展示了半胱氨酸累积所造成的细胞毒性引发的细胞死亡:

> **Nature Cell Biology**
> Cystine Transporter Regulation of Pentose Phosphate Pathway Dependency and Disulfide Stress Exposes a Targetable Metabolic Vulnerability in Cancer

所以他们在这里才使用了二硫化物的还原剂 TCEP 对双硫死亡进行抑制。因为熟悉铁死亡的话,应该知道 SLC7A11。SLC7A11 会把胱氨酸泵入细胞,而胱氨酸进入细胞后,需要 NADPH 才能转化为半胱氨酸,然后通过形成 GSH(谷胱甘肽)抑制铁死亡。但在这里由于葡萄糖饥饿,导致 PPP 途径(磷酸戊糖途径)产生的 NADPH 的量下降,致使胱氨酸无法转化成半胱氨酸,导致了胱氨酸累积。

那胱氨酸作为二硫化物,在产生累积后,会对细胞中的蛋白产生什么样的影响呢?他们接着做了一个 SILAC(就是用同位素标记进行蛋白组学的分析),他们把二硫键、巯基

信号通路是什么"鬼"？ 6

分别用 IAA 和 IAA 烷基进行了阻断，然后分别进行了标记。通过蛋白组学，分析了过表达 SLC7A11 并进行葡萄糖饥饿后，蛋白质上二硫键的变化：

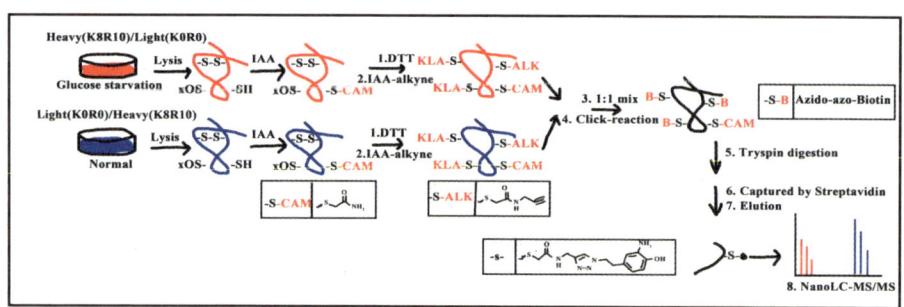

结果发现，大部分二硫键异常的蛋白是细胞骨架相关的。本来他们想看看二硫键变化对蛋白功能有没有什么影响，但是细胞骨架相关蛋白在二者的差异蛋白中富集得比较多：

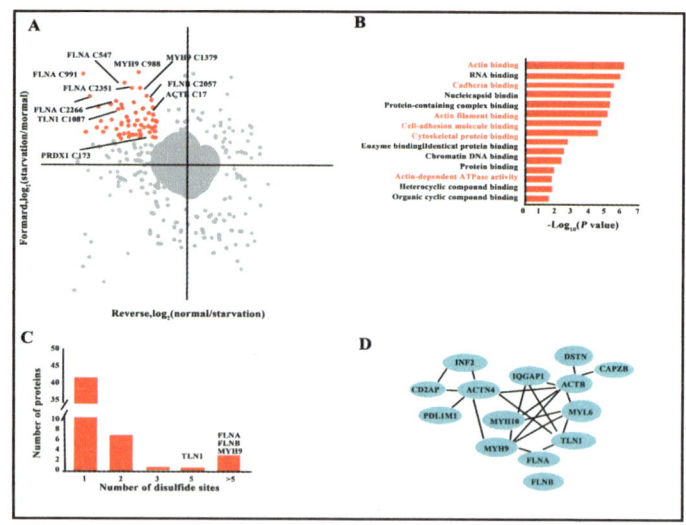

由于二硫键产生了变化，那蛋白也会在电泳的迁移过程中产生变化，于是他们分析了还原和未还原调节下，胱氨酸累积下潜在靶蛋白的电泳迁移变化，结果发现胱氨酸累积的蛋白中电泳迁移产生了阻滞：

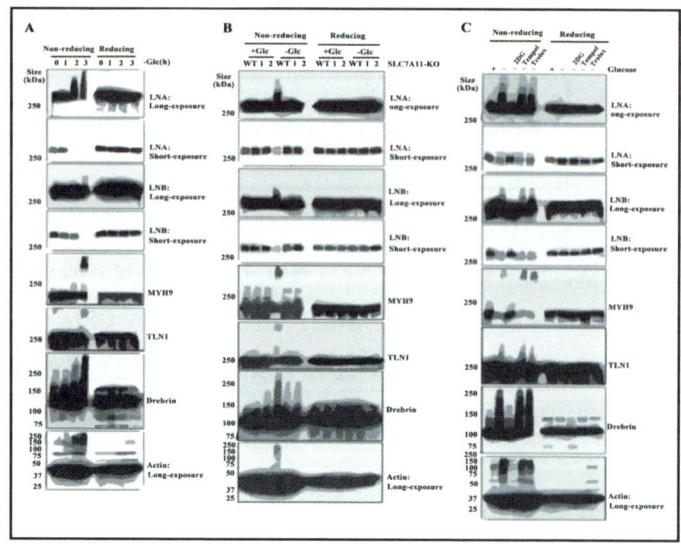

第十三章 双硫死亡

为了证明是 PPP 途径产生的 NADPH，在这里他们还使用了 2-DG，2-DG 能抑制糖酵解，也就使得细胞通过 PPP 途径产生的 NADPH 增多：

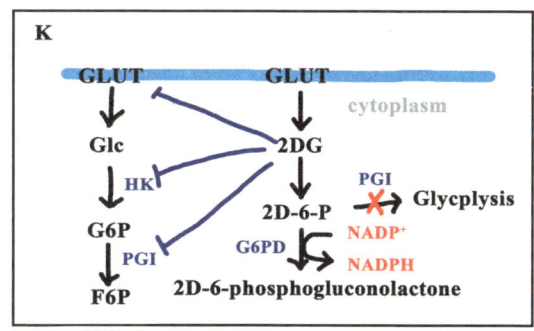

2-DG 使增加的 NADP/NADPH 比例正常化，防止肌动蛋白细胞骨架蛋白在葡萄糖饥饿下的迁移延迟，并防止细胞产生双硫死亡。细胞骨架蛋白的二硫键异常，则导致了细胞骨架中 F-肌动蛋白收缩和与质膜分离：

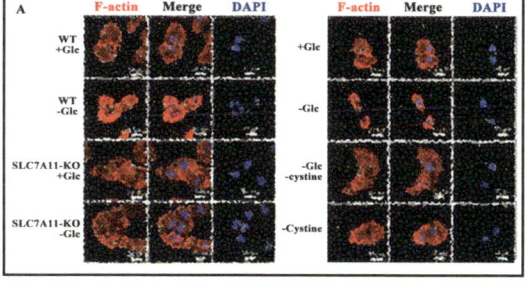

这些表型最终导致了细胞死亡。为了验证肌动蛋白细胞骨架蛋白参与控制二硫死亡这一假设，我们在葡萄糖正常和饥饿的条件下对 SLC7A11 过表达的细胞进行了全基因组 SLC7A11-Cas9 筛库，结果发现双硫死亡不只和 SLC7A11 表达相关，还与 WRC（WAVE 调节复合物）中的蛋白有关，Rac1-WRC-Arp2/3 是与细胞骨架结合相关的通路：

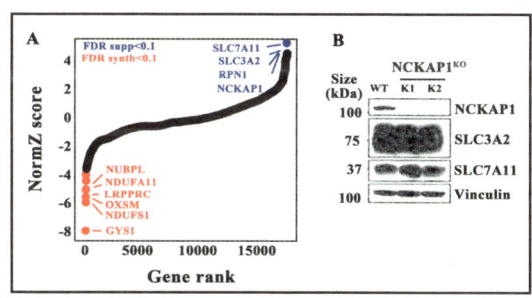

他们假设 Rac1-WRC-Arp2/3 可能参与了双硫死亡，于是通过敲除，以及对于 Rac1 和 WAVE 的功能突变，验证了 Rac1-WRC-Arp2/3 的确是通过其细胞骨架结合功能影响了双硫死亡：

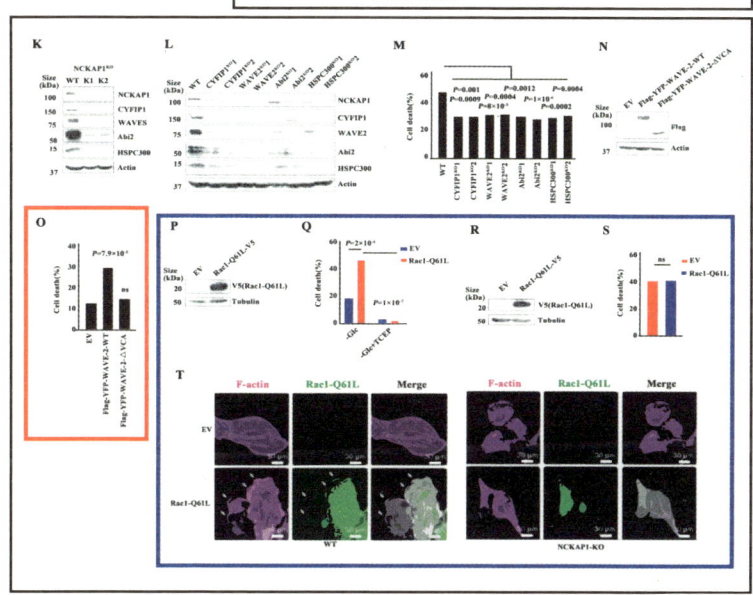

197

信号通路是什么"鬼"？6

由于葡萄糖饥饿及 SLC7A11 高表达是双硫死亡的关键，于是他们假设细胞膜上的 GLUT（葡萄糖转移酶）也可能对双硫死亡产生影响。结果表明，当 GLUT 表达降低且 SLC7A11 高表达后，双硫死亡才会发生：

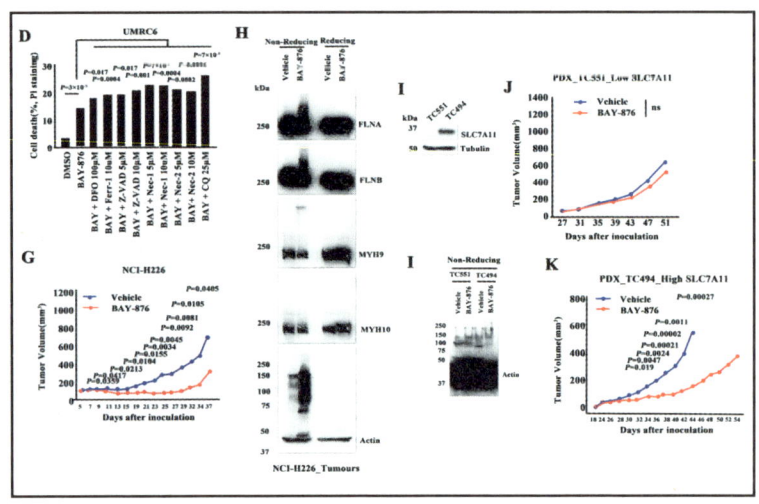

最后他们才形成了这样的双硫死亡的示意图：

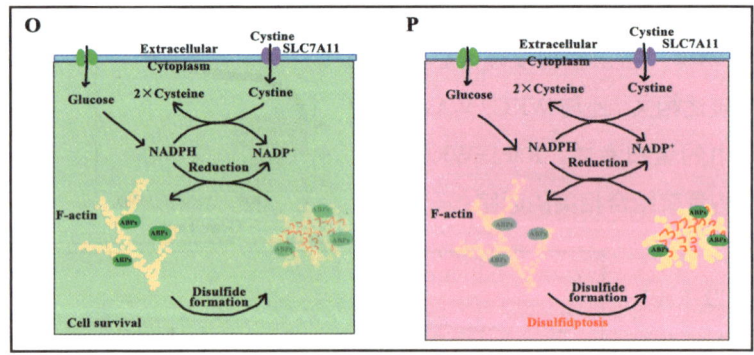

其实这里双硫死亡的研究感觉还只是刚开始，他们提出了细胞骨架受到胱氨酸累积影响导致的细胞骨架变化和质膜的分离，最终引发细胞死亡，给细胞找"死"寻找到了新的出路……高表达的 SLC7A11 也正是有的铁死亡研究中常见的方法。深入研究的话，可以从细胞内 NADPH 的产生或者 PPP 途径进一步细化双硫死亡的途径，可能会得到更多新的结果……

第十三章 双硫死亡

再来看篇双硫死亡的文章，看下研究机制是怎么样的

前两节中给你们讲过了双硫死亡，实际上双硫死亡是在 2022 年底发现的新课题。但对于双硫死亡的研究，其实已经逐步在 PubMed 上展开了。这次就给你们讲讲 17.3 分的 Nature Communications 上的这篇双硫死亡的研究：

> Nature Communications
> SLC7A11 Expression Level Dictates Differential Responses to Oxidative Stress in Cancer Cells

双硫死亡其实是在葡萄糖饥饿的情况下，NADPH 的合成受到了抑制，这时过表达 SLC7A11 会导致胱氨酸泵入细胞增多，使得二硫化合物累积，引起蛋白折叠错误导致细胞死亡。这篇文章首先是分析 CRISPR 敲除 SLC7A11 或者 shRNA 敲减 SLC7A11 后，细胞的死亡情况：

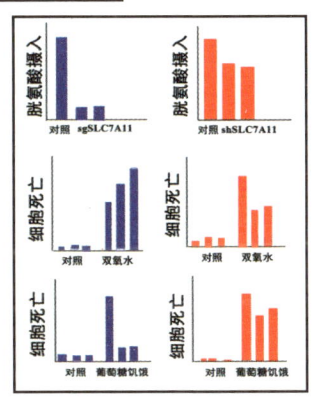

大家都知道 CRISPR 敲除的话，是直接不表达了，但 shRNA 敲减只是降低表达。他们发现完全敲除了 SLC7A11 后，葡萄糖饥饿导致的细胞死亡会降低，而双氧水诱导的细胞死亡却增多了。但是 SLC7A11 敲减后，会有效抑制双氧水诱导的细胞死亡。

按照常规来说，高表达 SLC7A11 后会引起胱氨酸进入细胞，如果在葡萄糖没有饥饿的条件下，应该会产生抗氧化作用的 GSH，抵抗 ROS 应激。但是这里高表达 SLC7A11 的细胞死亡，却比中等表达 SLC7A11 的细胞死亡要高。也就是说高表达 SLC7A11 本身还可能存在使细胞对 ROS 应激敏感的细胞死亡机制。于是他们做了低、中、高三种表达模式的 SLC7A11，结果发现高表达 SLC7A11 后，细胞的确对双氧水敏感了，细胞的胱氨酸摄入量也增多：

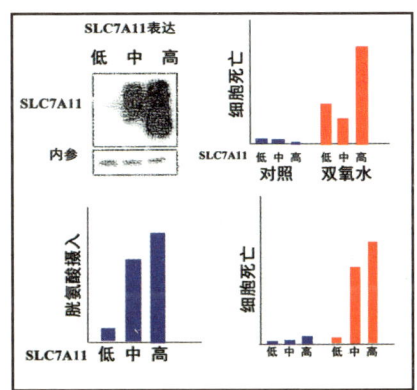

信号通路是什么"鬼"？6

于是他们假设，SLC7A11 表达增多，会通过胱氨酸或半胱氨酸的累积，引起除葡萄糖饥饿外的二硫化合物累积，导致细胞对双氧水诱导的细胞死亡敏感。结果发现，在 SLC7A11 高表达的细胞中，双氧水处理后，会大大增加细胞内的胱氨酸水平，但半胱氨酸水平并没有特别高幅度的累积。也就是说 SLC7A11 高表达的细胞，在双氧水刺激下，细胞内胱氨酸大量增加，却不能产生足够的半胱氨酸和 GSH，引发了二硫化合物累积：

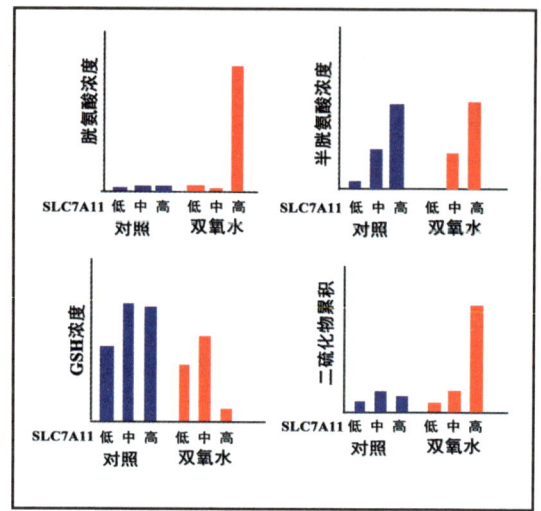

那 SLC7A11 导致的二硫化合物累积其实就是细胞死亡的关键了，于是他们分别使用了三种抑制剂来说明这个问题，第一个是 Erastin，第二个是二硫还原剂 TCEP 和巯基乙醇，第三种是二硫醚交换试剂 NAC 和青霉胺：

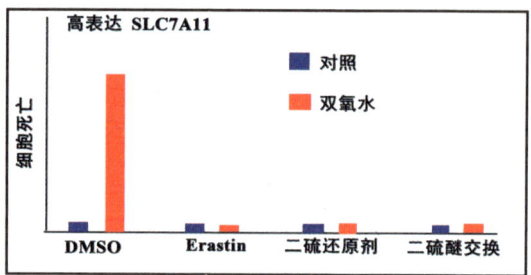

熟悉铁死亡的话，应该知道 Erastin 是铁死亡激活剂：

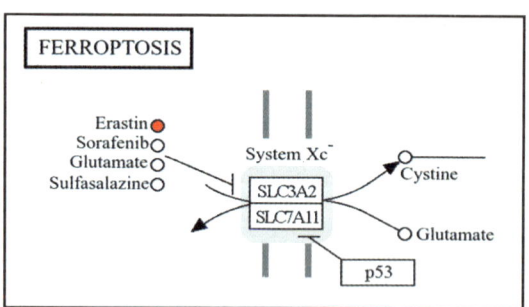

二硫化合物的累积引发细胞双硫死亡的过程中，重要的一个环节是 NADPH，NADPH 是将胱氨酸转化为半胱氨酸过程中需要消耗的：

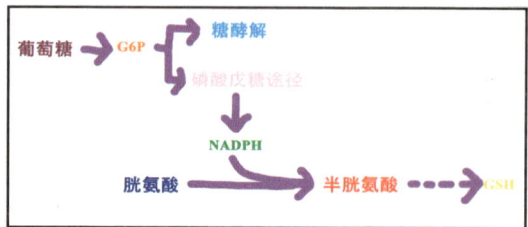

第十三章 双硫死亡

于是他们分析了一下 SLC7A11 低、中、高表达下对 NADPH 的消耗（$NADP^+$/NADPH 比值越高，NADPH 消耗量越大），结果发现 SLC7A11 高表达会加速 NADPH 的消耗。SLC7A11 抑制剂则能缓解 NADPH 的消耗，也就是说 NADPH 的消耗很可能是由于突然泵入大量的胱氨酸导致的。对过氧化氢的抗氧化防御，主要由 GSH 依赖性过氧化物酶介导，如 GPX1。结果发现，在 SLC7A11 低表达的细胞中缺失 GPX1 会增加过氧化氢诱导的细胞死亡，而在 SLC7A11 高表达的细胞中缺失 GPX1 会适度抑制过氧化氢诱导的细胞死亡。这可能是因为 GPX1 缺失保留了更多的 NADPH，使得 SLC7A11 高表达的细胞免受二硫键应激诱导的细胞死亡：

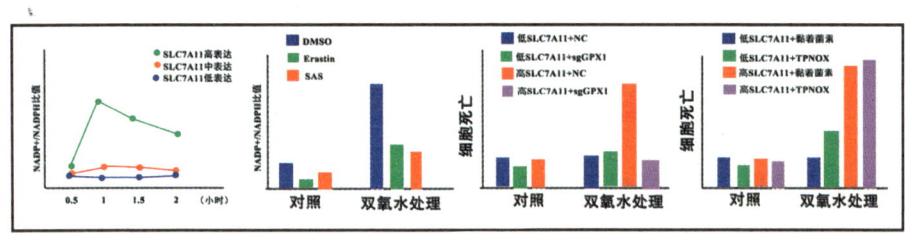

而使用 NADPH 的抑制剂 TPNOX，则会促进细胞对于双氧水处理诱导的细胞死亡敏感性。

有意思的是 SLC7A11 高表达会导致体内成瘤的细胞增殖加速，却能有效抑制肿瘤的侵袭转移。

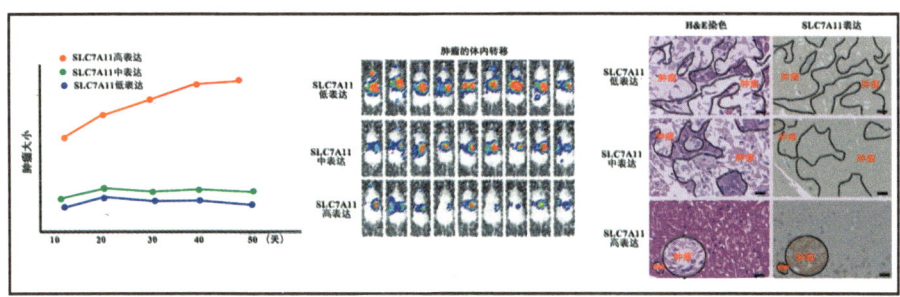

这可能是血液中的氧化环境导致转移的低效性，大多数癌细胞在转移过程中会死于氧化应激，而高表达 SLC7A11 会引起细胞二硫化合物累积，并对氧化应激敏感，所以 SLC7A11 高表达的细胞侵袭转移能力被遏制了。

总的来说就是 SLC7A11 的高表达，会在氧化应激条件下，过量摄入胱氨酸，并大量消耗 NADPH，使得胱氨酸转化为半胱氨酸的途径被阻滞。大量的二硫化合物累积引起双硫死亡，并使得细胞对氧化应激更为敏感。

信号通路是什么"鬼"？6

要看这篇 Nature，你就得边看边思考，才能学到更多

这章里其实我们要讲的是 DNA 损伤修复，但是这次不太一样，我们就从一篇 Nature 的文献说起。要看一篇 Nature 其实不难，难的是在读 Nature 的过程中，边看边思考。如果能做到读 Nature 的时候，思考他们为什么要这样设计，文章的思路是什么样，那么你们才算是认认真真地精读完了这篇文章。那我们就来看看这篇 50.5 分的 Nature 是怎么样一步步分析的：

> Nature
> RHOJ Controls EMT-Associated Resistance to Chemotherapy

这篇 Nature 标题一样很简单：RHOJ 控制 EMT 相关的化疗耐药性。他们用自发 EMT 的鳞状细胞癌（SCC）遗传小鼠模型，分析 EMT 和肿瘤耐药之间的关系。他们构建了 Cre-LoxP 系统的小鼠，诱导了皮肤 SCC 模型。接着对诱导的 SCC 进行了顺铂和 5FU 处理，区分出了耐药和不耐药的细胞：

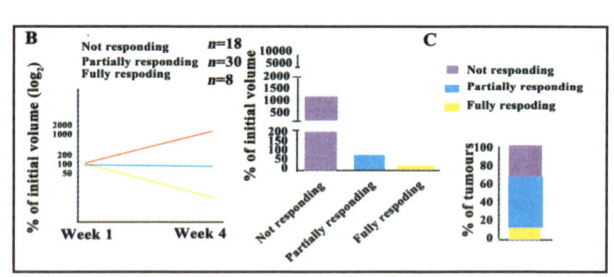

在这个 Cre-LoxP 系统中，他们在 EpCAM（上皮标志物）上接了个 YFP（黄色荧光蛋白），以此来筛选产生了 EMT 的细胞，也就是不表达 YFP 的细胞，其实就已经产生上皮间质转化了。他们分别分析了 EpCAM 与 K14（上皮标志）和 Vimentin（EMT 的标志物），可以看到 K14 的表达与 EpCAM（YFP）的表达是一致的，Vimentin 和 EpCAM 的表达相反。同时 EpCAM 阳性的细胞更容易受到化疗药物的影响：

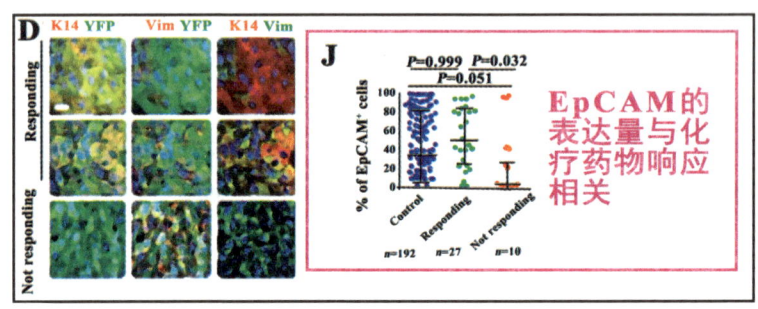

第十四章　DNA 损伤修复

那么问题来了，到底是化疗药优先杀死表达了 EpCAM 阳性的细胞，还是诱导 EMT，促进 EpCAM⁻ 肿瘤细胞的产生？他们分析了不同的 EMT 细胞的亚型，结果发现不同的 EMT 亚群对化疗的抵抗力相似。在没有肿瘤微环境的情况下，EMT 肿瘤细胞在体外对化疗具有深刻的抵抗力，而 EpCAM 阳性的上皮肿瘤细胞对化疗药更敏感。EpCAM 阳性细胞中 Caspase3 表达更多，也就是引起了细胞的凋亡：

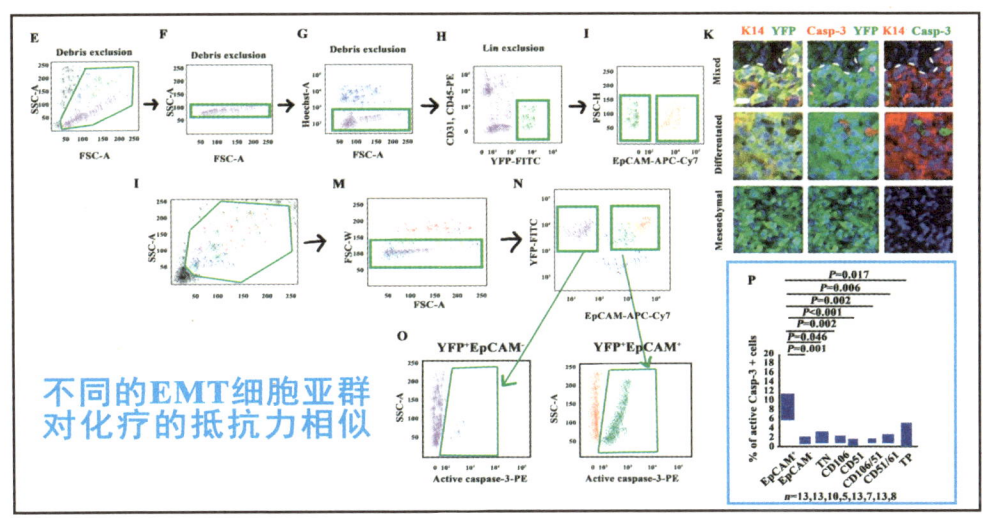

不同的EMT细胞亚群对化疗的抵抗力相似

这些结果说明了化疗药是优先杀死EpCAM阳性细胞的，同时EpCAM阴性细胞可以对多种药物耐药：

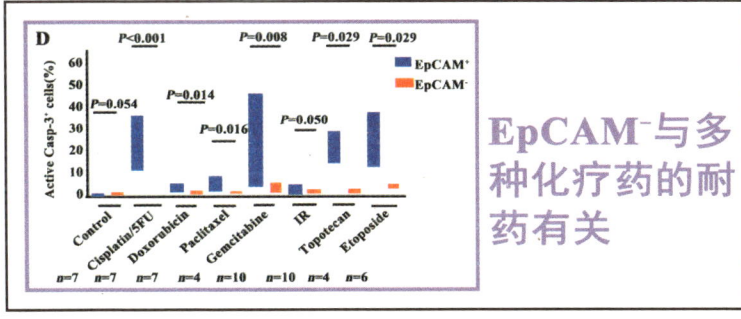

EpCAM⁻与多种化疗药的耐药有关

接下来他们的思路，我就有点跟不上了。他们测试了 EpCAM 阴性细胞中的耐药相关基因的表达，特别是 Rho 家族的一系列细胞，从中找出了 Rhoj 这个在别的研究中与黑色素瘤耐药相关的基因：

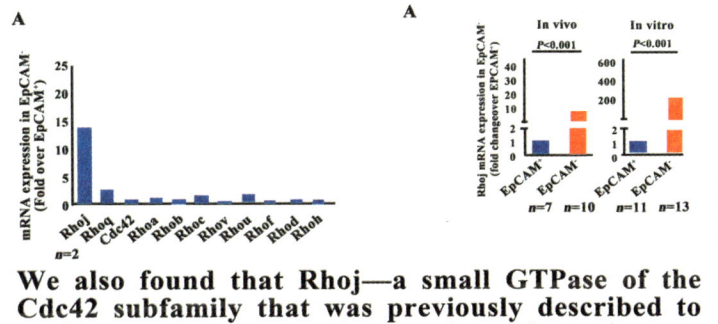

We also found that Rhoj—a small GTPase of the Cdc42 subfamily that was previously described to mediate resistance to therapy in melanoma—was expressed at a much higher level in EMT tumour cells.

信号通路是什么"鬼"？6

Rho 的话，不知道大家还记不得 Rhoa，这个在失巢凋亡以及细胞黏附信号通路中都出过镜，这也可能是他们选择这个家族基因的原因？但为什么不是从转录组中进行筛选呢？

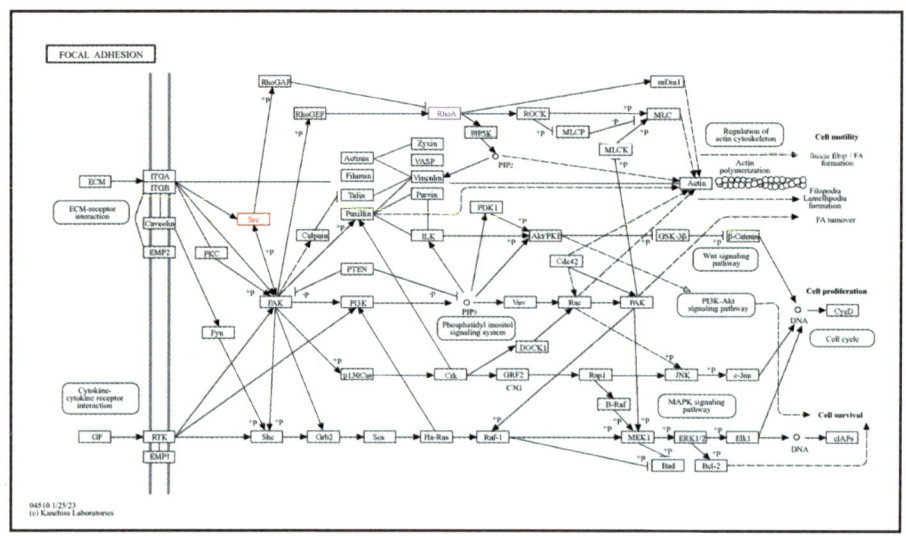

既然找到了 Rhoj，那么就需要分析一下 Rhoj 的表型，通过表型实验发现 EMT 肿瘤细胞中的 Rhoj 敲低，可以降低细胞存活、生长和迁移。而 EpCAM 阳性肿瘤细胞中的 Rhoj 过表达和 Rhoj 缺失都会损害细胞增殖。但是 Rhoj 的表达并不会影响 EMT 或者上皮标志物的表达（下图绿框）：

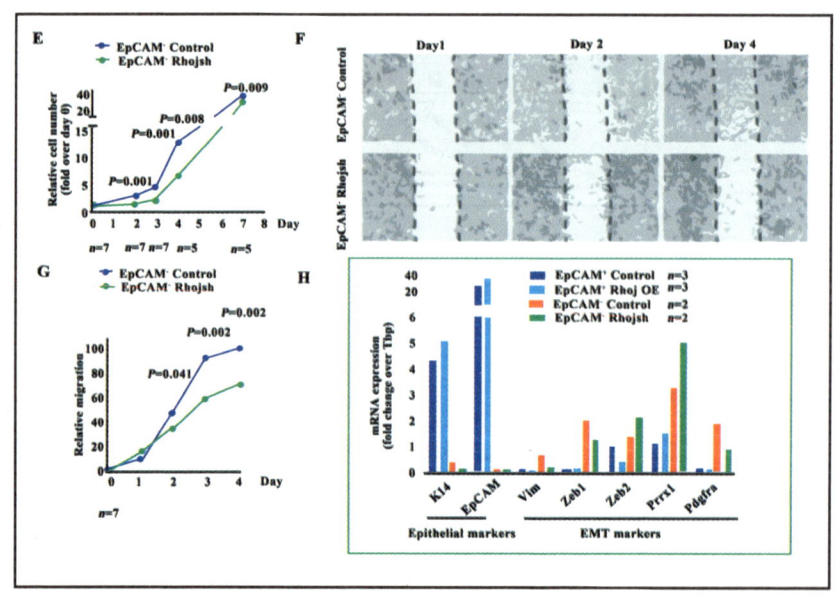

第十四章 DNA 损伤修复

而 Rhoj 的表达与 EMT 相关的化疗耐药有密切的关系：

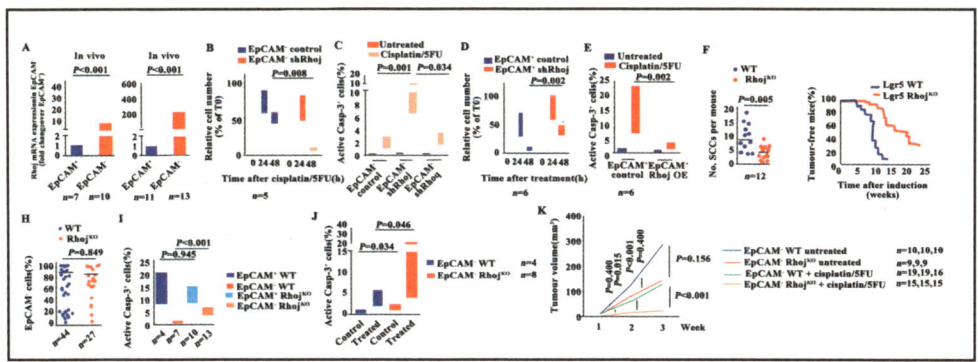

那 Rhoj 是怎么参与化疗耐药的呢？于是他们分析了 Rhoj 不同表达情况下的转录组和蛋白组学：

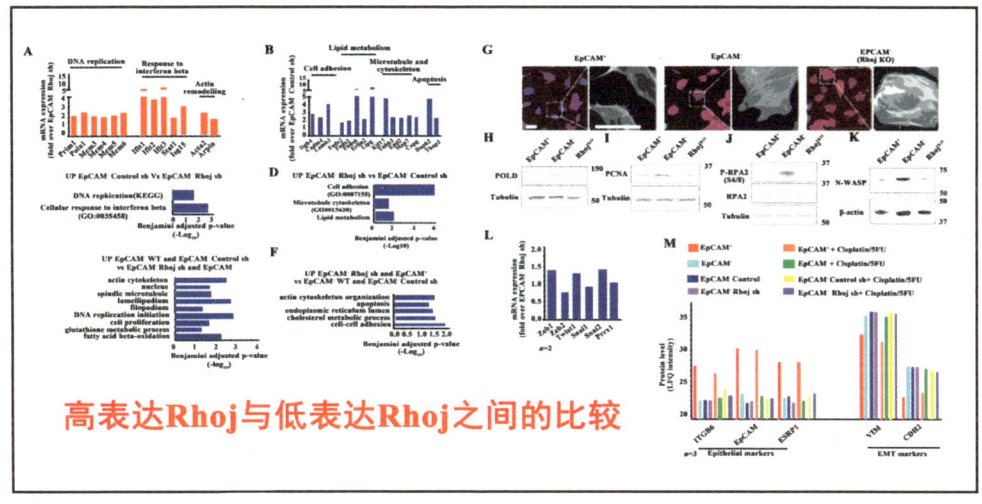

GO 分析发现 Rhoj 敲减的 EpCAM 细胞中，参与 DNA 复制、对干扰素和肌动蛋白重塑的反应的基因下调，而与细胞黏附、脂质代谢、细胞凋亡和微管以及肌动蛋白细胞骨架有关的基因上调。通过取交集，发现在 Rhoj 表达的细胞中，新生 DNA 相关的蛋白质与复制应激期间招募的蛋白质表达增多，表明 Rhoj 很可能会调控 DNA 复制和 DNA 修复：

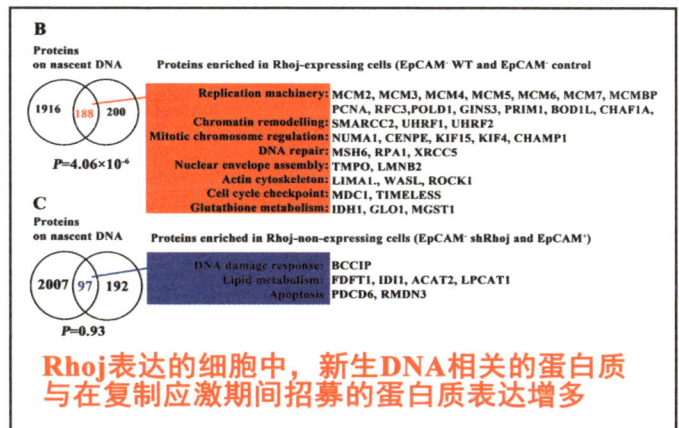

信号通路是什么"鬼"？6

于是他们就分析了使用化疗药，Rhoj 表达与和 DNA 修复相关的 ATM/ATR 磷酸化的关系，以及用 γ-H2AX 分析 DNA 损伤。结果发现 Rhoj 会参与到 DNA 损伤修复中，但 Rhoj 的表达与 ATM/ATR 的磷酸化激活又没有关联：

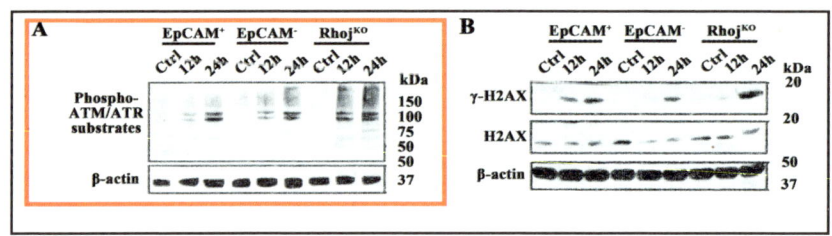

也就是说 Rhoj 参与 DNA 损伤修复，可能是通过独立于 ATM/ATR 起效的。用 BrdU 掺入实验发现，Rhoj 能维持 EMT 细胞中的 DNA 复制（掺入的 BrdU 变多）。那具体的机制是什么呢？下一节我们再接着说吧……

第十四章　DNA 损伤修复

给你们讲讲 DNA 损伤修复的信号通路

上一节，我们看完了那篇 EMT 肿瘤细胞通过 DNA 损伤修复引发耐药的文章，那了解这篇文章首先要知道 DDR（DNA damage response，DNA 损伤应答），看看 DDR 到底都有些什么。但其实 DDR 的机制还是有点复杂的，这篇 2.3 分的 *Environmental and Molecular Mutagenesis* 上，大致描述了一下 DNA 损伤及修复的机制：

Environmental and Molecular Mutagenesis
Mechanisms of DNA Damage, Repair, and Mutagenesis

一般来说，化疗药、放疗、紫外线照射，都会造成不同程度的 DNA 损伤。DNA 损伤修复的方式也有很多种，大致分的话，就应该是 Mismatch（错配）、SSB（单链断裂）和 DSB（双链断裂）及 ICL（DNA 链间交联）：

DNA损害物质	毒素 烷基化剂 碱脱氨作用 复制错误	氧化损伤亲电体	电离辐射 紫外线辐射 交联 芳香族化合物 热缺氧
DNA损伤	错配 尿嘧啶 脱碱性位点 加合物	病变 单链断裂 双链断裂	大块病变 链内和链间交联 单链断裂 双链断裂
DNA修复途径	错配修复（MMR） 碱基切除修复（BER）	碱基切除修复（BER） 单链断裂修复 双链断裂修复	核苷酸切除修复（NER） 链间交联修复（ICL） 单链断裂修复 双链断裂修复 跨病变合成（TLS）

DNA 复制过程中很容易产生的就是 DNA 的错配。这篇 3.9 分的 *Frontiers in Molecular Biosciences*，就介绍了 MMR（Mismatch Repair）通路。这个过程中首先招募 MutSα（在人体细胞中主要是异源二聚体 MSH2-MSH6）或 MutSβ，MutLα（异源二聚体 MLH1-PMS2）、PCNA 和 RFC 也被招募到复合物中。这些复合物组装后，启动 PMS2 的内切酶活性，使错配附近发生单链断裂，并打开外切酶 Exo1 进入位点，切掉错配位点。接着通过聚合酶重新合成 DNA 单链并修复：

信号通路是什么"鬼"？6

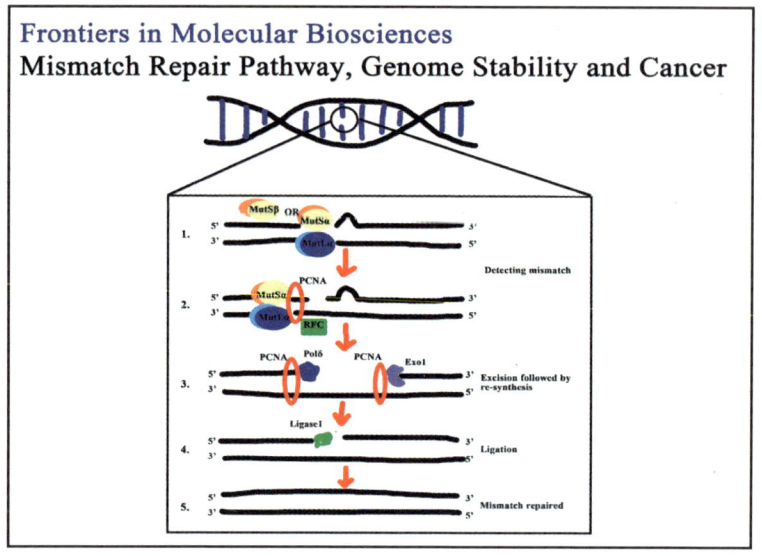

紫外线造成的 DNA 损伤，主要是通过 NER 进行修复的。NER 分成两种，GG-NER（全局基因组的 NER）和 TC-NER（转录偶联的 NER）。TC-NER 是由 RNA 聚合酶 2 停滞在活性基因转录链中存在的突变位置上启动的，并招募 CSA 和 CSB 蛋白。GG-NER 则是招募 UV-DDB 泛素连接酶复合物和 XPC/RAD23/CETN2 异源三聚体启动的。检测到损伤后，TFIIH 复合物被招募，并将损伤周围约 30 个核苷酸的延伸部分解开，为其他修复因子提供通道。XPA 和 RPA 会刺激 TFIIH 的转位和损伤验证活性，XPF/ERCC1 和 XPG 这些内切酶随后会切开损伤周围的 DNA。切除受损链后，再由 PCNA 和 RFC、DNA 聚合酶 δ、ε 和 κ 参与 DNA 合成和连接，最后由 DNA 连接酶将缺口封闭，从而填补核苷酸的缺口：

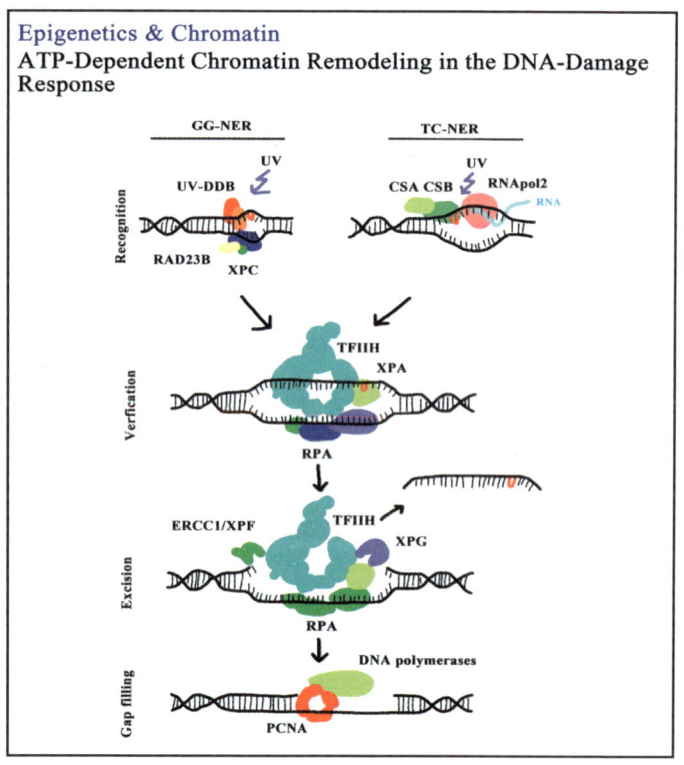

第十四章　DNA 损伤修复

DNA 糖基化酶会识别并切除损伤部位的碱基，得到无碱基位点。例如，NEIL1 的无碱基（AP）裂解酶活性导致的 βδ 消除，在单链断裂处产生一个 1 nt 的间隙，间隙的 3' 和 5' 端为磷酸。接着，3' 的磷酸被 PNKP，产生 3'OH，DNA 聚合酶 β 合成 1 nt 的碱基也就是 SN-BER（单核苷酸 BER），如果 DNA 聚合酶 δ/β 与 FEN-1 结合，合成 2—8 nt 就称为 LP-BER（长补丁 BER）：

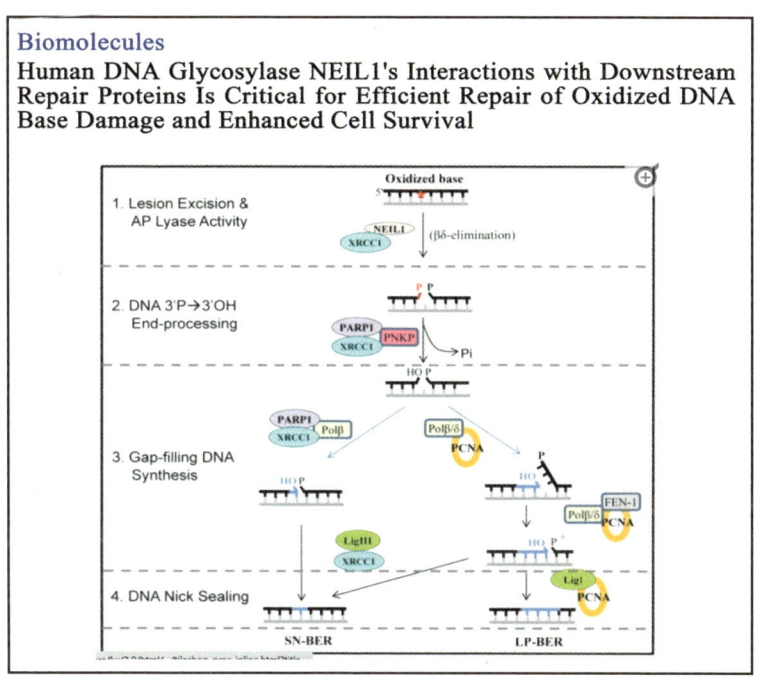

ICL（DNA 链间交联）的修复，主要发生在范科尼贫血症（Fanconi anemia，FA）中。对 ICL 的修复有三类，修复蛋白识别 DNA 螺旋的扭曲、转录聚合酶修复或被病变阻断的复制。不难看出，这个修复和 NER 基本上差不多……

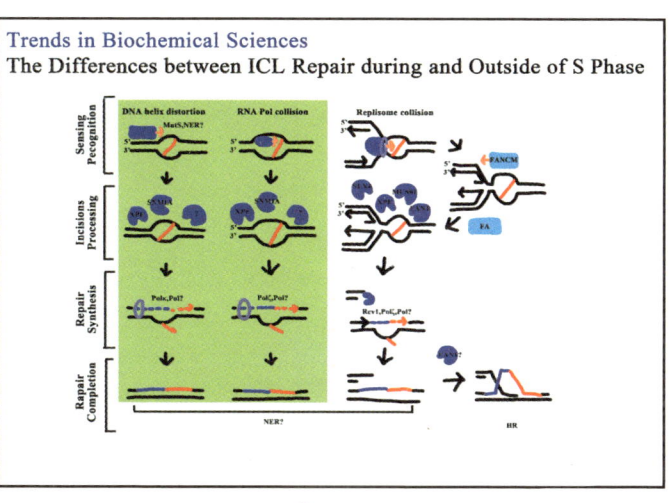

信号通路是什么"鬼"？6

另外的修复方式，就是TLS（跨突变位点合成），这个基本上就是DNA聚合酶在遇到DNA损伤位点后停滞，会替换成TLS聚合酶，直接合成突变的DNA序列，就破罐子破摔那种……

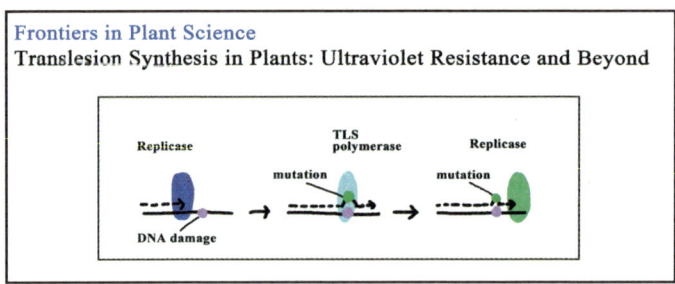

光是讲DNA错配的修复就已经这么多了。另一种修复是针对DSB（双链断裂）的修复：

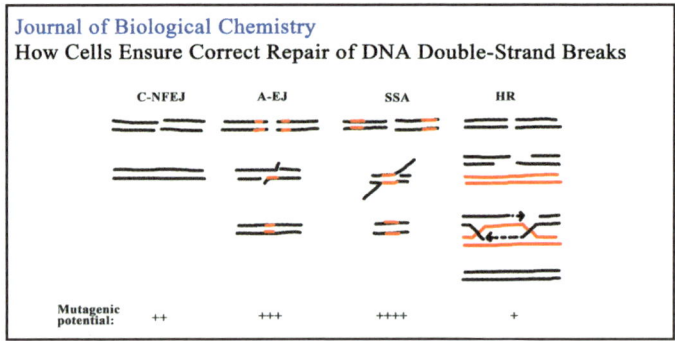

双链断裂主要在放化疗中比较常见，所以DSB的修复有可能和肿瘤的放化疗耐受有一定的关联。

第十四章 DNA 损伤修复

这篇 Nature 还是没讲完，比我想象的还要复杂一点

前面讲的这篇 50.5 分的 Nature 还没讲完，这篇 Nature 的内容其实比我想象中复杂了一点，主要就是通过 EMT 的表型和肿瘤细胞耐药表型联系起来做的。他们首先发现了 EpCAM 这个上皮细胞标志物丢失后，肿瘤细胞产生了化疗药物的耐药：

> **Nature**
> Rhoj Controls EMT-Associated Resistance to Chemotherapy

接着通过差异分析，筛选了可能的耐药相关基因，找到了 Rhoj。他们发现 Rhoj 和肿瘤细胞与被化疗药物处理后的细胞凋亡抑制有关，同时与 DDR（DNA 损伤反应）后的修复有一定的关联。而 Rhoj 的表达差异，并不能影响 DNA 的修复蛋白 ATM/ATR 的磷酸化激活：

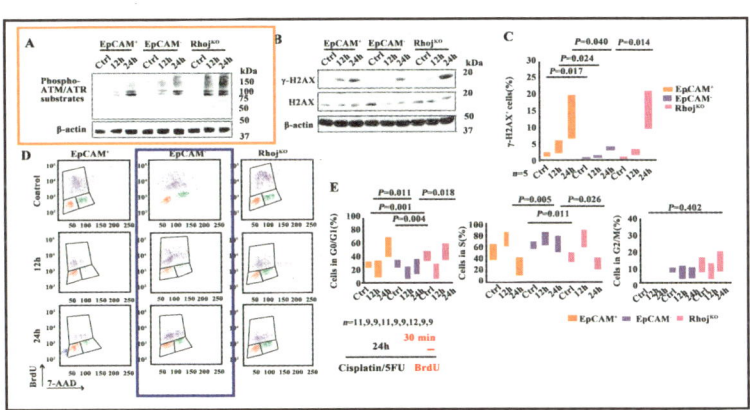

但通过 γ-H2AX 的染色发现，Rhoj 的确能修复 DDR 引起的 DNA 损伤。通过对 DNA 损伤修复的蛋白共定位的分析，发现 EpCAM 阴性细胞中 53BP1 在 DNA 损伤后的表达较高，但 RPA2 和 RAD51 核定位的数量较少：

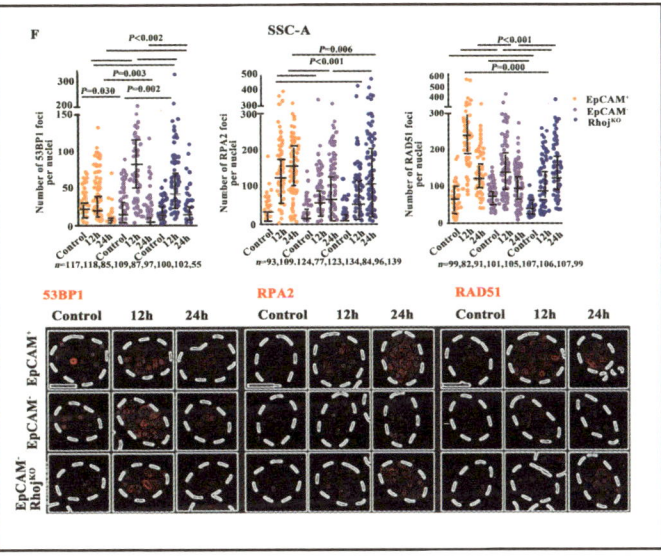

信号通路是什么"鬼"？6

53BP1 在 DNA 损伤部位聚集，是 DDR 的早期事件，RPA2 的表达与损伤部位的 DNA 末端切除产生的单链 DNA 和复制应激后复制叉停滞有关，DNA 损伤后的 RAD51 蛋白表达与双链断裂的同源重组介导的 DNA 修复有关：

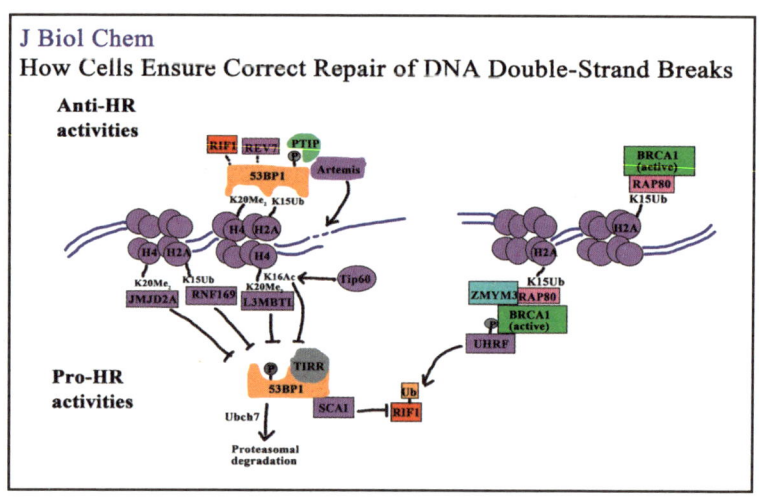

这些结果说明了 Rhoj 表达过程中，DNA 复制增加，同时细胞对化疗药物产生的复制应激明显降低了。

那 Rhoj 会提高 DNA 复制要怎么来分析呢？他们用 BrDU 掺入实验来分析 Rhoj 表达的情况下 DNA 复制的速率。可以看到 Rhoj 表达后，BrDU 的掺入明显增多。而化疗药物处理 24 小时后，EpCAM 阳性细胞的 G0/G1 期阻滞了，而 EpCAM 阴性细胞的 S 期明显增多了：

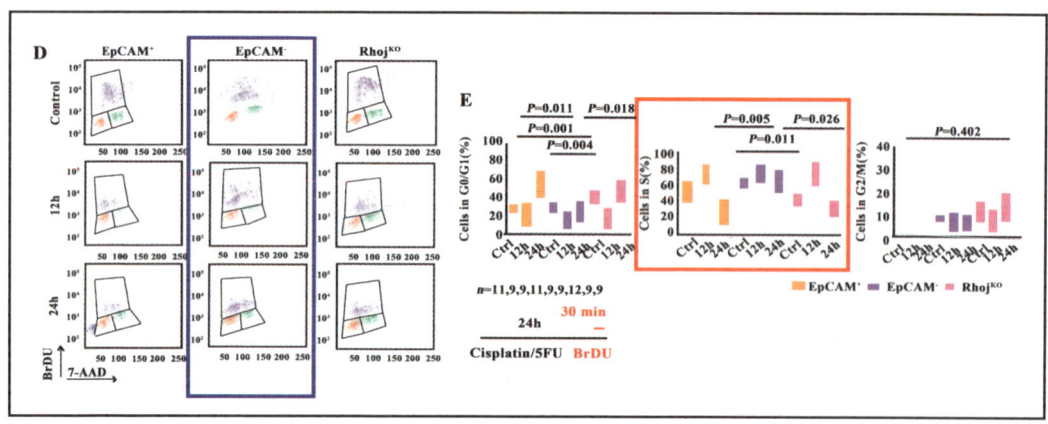

第十四章 DNA 损伤修复

还记得细胞周期信号通路吗？S 期是 DNA 复制增强的主要区段：

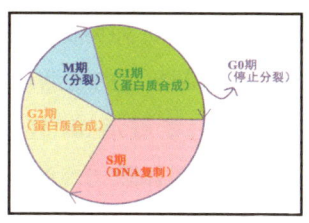

这也说明了 Rhoj 能促进 DNA 在 DDR 后的 DNA 复制，也就是抵抗化疗药物引起的复制应激。细胞周期其实是有多个 Checkpoints 的：

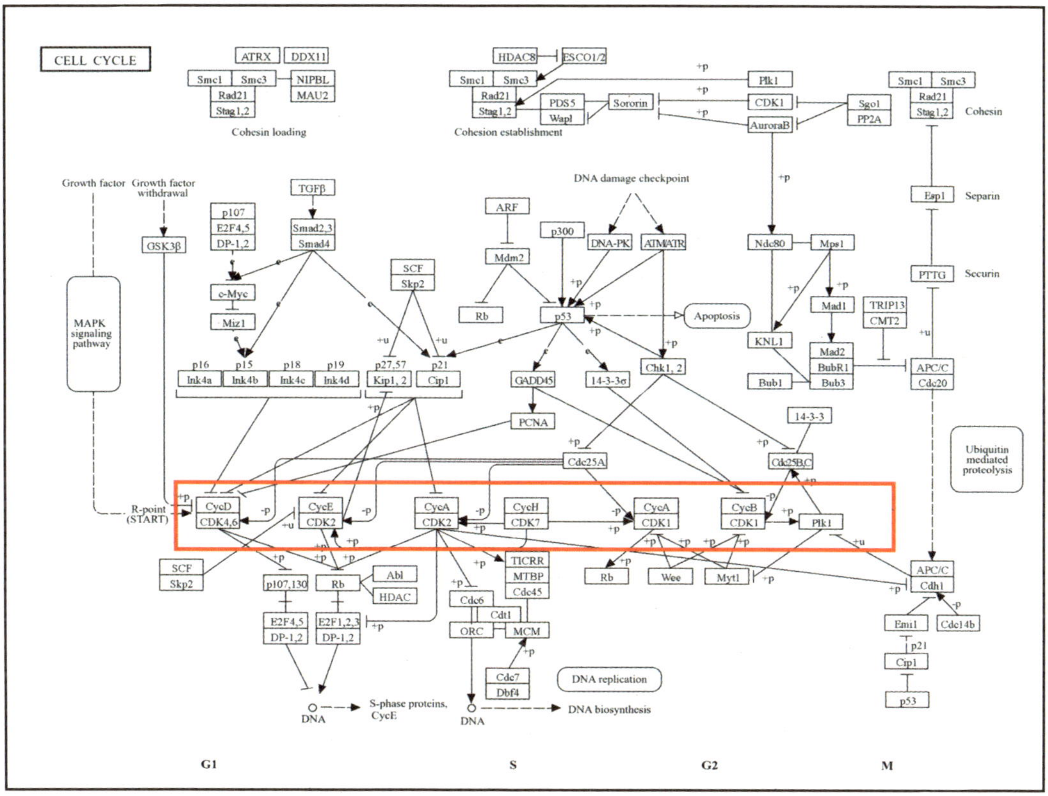

他们分析了 Rhoj 表达条件下这些 Checkpoints 的表达变化，EpCAM 阴性的肿瘤细胞与 EpCAM 阳性的肿瘤细胞、敲除了 Rhoj 的 EpCAM 阴性的肿瘤细胞（这俩是 Rhoj 低表达的）相比，CDKs（包括 CDK1 和 CDK4）的活化程度更高。这进一步说明了 Rhoj 使 EMT 肿瘤细胞在细胞周期中进展并在化疗后继续 DNA 合成：

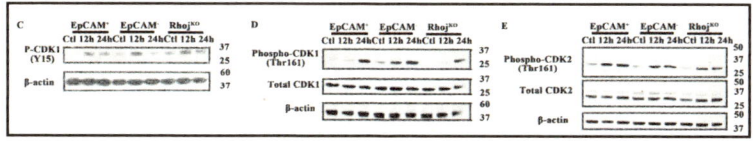

信号通路是什么"鬼"？6

那么 Rhoj 如何促进持续的 DNA 复制的呢？他们分析了 DNA 复制过程中复制叉形成速度和复制起源的激活。使用化疗药后，其实所有的细胞复制叉形成速度都会出现迟滞。但是 Rhoj 能激活 MCM 蛋白，激活休眠的复制起源，并且阻止微核的形成：

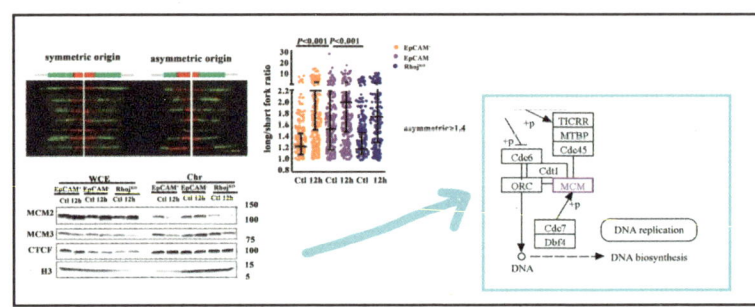

那Rhoj是如何起作用的呢？他们用Pulldown分析了在化疗药作用后能与Rhoj互作的蛋白，发现与调节肌动蛋白丝动力学有关的蛋白质富集：

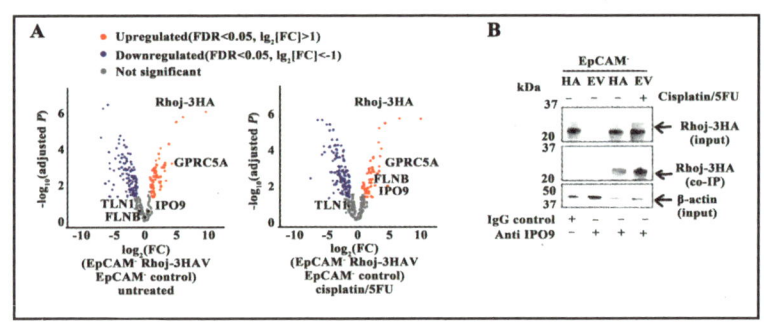

肌动蛋白的抑制剂能促进 EpCAM 阴性细胞（也就是高表达 Rhoj 的细胞）对于化疗药的敏感性，这也进一步说明了肌动蛋白在 Rhoj 下游对化疗药耐药的作用。而核肌动蛋白丝也会响应化疗、Rhoj 缺失所带来的影响：

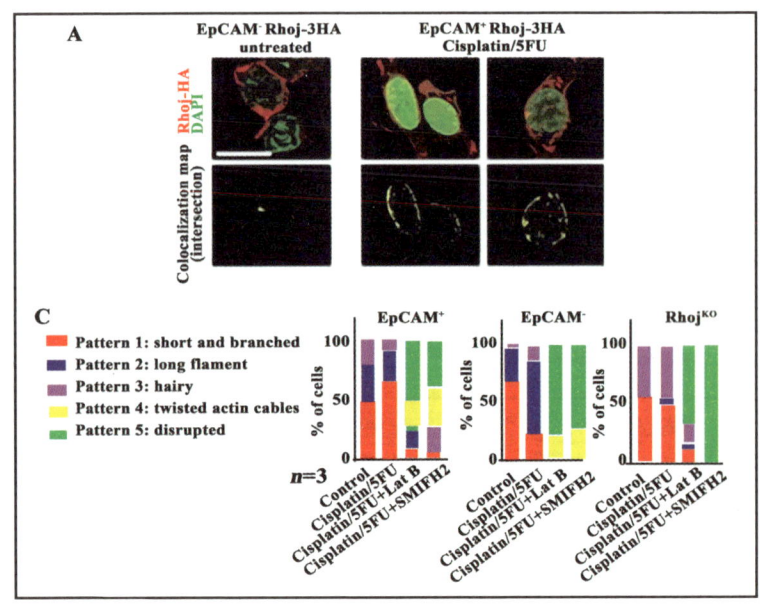

第十四章　DNA 损伤修复

通过共定位发现，Rhoj 结合的核肌动蛋白丝的形成发生在复制细胞中，并参与 DNA 修复和细胞存活以响应化疗的复制应激：

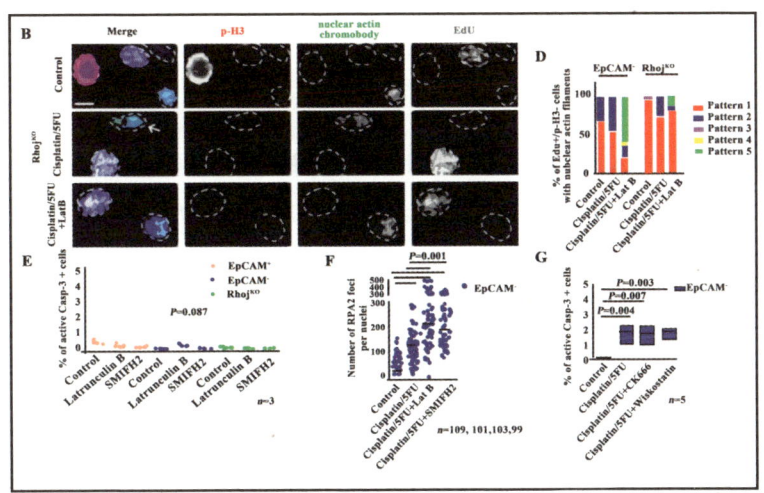

这篇 *Nature* 做的基本上是一条全新的通路和机制，需要复习好多信号通路，然后再一步步地假设迭代，看起来真的挺费劲的。但大致的意思，就是在 EpCAM 阴性的发生了 EMT 的肿瘤细胞中找到了 Rhoj，并且将 Rhoj 与肿瘤细胞在化疗药治疗后的复制应激联系了起来。有兴趣的可以自己看看，*Nature* 还真挺复杂……

信号通路是什么"鬼"？6

看看神刊是怎么来讲DNA双链断裂后的DNA修复机制的

上几节中讲完了DNA单链突变后的DNA修复通路，这节就要讲讲DNA双链断裂（DSB）后对于DNA的修复。大致来分的话，按照这篇4分的 Journal of Biological Chemistry 来看，就有四种修复途径：

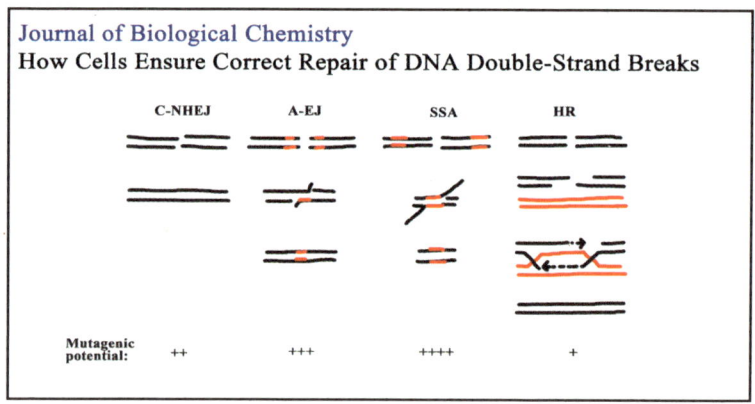

NHEJ（非同源末端连接），HR（同源修复），Alt-NHEJ（MMEJ，微同源介导的末端连接），以及SSA（单链退火）修复。

NHEJ挺简单的，在断裂处，首先会招募Ku70和Ku80复合体。接着招募磷酸化激活的DNA-PKCs（DNA依赖性蛋白激酶），然后其招募并磷酸化激活核酸酶，对相邻片段进行切除。接着招募XRCC4-Lig4，对末端进行连接修复：

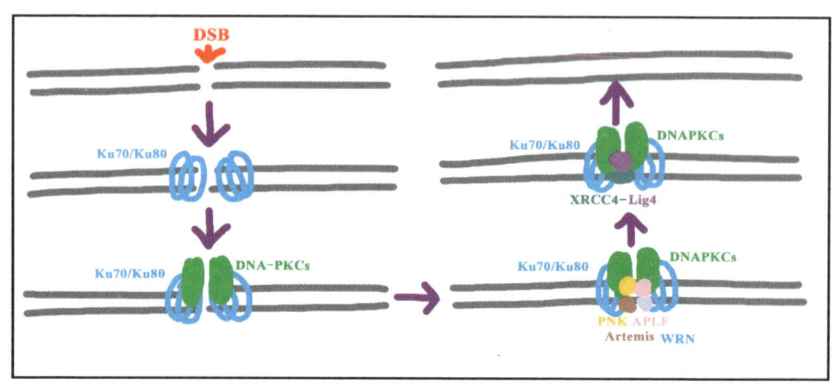

第十四章 DNA 损伤修复

MMEJ 是 NHEJ 的替代修复模式，首先要抑制 Ku70/Ku80 和 RAD51 使之不能接近断口。这使得 MRX 复合体 Sae2 和 Exo1 可以进行 5'→3' 的外切酶切除，从而产生微同源序列。这些微同源序列瞬时地、动态地相互退火结合。在退火稳定的情况下，通过瓣修剪，填充 DNA 合成和连接来完成修复，导致相对于原始序列的缺失。

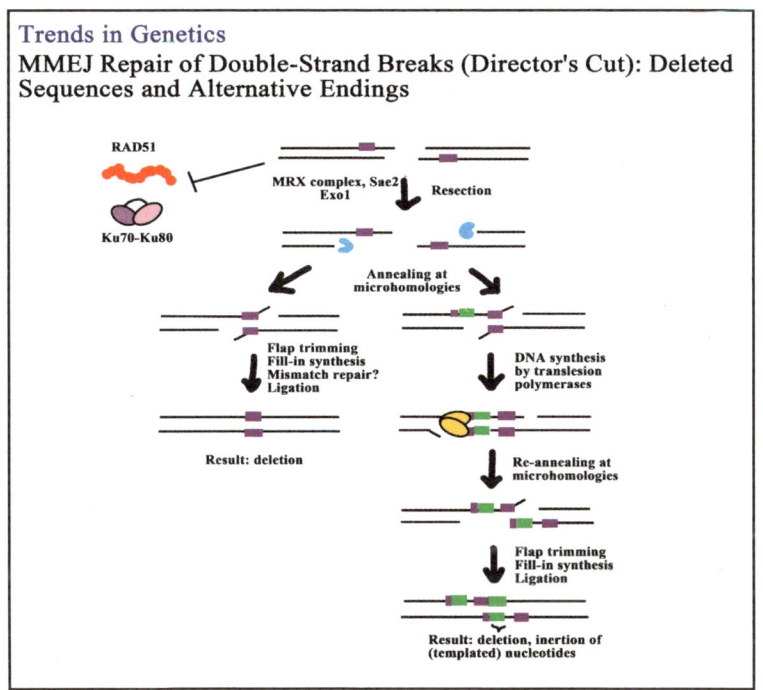

SSA 的话，就是退火长度比 MMEJ 更长，产生的突变和缺失就会更多：

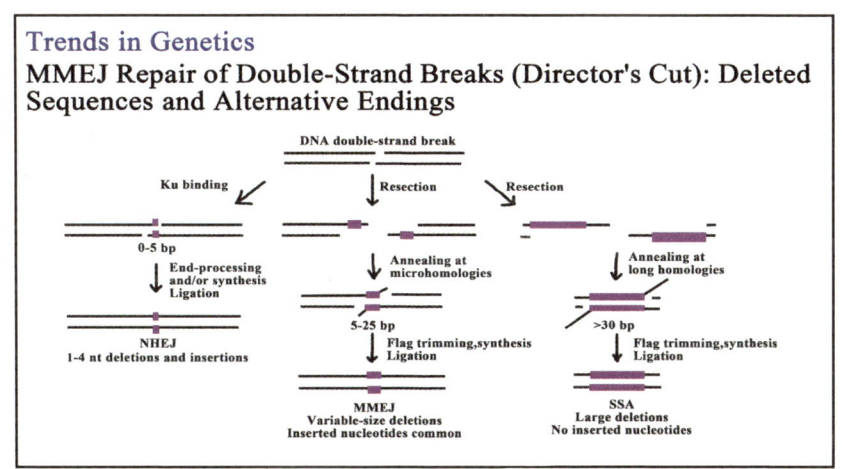

信号通路是什么"鬼"？6

相比之下，HR 这样的同源修复，对于 DSB 的损伤后，误差率就会更低。DSB 位点被激酶 ATM/ATR 识别，ATM/ATR 激活 BRCA1 后，招募 MRN 复合体（MRE11-RAD50-NBS1），接着 CtIP 核酸酶会被募集到 DSB 位点启动 DNA 末端的切除。RPA 包被在 ssDNA 的片段上，并激活 ATR 活性。BRCA2 蛋白介导 RAD51 重组酶，把 ssDNA 上的 RPA 替换了下来，催化找到同源的序列上，然后进行修复：

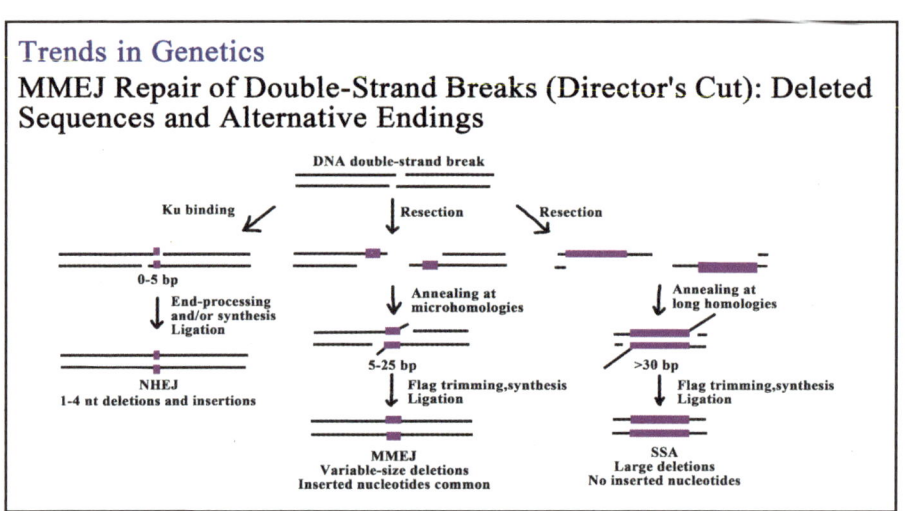

HR 的过程中，53BP1 会抑制 HR，这主要通过 53BP1 介导的下游调节器 RIF1、REV7 和 PTIP 的招募来实现的。这些因子抑制核酸的切除，会去除断裂部位潜在的重组 ssDNA：

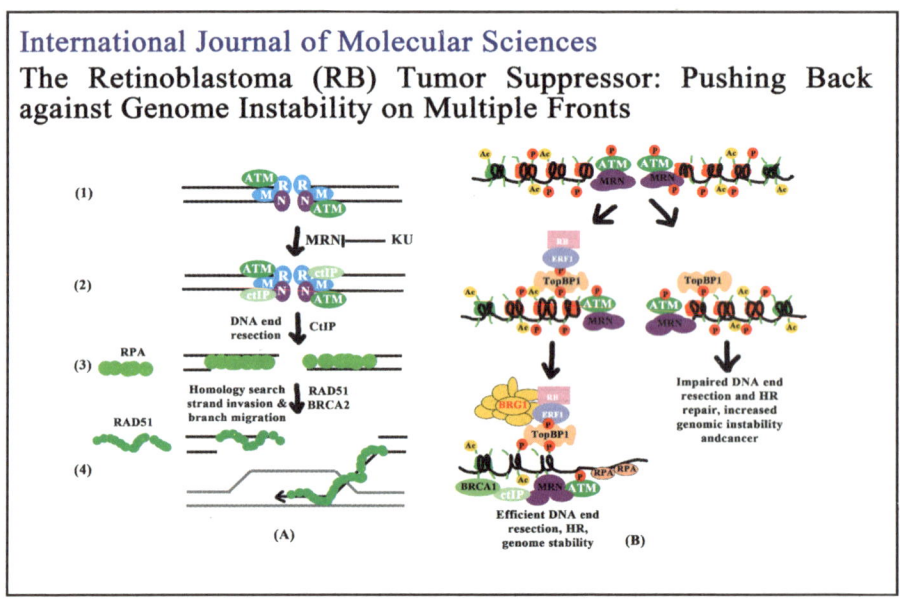

第十四章 DNA 损伤修复

不同的 DSB 的修复方式,其实和细胞周期所处的位置也是相关的。G2 期,偏向于 HR 修复,而 G1/S 期就偏向于 NHEJ 修复,如果外切酶表达过量,可能会偏向 MMEJ 修复:

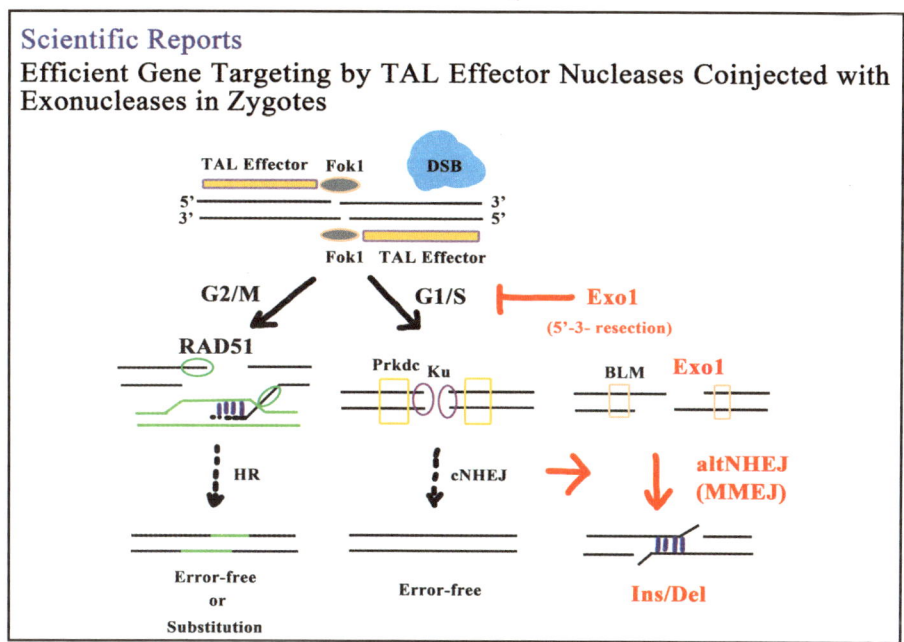

不同的细胞周期对于修复方式的调控也与各个细胞周期的 Checkpoints 相关:

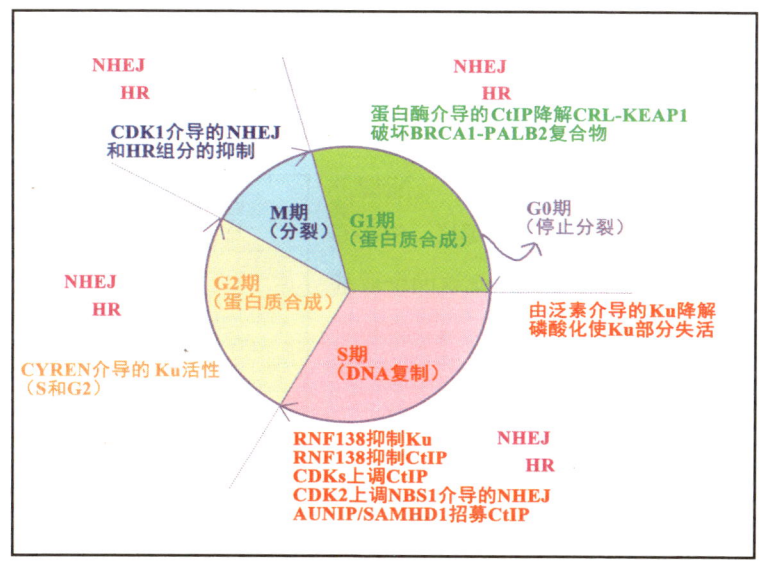

总的来说,对于 DSB,也就是双链 DNA 断裂的修复,其实在肿瘤的放化疗敏感和耐药的研究中是比较常见的机制了。

信号通路是什么"鬼"？6

来看看什么是 SUMO 化

群里之前有同学在问 SUMO 化的文章，讲之前，还是要先看看什么是 SUMO 化。

于是夏老师就随便找了篇 29.9 分的 *Physiological Reviews* 上的综述，来看看什么是 SUMO 化：

> **Physiological Reviews**
> **SUMO: From Bench to Bedside**

SUMO 是 Sentrin/small ubiquitin-like modifier 的缩写，其实是一种小的泛素样的修饰。所以 SUMO 化修饰和泛素化修饰也有相似的地方。最早是在 1996 年，报道了一种名为 Sentrin 的新型泛素样蛋白，这种蛋白会与 FAS 的死亡结构域结合并调节细胞死亡信号传导。接着在 1997 年确定了 SUMO（小泛素样修饰剂）这个名称，SUMO 蛋白有四种亚型，其中 SUMO-1、SUMO-2 和 SUMO-3 是主要的 SUMO 蛋白。SUMO 化途径的第一步，是裂解其羧基末端，暴露出修饰用的两个甘氨酸残基：

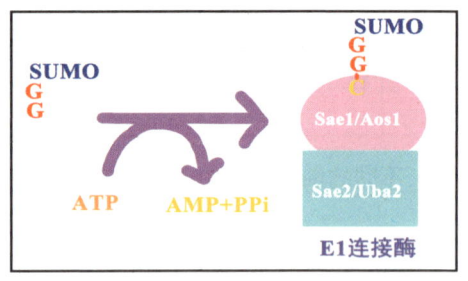

接着 ATP 水解产生高能 SUMO-E1 硫酯键，使得 SUMO 与 SUMO 激活酶（E1）偶联。SUMO 化的 E1 是由 Sae1/Aos1 和 Sae2/Uba2 这两个亚基组成的。接着 SUMO 的 E1 就会将 SUMO 转移到 UBC9 上，UBC9 是唯一一个已知的 SUMO E2 连接酶：

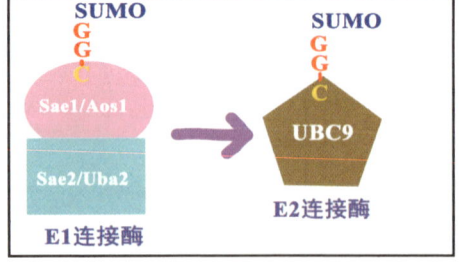

最后，SUMO 残基在 SUMO E3 连接酶的作用下，从 UBC9 上转移到底物上的特定赖氨酸残基，形成同肽键，完成修饰：

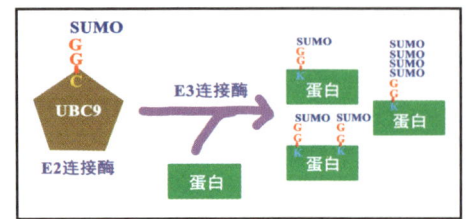

第十五章　SUMO 化

SUMO 化也会和泛素化有相互的联动，STUbL（SUMO 靶向泛素连接酶）通过识别 SUMO 化的蛋白，可以使得 SUMO 链或靶蛋白上的泛素偶联，实现泛素化：

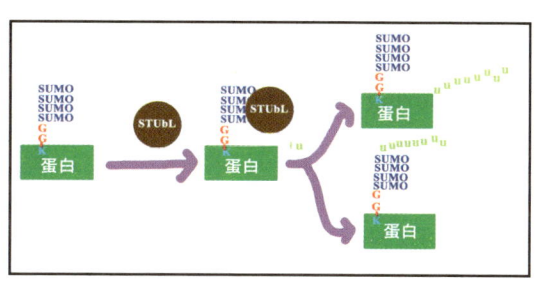

泛素化修饰后的蛋白，在 SENP（Sentrin 特异性蛋白酶）作用下，可以去 SUMO 化：

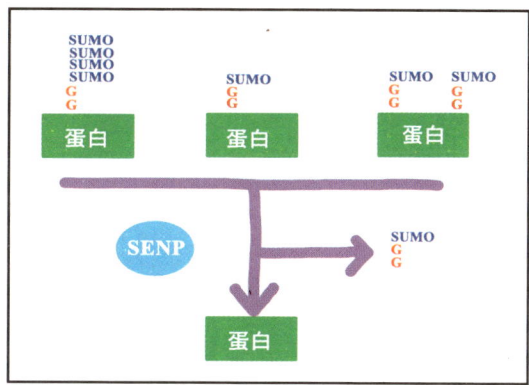

举个比较实际的例子，就是 HIF-1 信号通路，HIF-1 在有氧环境下会泛素化降解，但是缺氧后，HIF-1α 就会入核激活下游：

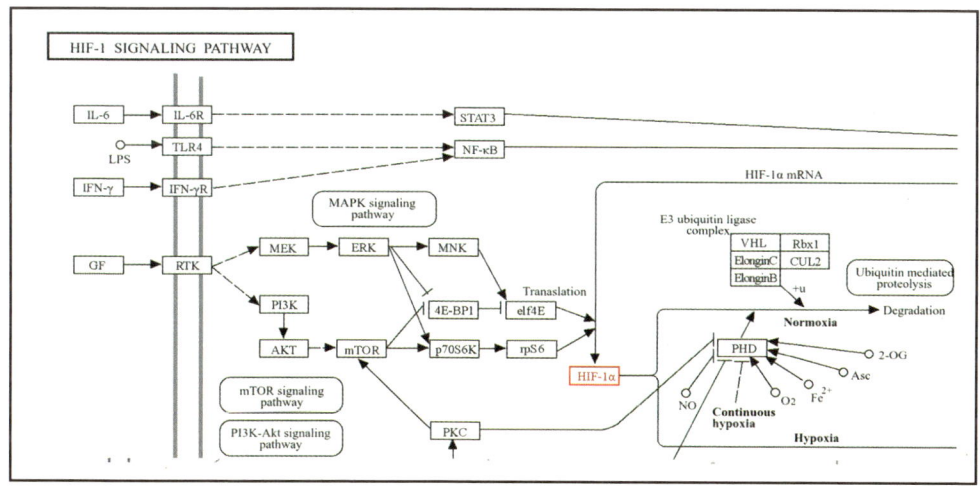

这个例子是发表在 45.5 分的 *Cell* 上的文章：但实际上 HIF-1α 入核后，缺氧条件下还会被 SUMO 化，然后还是会被降解。这个时候 SENP1（刚说过了，这个是去 SUMO 化酶）会去掉 HIF-1α 的 SUMO 化修饰，激活 HIF-1 信号通路：

信号通路是什么"鬼"？6

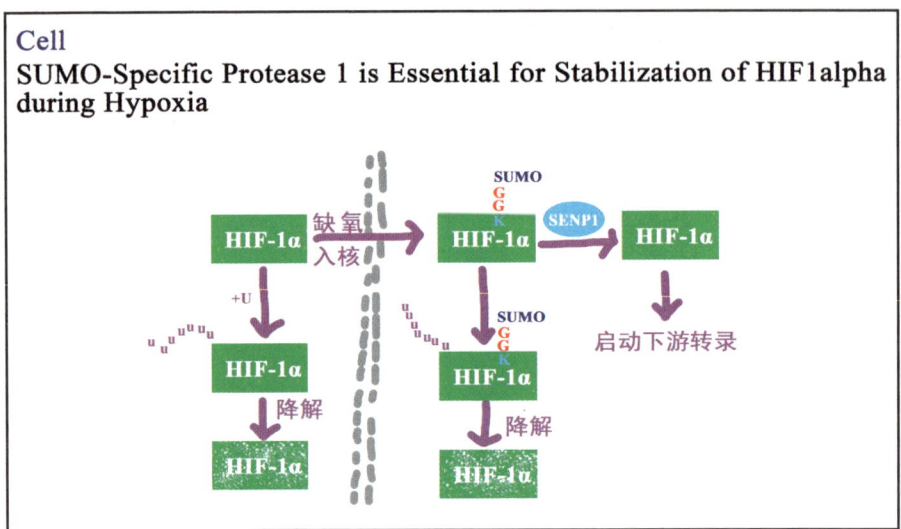

好了，大家对 SUMO 化应该有个大概的认识了吧，下次我们就选一篇 SUMO 化的文章看看。

第十五章　SUMO 化

看看这篇文章是怎么研究 SUMO 化的

上节给你们讲完 SUMO 化，就应该找一篇能说明 SUMO 化的文献来看看。于是就找了这篇 13.7 分的 *Cell Death & Differentiation* 上的文章：

> **Cell Death & Differentiation**
> SUMO Specific Peptidase 3 HaltsPancreatic Ductal Adenocarcinoma Metastasis Via DeSUMOylating DKC1

这里的 SUMO 特异性肽酶 3，要是大家还记得的话，其实就是 SENP，也就是去 SUMO 化酶：

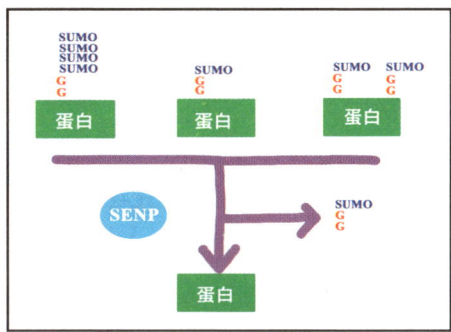

首先他们发现 SENP3 在胰腺导管腺癌患者中表达降低，而高表达 SENP3 的患者预后良好：

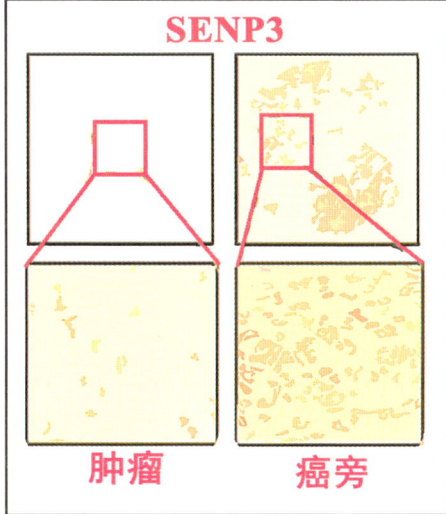

通过体外实验发现，SENP3 高表达对于细胞增殖无明显影响，但 SENP3 的高表达能有效抑制肿瘤的迁移侵袭。这里他们还使用了 SENP3 的功能突变作为对照，确定是 SENP3 的去 SUMO 化功能产生了作用：

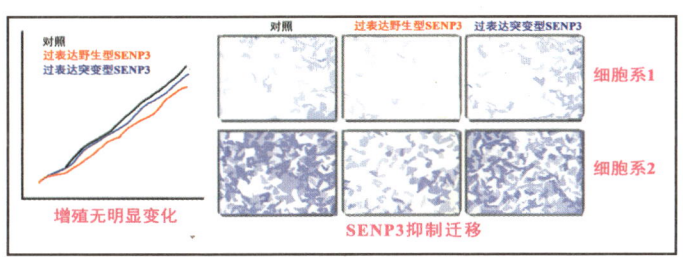

信号通路是什么"鬼"？6

通过 Pulldown 加质谱分析，他们找到了潜在的能与 SENP3 结合的蛋白 DKC1。他们发现 DKC1 能和 SENP3 共定位。通过对 SENP3 和 DKC1 分别截断后进行 co-IP 分析，他们找到了两个蛋白的具体互作位置，该位置突变后则无法结合（其实这也是一种柯霍氏法则的验证）：

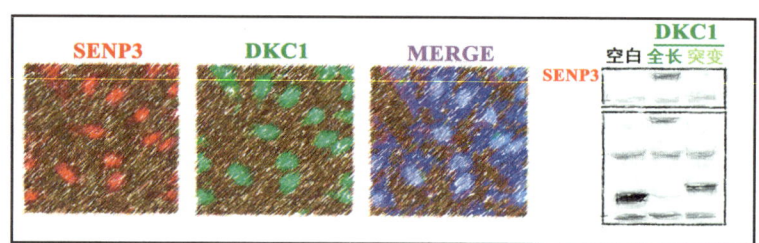

他们为了确定 DKC1 的 SUMO 化修饰，分析了 DKC1 的 SUMO 化，通过 UBC9（唯一的 SUMO 化 E2 连接酶），以及不同状态的 SUMO 蛋白（这个之前介绍 SUMO 化的时候说过了，SUMO 蛋白首先在羧基末端水解形成两个甘氨酸残基，成为激活态），GG 表示激活态的 SUMO 蛋白。结果发现只有加入了激活态 SUMO 蛋白，才会使得 DKC1 产生 SUMO 化。通过对 DKC1 的不同赖氨酸位点的突变（这个也是之前就介绍过了，SUMO 的两个甘氨酸残基最后是通过 SUMO 化 E3 连接酶结合到蛋白的赖氨酸残基上的），找到了 DKC1 接收 SUMO 化修饰的位点：

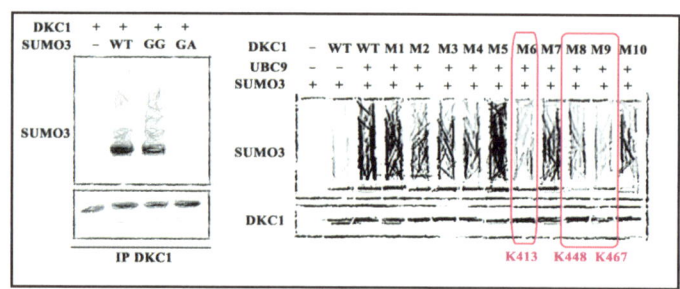

那 SUMO 化对于 DKC1 的表达会产生什么样的影响呢？他们分析了 SENP3 的野生型（可以去除 SUMO 化）和突变型（无法去除 SUMO 化）对 DKC1 的表达影响，结果发现 SUMO 化会维持 DKC1 的稳定性：

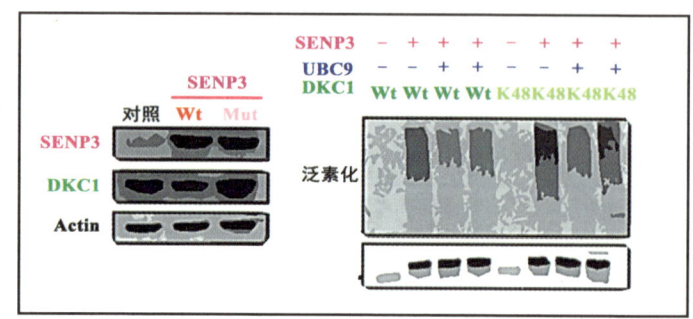

第十五章　SUMO 化

而加入 UBC9（SUMO 化 E2 连接酶）后，会降低 DKC1 的泛素化。这也就是说明 DKC1 的 SUMO 化可能会竞争性抑制泛素化，维持 DKC1 蛋白表达的稳定性。

SUMO 化标签，也会促进蛋白与其他蛋白的结合，他们通过分析与 SUMO 化标签结合的蛋白，筛选到了 NHP2 和 GAR1。结果发现当 DKC1 的 SUMO 化修饰位点赖氨酸突变后，会导致 DKC1 无法结合 NHP2，而不是 GAR1：

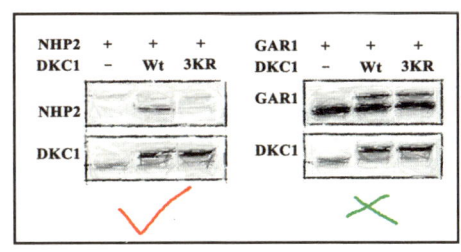

这说明了 DKC1 的 SUMO 化修饰会促进其与 NHP2 的结合。

接着的实验中，他们设计了过表达 SENP3（降低 DKC1 的 SUMO 化修饰，降低 DKC1 稳定性，抑制迁移侵袭），过表达 SENP3 同时过表达野生型 DKC1，以及过表达 SENP3 后同时过表达修饰位点突变的 DKC1（也就是 SENP3 去除了不存在 DKC1 的 SUMO 化，其实这里不如把 DKC1 与 SENP3 的结合位点突变了，可能更好）。

最后他们分析了 SENP3 高表达与 DKC1 低表达对应的预后：

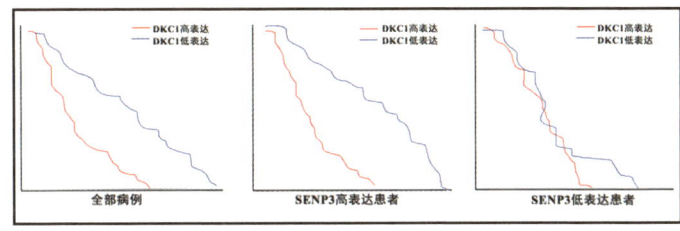

其实这篇文章前期的论证是相对比较严谨的，但是后期在 SENP3 和 DKC1 对于表型的贡献上，就有点一笔带过了。如果在后期能调整一下，应该不止能发 13.7 分的 *Cell Death & Differentiation*……下次再来讲讲这篇文章后期可以怎样设计吧。

信号通路是什么"鬼"？6

这篇讲 SUMO 化的文章的逻辑问题出在哪儿

上节讲了讲这篇 13.7 分的 *Cell Death & Differentiation*，这篇文章就是前期做得挺严谨。最后把所有的线索串联起来的过程中，差了一口气：

> **Cell Death & Differentiation**
> SUMO Specific Peptidase 3 HaltsPancreatic Ductal Adenocarcinoma Metastasis Via DeSUMOylating DKC1

我们就看看这篇文章问题到底出在什么地方，如果要更严谨一些地收尾的话，需要怎么样设计实验。这篇文章的整体线索是这样的：

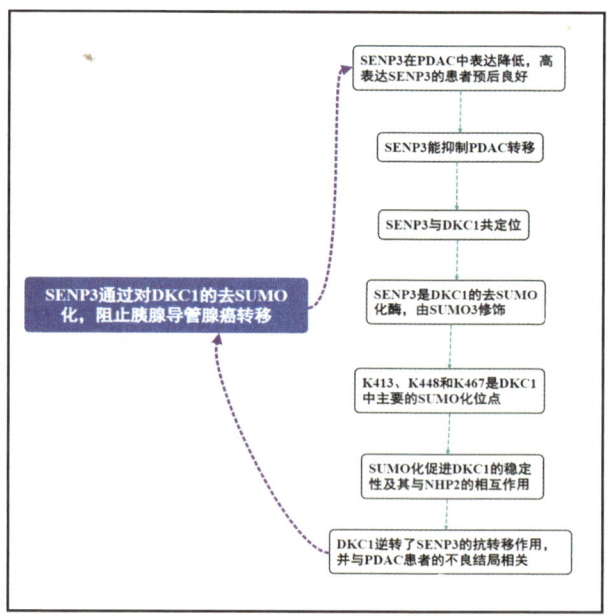

首先他们通过对与 SUMO 化相关的基因进行 shRNA 筛库，找到了 SENP3 这个与肿瘤（胰腺导管腺癌，PDAC）恶化转移有关的基因：

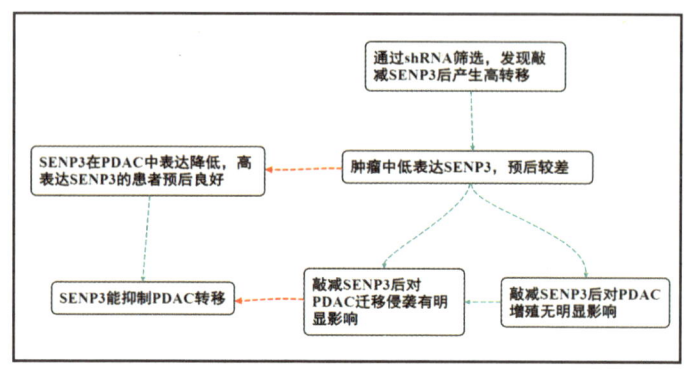

第十五章　SUMO 化

接着，他们把 SENP3 对于肿瘤的具体表型进行了区分，发现敲减 SENP3 后不能影响肿瘤的增殖，但会促进肿瘤的迁移侵袭。于是下一步问题就是，SENP3 作为去 SUMO 化酶，具体作用在哪个靶蛋白上。所以他们通过 Pulldown 并质谱分析找到了 DKC1 这个蛋白。敲减 DKC1 后，会对 PDAC 的迁移侵袭产生抑制。于是他们得到结论：SENP3 以 DKC1 依赖的方式对 PDAC 执行调节作用。

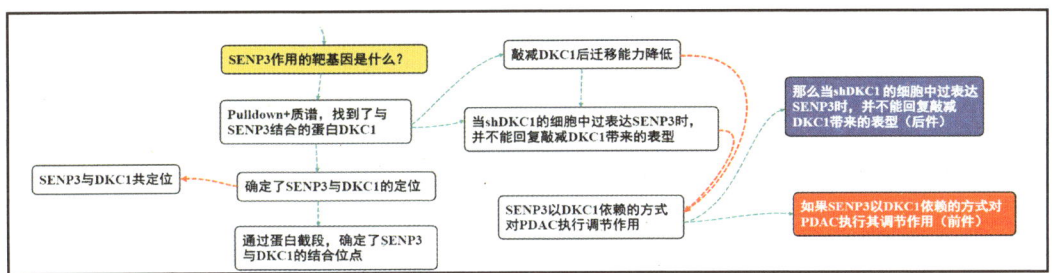

但我们把这些拆解成假言推理的话，就会发现：如果 SENP3 以 DKC1 依赖的方式对 PDAC 执行调节作用（前件），那么当 shDKC1 的细胞中过表达 SENP3 时，并不能回复敲减 DKC1 带来的表型（后件），现在当 shDKC1 的细胞中过表达 SENP3 时，并不能回复敲减 DKC1 带来的表型（肯定后件），所以 SENP3 以 DKC1 依赖的方式对 PDAC 执行调节作用。（这就是典型的肯定后件逻辑谬误。如果这仅作为假设，后期再进一步验证，会更好。）

接下去的验证，他们的确很用心，也很严谨。通过米勒五法的共变法，确定了 SENP3 对 DKC1 的影响。通过对 DKC1 上可能被 SUMO 化修饰的赖氨酸残基突变，找到了具体的 SUMO 化位点：

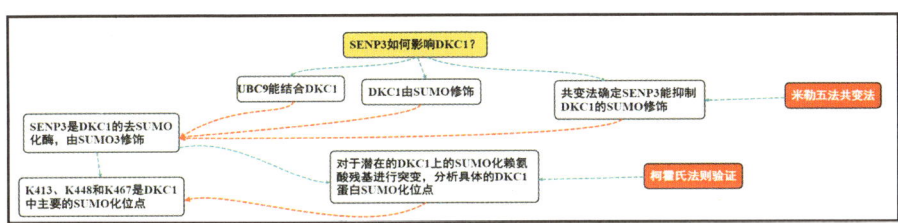

接下来的问题就是 SENP3 对于 DKC1 产生的具体影响是什么？首先就是 SENP3 对于 DKC1 的蛋白稳定性的影响，由于 SUMO 化很可能影响泛素化（要是还记得之前讲过的 SUMO 化通路的话），结果发现 DKC1 的 SUMO 化位点突变后，其泛素化降低，也就是说泛素化在 DKC1 中相同的赖氨酸残基上与 SUMO 化竞争。NHP2、GAR1 与 DKC1 是小核仁核糖核蛋白（snoRNP）中的核心蛋白，于是他们分析了 SUMO 化位点突变后，是否会影响 DKC1 与 NHP2 和 GAR1 的结合，结果发现 DKC1 与 NHP2 的结合降低：

信号通路是什么"鬼"？6

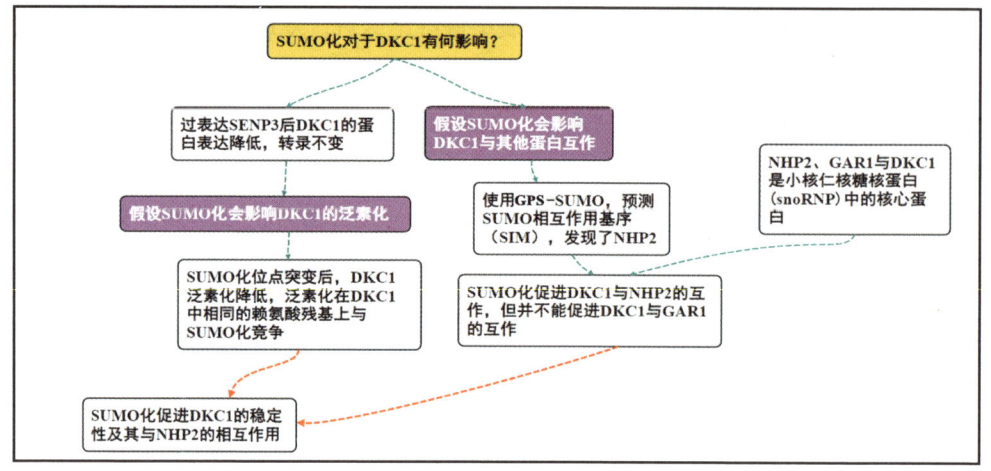

综合这些结果，得到 SUMO 化促进 DKC1 的稳定性及其与 NHP2 的相互作用。而他们接下去的假设，并不是在这个结论上进行迭代的，而是在更早之前，也就是刚才所说的有肯定后件逻辑谬误的地方进行了假设的迭代。他们假设 SENP3 以 DKC1 依赖的方式对 PDAC 执行调节作用。而在这个假设的验证上出现了逻辑不太严谨的问题，他们通过过表达 SENP3 并且过表达 DKC1 来进行表型验证：

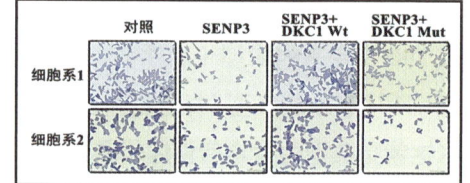

这就存在了相应的逻辑问题。首先根据之前的结果来看 SENP3 对 DKC1 的去 SUMO 化，会促进 DKC1 的泛素化，降低 DKC1 蛋白的稳定性。但同时如果突变了 DKC1 的 SUMO 化的赖氨酸残基，也会抑制 DKC1 的泛素化。也就是说 SUMO 化位点突变后，DKC1 的蛋白稳定性是提升的。那么我们可以推理出 DKC1 的泛素化位点的突变导致的功能，可能是通过 DKC1 无法结合 NHP2 导致的，但并没有验证 NHP2 与 DKC1 结合和 PDAC 迁移侵袭表型的关联。再加上肯定后件的逻辑谬误，这一个论证就不够严谨。

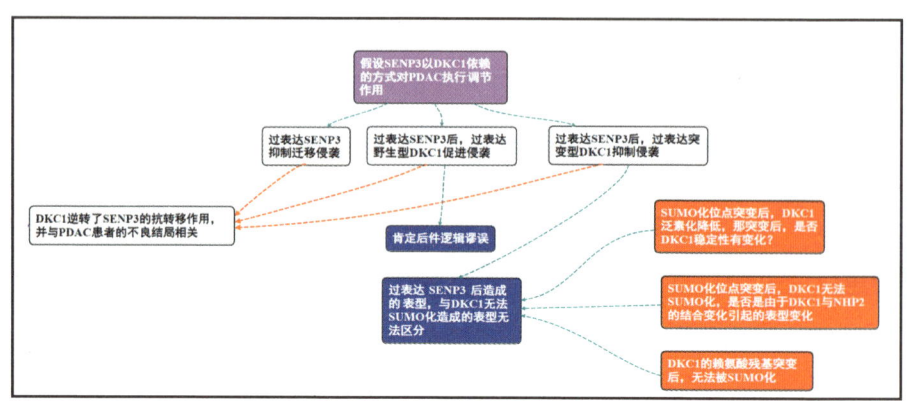

其实这个时候，根据之前的结果，可以直接进行假设迭代。假设 SENP3 通过对 DKC1 的 SUMO 化，影响 DKC1 的蛋白稳定性及其与 NHP2 的互作，对 PDAC 的迁移侵袭进行调节：

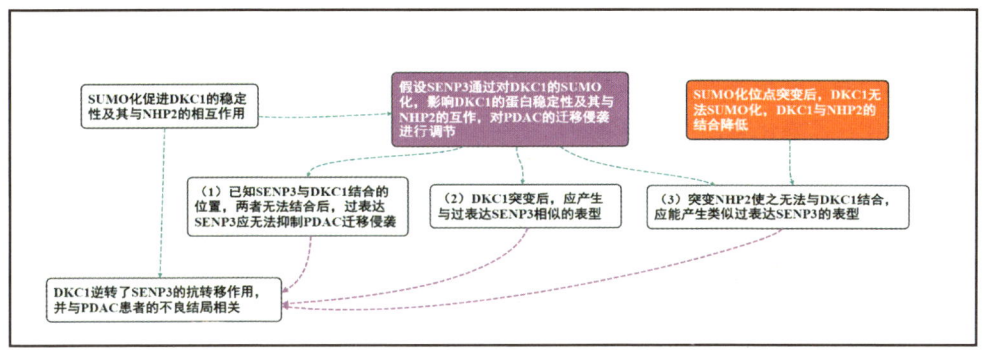

这个时候，需要验证：

（1）SENP3 与 DKC1 结合能力丧失后（也就是 SENP3 丧失了对 DKC1 去 SUMO 化的能力），过表达 SENP3 应无法抑制 PDAC 迁移侵袭；

（2）DKC1 突变后（无法 SUMO 化），应产生与过表达 SENP3 相似的表型；

（3）突变 NHP2（使之无法与 DKC1 结合），应能产生类似过表达 SENP3 的表型。

信号通路是什么"鬼"？6

什么是唾液酸化

那天突然有人在群里问，夏老师有没有讲过唾液酸化的文章？其实蛋白修饰的是讲过很多，乳酰化、乙酰化等，但是唾液酸化之前还没关注。

所以夏老师就搜了搜相关的综述，先看看这到底是什么。那首先就要了解糖基化……因为唾液酸化其实不是直接在蛋白上进行修饰的，而是在构成 N- 连接和 O- 连接聚糖的各种糖蛋白中，聚糖末端修饰的唾液酸。我们就先来看看这篇 7.7 分的 *Cancer and Metastasis Reviews* 上是怎么说的：

> **Cancer and Metastasis Reviews**
> **Glycosylation as a Regulator of Site-Specific Metastasis**

糖基化，其实就是在底物蛋白上添加多聚糖修饰。形成糖蛋白的聚糖添加主要有四种类型：N- 糖基化，O- 糖基化，添加糖基磷脂酰肌醇（GPI）锚，添加糖胺聚糖链形成蛋白聚糖。

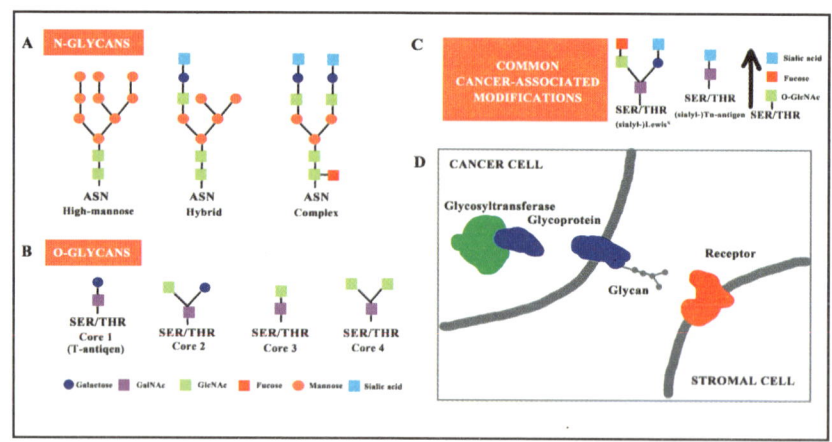

在 GalNAc（N- 乙酰化的半乳糖胺）和半乳糖上，都可以被唾液酸修饰。唾液酸是一组带负电荷的九碳单糖，这些聚糖包含唾液酰 -Tn（STn）、唾液酰 -T（ST）、二唾液酰 -T、唾液酰 - 路易斯抗原、聚唾液酸和神经节苷脂。

唾液酸主要合成在细胞质中，然后通过添加 CMP 活化。相关的唾液酸转移酶就有 20 种，通过使用 α2-3 或 α2-6 键添加到半乳糖或 GalNAc 中。

第十六章 唾液酸化

类型	合成	关键酶	一般结构	注释及与癌症的相关性
唾液酸化	位置：合成过程在细胞质中进行；激活过程在细胞核中进行（通过添加胞苷-磷酸、CMP实现的）。连接方式：通过α2-3或α2-6连接方式添加到半乳糖或N-乙酰半乳糖胺上，并且可以通过α2,8连接方式成为多聚唾液酸链的一部分。O-聚糖和N-聚糖通常在非还原端以唾液酸结尾。	有20种唾液酸转移酶，它们对连接类型和所添加的聚糖具有特异性。ST8SIA家族：该家族有6个成员，作用是将一个唾液酸的C-2位碳原子连接到另一个唾液酸的C-8位碳原子上。ST3Gal家族：有6个成员，负责将唾液酸的C-2位连接到半乳糖的C-3位。ST6Gal家族：有2个成员，可将唾液酸的C-2位连接到半乳糖上。ST6GALNAc家族：有6个成员，能将唾液酸的C-2位连接到N-乙酰半乳糖胺的C-6位。NEU基因：编码唾液酸酶（可去除唾液酸）。	九碳结构，在C1位带有一个带负电荷的羧基，并有一条三碳的非环状侧链（C7-C9）。母体化合物：2-酮基-3-脱氧壬酮糖酸（Kdn）神经氨酸（Neu；仅存在于糖苷键连接中）N-乙酰神经氨酸（Neu5Ac）	这是哺乳动物聚糖的特点。其在免疫功能与调节以及细胞间通信中发挥关键作用。能够"遮蔽"细胞表面的聚糖，使其不被其他细胞类型识别。

唾液酸化和糖基化的功能主要是对抗原进行遮蔽，这就要看另一篇 6.4 分的 *British Journal of Cancer* 上的文章：

> **British Journal of Cancer**
> Insights Into the Role of Sialylation in Cancer Progression and Metastasis

唾液酸化的肿瘤细胞表面的唾液酸聚糖与免疫细胞上的 Siglecs（唾液酸结合免疫球蛋白样凝集素，Sialic acid-binding immunoglobulin-like lectins）结合以介导免疫抑制，抑制 NK 细胞的细胞毒性和 T 细胞的活化，并诱导肿瘤相关的巨噬细胞表型，以促进肿瘤的持续生长。所以在肿瘤微环境的研究中，唾液酸化也是比较重要的一环：

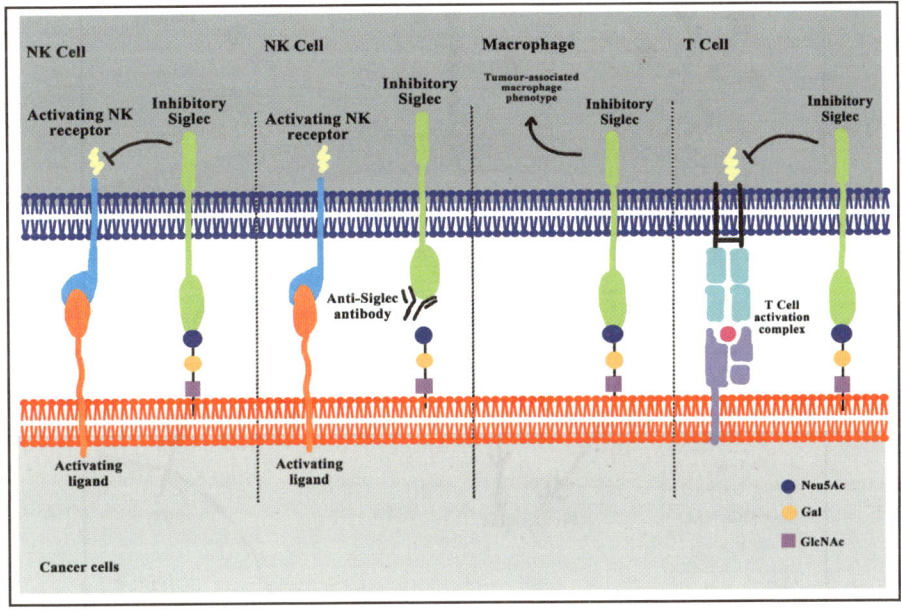

信号通路是什么"鬼"？6

同时唾液酸化后的膜受体，比如 TNFR1、FAS，原先的信号传导功能都会被屏蔽。也就是说对应的凋亡途径，都会由于唾液酸化、肿瘤细胞中的受体内化和下游细胞死亡信号传导而被抑制了：

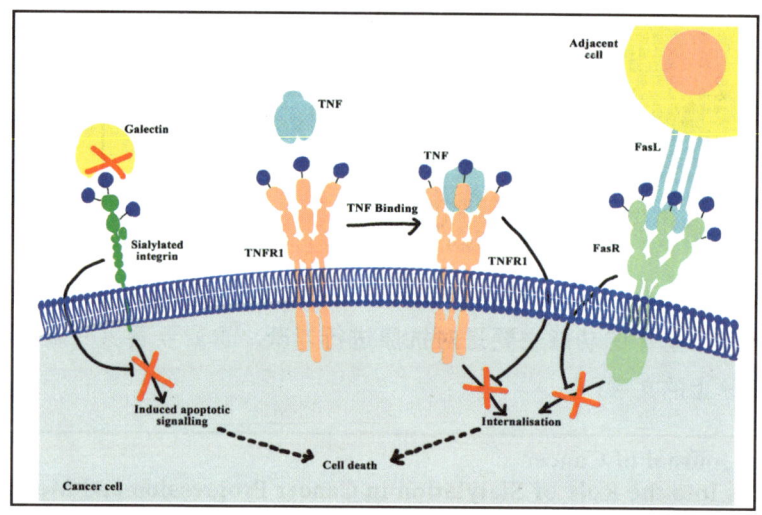

而激活 MAPK 信号通路、Ras 信号通路、PI3K-AKT 信号通路等的生长因子受体，比如 FGFR，其唾液酸化后可激活受体，触发细胞外信号调节激酶（ERK）和局灶性黏附激酶（FAK）途径，导致肿瘤细胞的增殖、血管生成和侵袭增加。

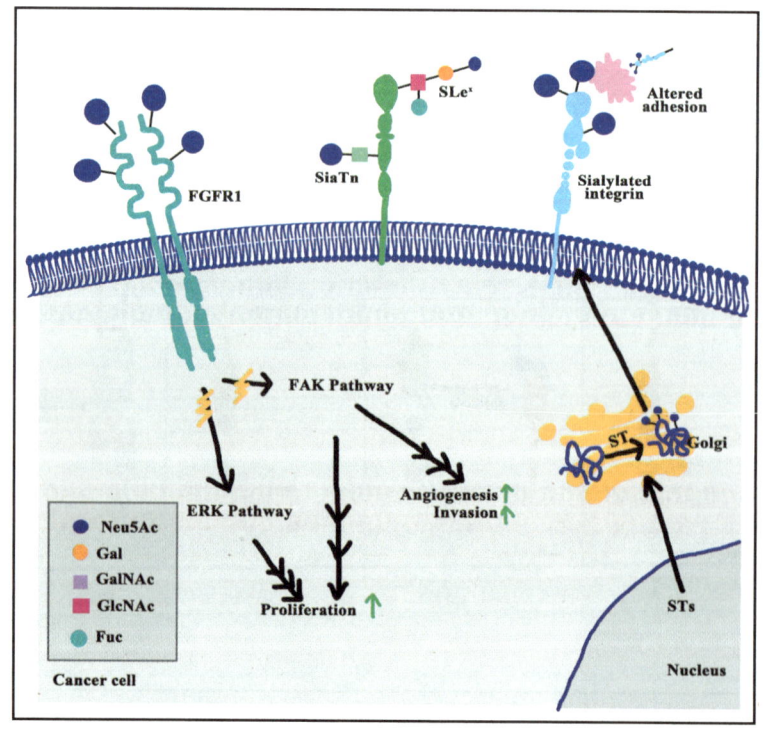

第十六章 唾液酸化

除了促进肿瘤细胞的转移和增殖，唾液酸化修饰的选择素配体会在循环肿瘤细胞上表达，这些唾液酸化的选择素配体能被上皮细胞的 E- 选择素、P- 选择素和 L- 选择素结合，然后导致循环肿瘤细胞的定植：

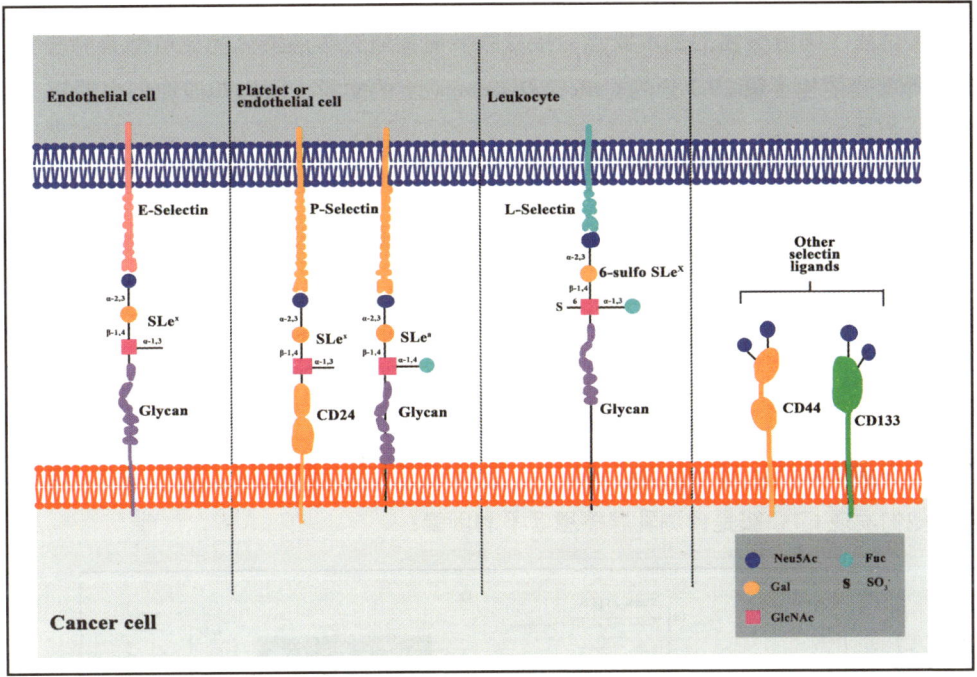

在对于肿瘤的转移、侵袭、增殖以及微环境免疫逃逸的研究中，唾液酸化都有着比较广阔的研究范围和前景，有兴趣可以看看这两篇综述，有基金的也可以冲一冲。

信号通路是什么"鬼"？6

看看这篇文章是怎么研究唾液酸化的

之前讲完了唾液酸化的基本概念，接着就要看看研究唾液酸化的文章都有哪些了。于是夏老师就随便找了篇 29.7 分的 *Cancer Discovery* 上的文章，因为知道你们也看不上那种七八分的文章了……

> **Cancer Discovery**
> Dynamic Glycoprotein Hyposialylation Promotes Chemotherapy Evasion and Metastatic Seeding of Quiescent Circulating Tumor Cell Clusters in Breast Cancer

这是一篇讲低唾液酸化导致肿瘤化疗耐药，以及促进远端转移的文章。刚开始他们是为了监测 CTC（循环肿瘤细胞）的单细胞和细胞簇对化疗或紫杉醇等治疗的纵向动力学。然后他们在对患者进行第一次治疗评估中，进行第二次抽血和 CTC（单细胞和细胞簇）的分析，他们发现 CTC 簇是预测乳腺癌患者不利因素：

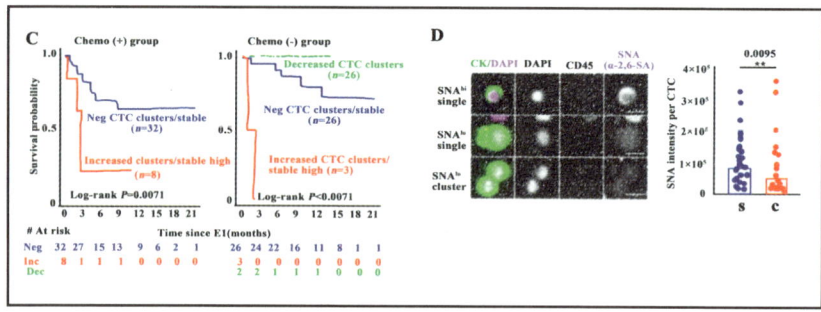

而化疗组的 CTC 簇的量是明显增多的，这就说明了 CTC 簇可能具有耐药性或化学逃避性特征。那这耐药性是怎么来的呢？他们想到的解释就是糖基化或者唾液酸化，所以他们进行了细胞表面的糖基化谱分析。结果发现成簇的 CTC 中，α2,6-SA（α2,6- 唾液酸化）明显降低，而这个唾液酸化的降低，与 PAX（紫杉醇）的治疗有明显关联：

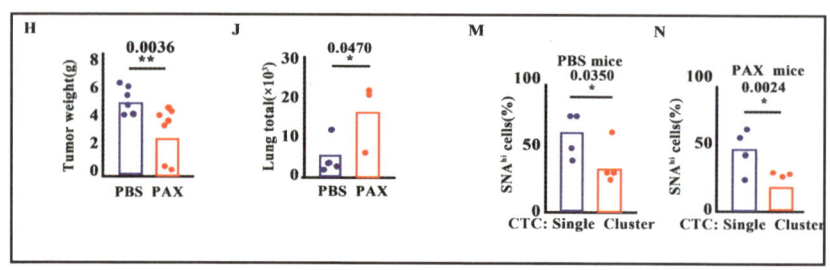

第十六章 唾液酸化

之前也给你们讲过唾液酸化相关的转移酶有20种之多，其中α2,6-SA的水平和ST6GAL1是密不可分的。那是不是CTC成簇聚团也和唾液酸化有一定的关系呢？结果他们发现，唾液酸化低的细胞会聚集成比唾液酸化高的细胞更大的细胞簇。CD44是介导CTC簇形成的主要黏附分子和乳腺肿瘤起始标志物之一，所以他们也分析了CD44和ST6GAL1的关系。ST6GAL1的过表达能回复α2,6-SA的水平的降低，而α2,6-SA水平的降低又是PAX治疗依赖性的。同时α2,6-SA和ST6GAL1可抑制簇的形成，并赋予对PAX的敏感性：

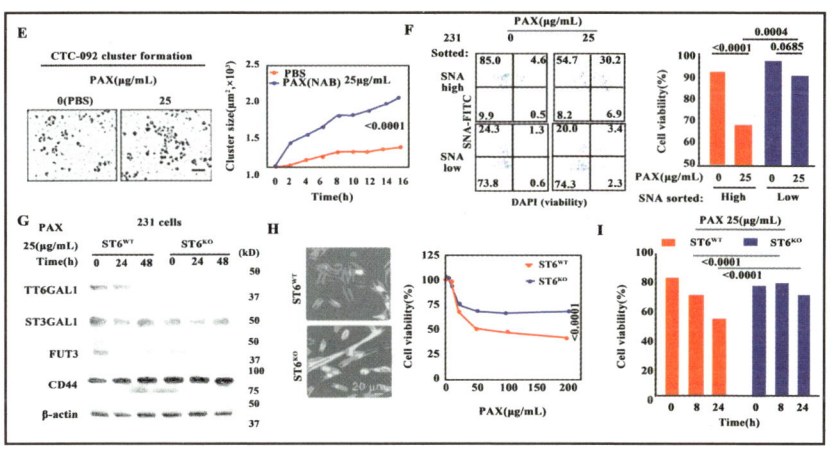

由于之前的研究表明ST6GAL1和α2,6-SA唾液酸化与各种癌症中的细胞增殖有关，于是他们就假设唾液酸化引发的化疗逃逸，可能与CTC的增殖有一定的关联。他们就用Ki-67作为增殖的靶标，结果发现低α2,6-SA水平（ST6GAL1敲除）会抑制CTC的增殖：

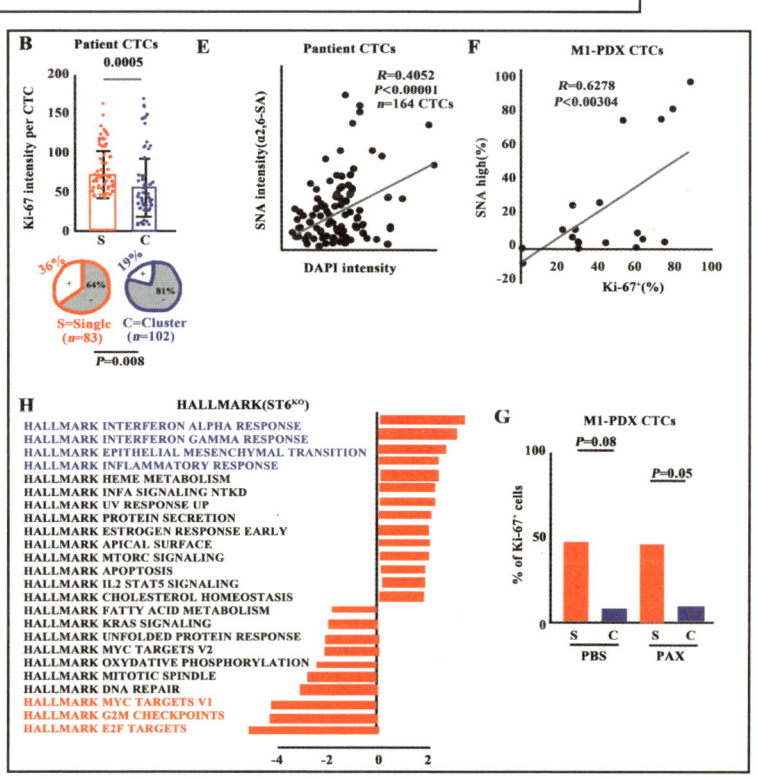

信号通路是什么"鬼"？6

在这个基础上他们又分析了低 α2,6-SA 水平（ST6GAL1 敲除）的转录组，发现低 α2,6-SA 水平（ST6GAL1 敲除）和与增殖相关的信号通路，比如细胞周期各个检查点是有关联的。缺乏 ST6GAL1 诱导细胞在 G0 期处静止，并为化疗逃逸提供了便利。

接着他们筛选了不同 α2,6-SA 水平的细胞，并进行了转移实验，结果发现与高 α2,6-SA 水平的细胞（M1）相比，低 α2,6-SA 水平的细胞（M2）更容易远端转移传播：

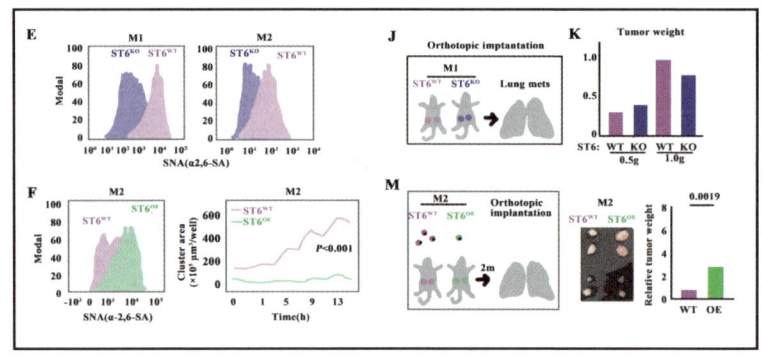

而在 M2 中过表达 ST6GAL1，则能有效抑制肿瘤远端转移。在 M1 中敲除 ST6GAL1，则能促进肿瘤远端转移。

那接着就需要了解 ST6GAL1 的底物，也就是 α2,6-SA 的唾液酸化的底物到底是什么蛋白？他们分析出了 6 种与 ST6GAL1 结合的糖蛋白，也就是找到了可能的潜在的唾液酸化的糖蛋白底物。其中 PODXL、CD97、ECE1 和 ALCAM1 的下调，也显著抑制了 ST6GAL1 敲减后肿瘤细胞的簇形成，其中 PODXL 敲低最为突出。在 ST6GAL1 敲除的细胞中，PODXL 的蛋白表达水平有了明显的增加。ST6GAL1 介导的 PODXL 的 α2,6-唾液酸化，可能负调控蛋白质稳定性和/或抑制其肿瘤簇形成所必需的结合活性：

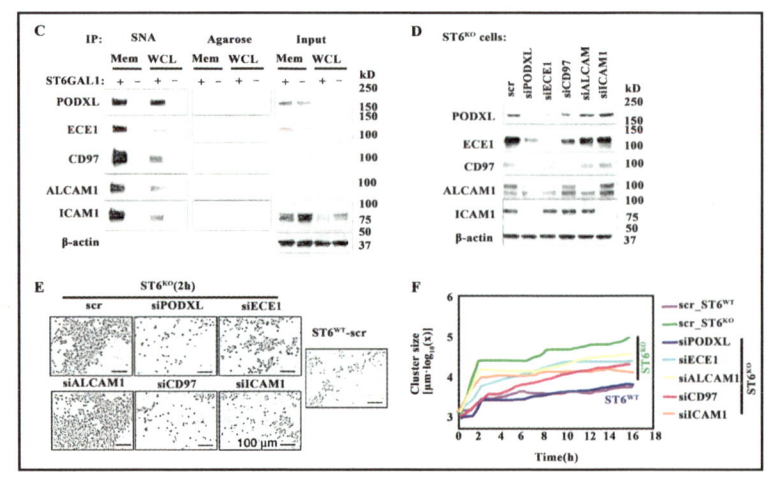

第十六章 唾液酸化

他们在这些糖蛋白中选择了 PODXL，为了证明 PODXL 和其他黏附分子是否有助于体内 ST6GAL1 缺乏导致的肿瘤转移增强，他们在 ST6GAL1 敲减中进行了这些基因的敲减。结果靶向 PODXL 阻断了 ST6GAL1 敲除和化疗引发的肿瘤细胞肺转移：

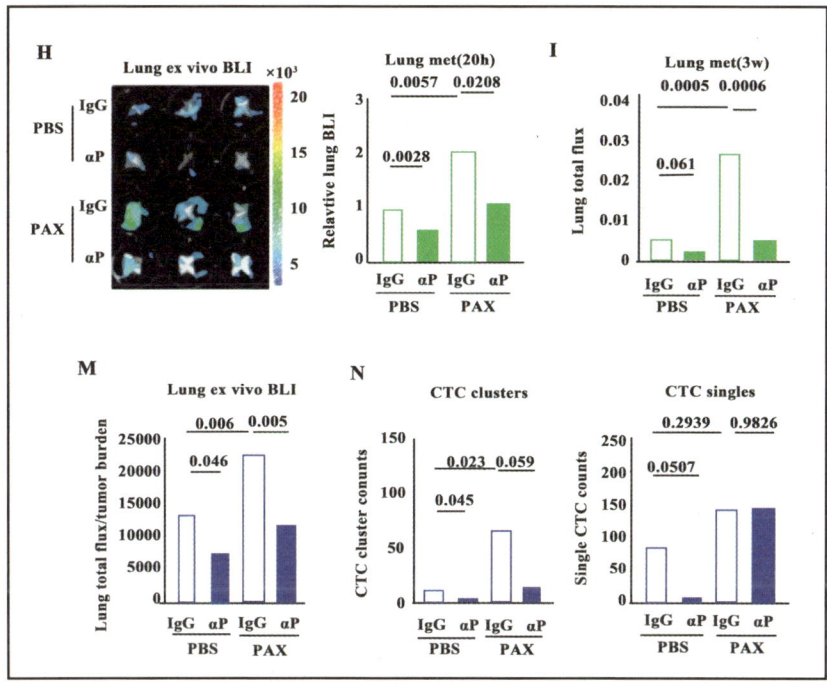

当然起到作用的可能也并非只有 *PODXL* 一个基因，唾液酸化引发的具体机制其实在这里也没有特别明确（只是可能与 PODXL 的蛋白稳定性相关）。这篇文章其实还有深入研究的空间，但是真的要再深挖的话，其实也并非特别容易的，毕竟着眼点暂时还是只有 ST6GAL1 的这几个底物蛋白的稳定性。

参考文献

[1] AMPOMAH P B, CAI B, SUKKA S R, et al. Macrophages use apoptotic cell-derived methionine and DNMT3A during efferocytosis to promote tissue resolution[J]. Nature metabolism, 2022, 4(4): 444-457.

[2] KUMAR S, BIRGE R B. Efferocytosis[J]. Current biology, 2016, 26(13): R558-R559.

[3] YURDAGUL A J R, SUBRAMANIAN M, WANG X, et al. Macrophage metabolism of apoptotic cell-derived arginine promotes continual efferocytosis and resolution of injury[J]. Cell metabolism, 2020, 31(3): 518-533.e10.

[4] ZHU J, PAUL W E. CD4 T cells: fates, functions, and faults[J]. Blood, 2008, 112(5): 1557-1569.

[5] BOIERI M, MALISHKEVICH A, GUENNOUN R, et al. $CD4^+$ T helper 2 cells suppress breast cancer by inducing terminal differentiation[J]. Journal of experimental medicine, 2022, 219(7): e20201963.

[6] ROCHMAN Y, DIENGER-STAMBAUGH K, RICHGELS P K, et al. TSLP signaling in $CD4^+$ T cells programs a pathogenic T helper 2 cell state[J]. Science signaling, 2018, 11(521): eaam8858.

[7] KNOCHELMANN H M, DWYER C J, BAILEY S R, et al. When worlds collide: Th17 and Treg cells in cancer and autoimmunity[J]. Cellular & molecular immunology, 2018, 15(5): 458-469.

[8] GRONEBERG M, HOENOW S, MARGGRAFF C, et al. HIF-1α modulates sex-specific Th17/Treg responses during hepatic amoebiasis[J]. Journal of hepatology, 2022, 76(1): 160-173.

[9] BOSCO M C. Macrophage polarization: Reaching across the aisle?[J]. Journal of allergy and clinical immunology, 2019, 143(4): 1348-1350.

[10] RAO J, WANG H, NI M, et al. FSTL1 promotes liver fibrosis by reprogramming macrophage function through modulating the intracellular function of PKM2[J]. Gut, 2022, 71(12): 2539-2550.

[11] GARCIA C J, HUANG Y, FUENTES N R, et al. Stromal HIF2 regulates immune suppression in the pancreatic cancer microenvironment[J]. Gastroenterology, 2022, 162(7): 2018-2031.

[12] CHEN X, JIANG J, LIU H, et al. MSR1 characterized by chromatin accessibility mediates M2 macrophage polarization to promote gastric cancer progression[J]. International immunopharmacology, 2022, 112: 109217.

[13] FU B, XIONG Y, SHA Z, et al. SEPTIN2 suppresses an IFN-γ-independent, proinflammatory macrophage activation pathway[J]. Nature communications, 2023, 14(1): 7441.

[14] LEWY T G, GRABOWSKI J M, BLOOM M E. BiP: master regulator of the unfolded protein response and crucial factor in flavivirus biology[J]. Yale journal of biology and medicine, 2017, 90(2): 291-300.

[15] ZHANG H, WANG Y, QU M, et al. Neutrophil, neutrophil extracellular traps and endothelial cell dysfunction in sepsis[J]. Clinical and translational medicine, 2023, 13(1): e1170.

[16] ADROVER J M, MCDOWELL S A C, HE X Y, et al. NETworking with cancer: The bidirectional interplay between cancer and neutrophil extracellular traps[J]. Cancer cell, 2023, 41(3): 505-526.

[17] LIU L N, CHEN C, XIN W J, et al. The oncolytic bacteria-mediated delivery system of CCDC25 nucleic acid drug inhibits neutrophil extracellular traps induced tumor metastasis[J]. Journal of nanobiotechnology, 2024, 22(1): 69.

[18] QIU J, WU J, CHEN W, et al. NOD1 deficiency ameliorates the progression of diabetic retinopathy by modulating bone marrow-retina crosstalk[J]. Stem cell research & therapy, 2024, 15(1): 38.

[19] LIAO C, LUO S, LIU X, et al. Siglec-F$^+$ neutrophils in the spleen induce immunosuppression following acute infection[J]. Theranostics, 2024, 14(6): 2589-2604.

[20] NIIRO H, CLARK E A, Regulation of B-cell fate by antigen-receptor signals[J]. Nature reviews immunology, 2002, 2(12): 945-956.

[21] LEE J, ROBINSON M E, MA N, et al. IFITM3 functions as a PIP3 scaffold to amplify PI3K signalling in B cells[J]. Nature, 2021, 592(7852): E3.

[22] LI Y, PAN Y, ZHAO X, et al. Peroxisome proliferator-activated receptors: A key link between lipid metabolism and cancer progression[J]. Clinical nutrition, 2024, 43(2): 332-345.

[23] SHAO X, XU P, JI L, et al. Low-dose decitabine promotes M2 macrophage polarization in patients with primary immune thrombocytopenia via enhancing KLF4 binding to PPARγ promoter[J]. Clinical and translational medicine, 2023, 13(7): e1344.

[24] YANG C C, WU C H, LIN T C, et al. Inhibitory effect of PPARγ on NLRP3 inflammasome activation[J]. Theranostics, 2021, 11(5): 2424-2441.

[25] ZHANG J, LIU X, WAN C, et al. NLRP3 inflammasome mediates M1 macrophage polarization and IL-1β production in inflammatory root resorption[J]. Journal of clinical periodontology, 2020, 47(4): 451-460.

[26] HE Z, LI X, WANG Z, et al. Protective effects of luteolin against amyloid beta-induced oxidative stress and mitochondrial impairments through peroxisome proliferator-activated receptor γ-dependent mechanism in Alzheimer's disease[J]. Redox biology, 2023, 66: 102848.

[27] LI L, PAN G, FAN R, et al. Luteolin alleviates inflammation and autophagy of hippocampus induced by cerebral ischemia/reperfusion by activating PPAR gamma in rats[J]. BMC complementary medicine and therapies. 2022, 22(1): 176.

[28] LIANG J, XU C, XU J, et al. PPARα senses bisphenol S to trigger EP300-mediated autophagy blockage and hepatic steatosis[J]. Environmental science & technology, 2023, 57(51): 21581-21592.

[29] MARCHETTI P, FOVEZ Q, GERMAIN N, et al. Mitochondrial spare respiratory capacity: Mechanisms, regulation, and significance in non-transformed and cancer cells[J]. Faseb journal, 2020, 34(10): 13106-13124.

[30] HSU P P, SABATINI D M. Cancer cell metabolism: Warburg and beyond[J]. Cell, 2008, 134(5): 703-707.

[31] PAVLOVA N N, THOMPSON C B. The emerging hallmarks of cancer metabolism[J]. Cell metabolism, 2016, 23(1): 27-47.

[32] SUN L Y, LYU Y Y, ZHANG H Y, et al. Nuclear receptor NR1D1 regulates abdominal aortic aneurysm development by targeting the mitochondrial tricarboxylic acid cycle enzyme aconitase-2[J]. Circulation, 2022, 146(21): 1591-1609.

[33] ZECCHINI V, PAUPE V, HERRANZ-MONTOYA I, et al. Fumarate induces vesicular release of mtDNA to drive innate immunity[J]. Nature, 2023, 615(7952): 499-506.

[34] ZENG H, PAN T, ZHAN M, et al. Suppression of PFKFB3-driven glycolysis restrains endothelial-to-mesenchymal transition and fibrotic response[J]. Signal transduction and targeted therapy, 2022, 7(1): 303.

[35] STINCONE A, PRIGIONE A, CRAMER T, et al. The return of metabolism: biochemistry and physiology of the pentose phosphate pathway[J]. Biological reviews of the cambridge philosophical society, 2015, 90(3): 927-963.

[36] LIU P S, CHEN Y T, LI X, et al. CD40 signal rewires fatty acid and glutamine metabolism for stimulating macrophage anti-tumorigenic functions[J]. Nature immunology, 2023, 24(9): 1591.

[37] XU D, SHAO F, BIAN X, et al. The evolving landscape of noncanonical functions of metabolic enzymes in cancer and other pathologies[J]. Cell metabolism, 2021, 33(1): 33-50.

[38] XIONG J, HE J, ZHU J, et al. Lactylation-driven METTL3-mediated RNA m^{6}A modification promotes immunosuppression of tumor-infiltrating myeloid cells[J]. Molecular cell, 2022, 82(9): 1660-1677.e10.

[39] PAN R Y, HE L, ZHANG J, et al. Positive feedback regulation of microglial glucose metabolism by histone H4 lysine 12 lactylation in Alzheimer's disease[J]. Cell metabolism, 2022, 34(4): 634-648.e6.

[40] FAN Y, GAO Y, NIE L, et al. Targeting LYPLAL1-mediated cGAS depalmitoylation enhances the response to anti-tumor immunotherapy[J]. Molecular cell, 2023, 83(19): 3520-3532.e7.

[41] EDMONDS M J, GEARY B, DOHERTY M K, et al. Analysis of the brain palmitoyl-proteome using both acyl-biotin exchange and acyl-resin-assisted capture methods[J]. Scientific reports, 2017, 7(1): 3299.

[42] GAO L, TIAN T, XIONG T, et al. Type VII secretion system extracellular protein B targets STING to evade host anti-Staphylococcus aureus immunity[J]. Proceedings of the national academy of sciences of the united states of America, 2024, 121(22): e2402764121.

[43] MUKAI K, KONNO H, AKIBA T, et al. Activation of STING requires palmitoylation at the Golgi[J]. Nature communications, 2016, 7: 11932.

[44] CHIANG C, GACK M U. Post-translational control of intracellular pathogen sensing pathways[J]. Trends in immunology, 2017, 38(1): 39-52.

[45] SLAWSON C, COPELAND R J, HART G W. O-GlcNAc signaling: a metabolic link between diabetes and cancer?[J]. Trends in biochemical sciences, 2010, 35(10): 547-555.

[46] LI X, ZHANG X, XIA J, et al. Macrophage HIF-2α suppresses NLRP3 inflammasome activation and alleviates insulin resistance[J]. Cell reports, 2021, 36(8): 109607.

参考文献

[47] CUNNINGHAM T J, DUESTER G. Mechanisms of retinoic acid signalling and its roles in organ and limb development[J]. Nature reviews molecular cell biology, 2015, 16(2): 110-123.

[48] HUA S, KITTLER R, WHITE K P. Genomic antagonism between retinoic acid and estrogen signaling in breast cancer[J]. Cell, 2009, 137(7): 1259-1271.

[49] BISWAS A K, HAN S, TAI Y, et al. Targeting S100A9-ALDH1A1-retinoic acid signaling to suppress brain relapse in EGFR-mutant lung cancer[J]. Cancer discovery, 2022, 12(4): 1002-1021.

[50] PENG Z, WANG J, GUO J, et al. All-trans retinoic acid improves NSD2-mediated RARα phase separation and efficacy of anti-CD38 CAR T-cell therapy in multiple myeloma[J]. Journal for immunotherapy of cancer, 2023, 11(3): e006325.

[51] HOGAN K A, CHINI C C S, CHINI E N. The multi-faceted ecto-enzyme CD38: roles in immunomodulation, cancer, aging, and metabolic diseases[J]. Frontiers in immunology, 2019, 10: 1187.

[52] NIJHOF I S, CASNEUF T, VAN VELZEN J, et al. CD38 expression and complement inhibitors affect response and resistance to daratumumab therapy in myeloma[J]. Blood, 2016, 128(7): 959-970.

[53] NIJHOF I S, GROEN R W, LOKHORST H M, et al. Upregulation of CD38 expression on multiple myeloma cells by all-trans retinoic acid improves the efficacy of daratumumab[J]. Leukemia, 2015, 29(10): 2039-2049.

[54] SABARI B R, DALL'AGNESE A, BOIJA A, et al. Coactivator condensation at super-enhancers links phase separation and gene control[J]. Science, 2018, 361(6400):eaar3958.

[55] PATEL A, LEE H O, JAWERTH L, et al. A liquid-to-solid phase transition of the ALS protein FUS accelerated by disease mutation[J]. Cell, 2015, 162(5): 1066-1077.

[56] LIU X, NIE L, ZHANG Y, et al. Actin cytoskeleton vulnerability to disulfide stress mediates disulfidptosis[J]. Nature cell biology, 2023, 25(3): 404-414.

[57] LIU X, OLSZEWSKI K, ZHANG Y, et al. Cystine transporter regulation of pentose phosphate pathway dependency and disulfide stress exposes a targetable metabolic vulnerability in cancer[J]. Nature cell biology, 2020, 22(4): 476-486.

[58] YAN Y, TENG H, HANG Q, et al. SLC7A11 expression level dictates differential responses to oxidative stress in cancer cells[J]. Nature communications, 2023, 14(1): 3673.

[59] DEBAUGNIES M, RODRÍGUEZ-ACEBES S, BLONDEAU J, et al. RHOJ controls EMT-associated resistance to chemotherapy[J]. Nature, 2023, 616(7955): 168-175.

[60] CHATTERJEE N, WALKER G C. Mechanisms of DNA damage, repair, and mutagenesis[J]. Environmental and molecular mutagenesis, 2017, 58(5): 235-263.

[61] PEĆINA-ŠLAUS N, KAFKA A, SALAMON I, et al. Mismatch repair pathway, genome stability and cancer[J]. Frontiers in molecular biosciences, 2020, 7: 122.

[62] LANS H, MARTEIJN J A, VERMEULEN W. ATP-dependent chromatin remodeling in the DNA-damage response[J]. Epigenetics & chromatin, 2012, 5: 4.

[63] HEGDE M L, HEGDE P M, ARIJIT D, et al. Human DNA glycosylase NEIL1's interactions with downstream repair proteins is critical for efficient repair of oxidized DNA base damage and enhanced cell survival[J]. Biomolecules, 2012, 2(4): 564-578.

[64] WILLIAMS H L, GOTTESMAN M E, GAUTIER J. The differences between ICL repair during and outside of S phase[J]. Trends in biochemical sciences, 2013, 38(8): 386-393.

[65] SAKAMOTO A N. Translesion synthesis in plants: ultraviolet resistance and beyond[J]. Frontiers in plant science, 2019, 10: 1208.

[66] HER J, BUNTING S F. How cells ensure correct repair of DNA double-strand breaks[J]. Journal of biological chemistry, 2018, 293(27): 10502-10511.

[67] MCVEY M, LEE S E. MMEJ repair of double-strand breaks (director's cut): deleted sequences and alternative endings[J]. Trends in genetics, 2008, 24(11): 529-538.

[68] VÉLEZ-CRUZ R, JOHNSON D G. The retinoblastoma (RB) tumor suppressor: pushing back against genome instability on multiple fronts[J]. International journal of molecular sciences, 2017, 18(8): 1776.

[69] MASHIMO T, KANEKO T, SAKUMA T, et al. Efficient gene targeting by TAL effector nucleases coinjected with exonucleases in zygotes[J]. Scientific reports, 2013, 3: 1253.

[70] CHANG H M, YEH E T H. SUMO: From bench to bedside[J]. Physiological reviews, 2020, 100(4): 1599-1619.

[71] CHENG J, KANG X, ZHANG S, et al. SUMO-specific protease 1 is essential for stabilization of HIF1alpha during hypoxia[J]. Cell, 2007, 131(3): 584-595.

[72] WU X, LI J H, XU L, et al. SUMO specific peptidase 3 halts pancreatic ductal adenocarcinoma metastasis via deSUMOylating DKC1[J]. Cell death & differentiation, 2023, 30(7): 1742-1756.

[73] BINDEMAN W E, FINGLETON B. Glycosylation as a regulator of site-specific metastasis[J]. Cancer and metastasis reviews, 2022, 41(1): 107-129.

[74] DOBIE C, SKROPETA D. Insights into the role of sialylation in cancer progression and metastasis[J]. British journal of cancer, 2021, 124(1): 76-90.

[75] DASHZEVEG N K, JIA Y, ZHANG Y, et al. Dynamic glycoprotein hyposialylation promotes chemotherapy evasion and metastatic seeding of quiescent circulating tumor cell clusters in breast cancer[J]. Cancer discovery, 2023, 13(9): 2050-2071.